中国科普研究所 · 科普文集系列

科普中国智库
CENTER FOR CHINA SCIENCE POPULARIZATION

新时代科普理论与实践探索

2023年科普中国智库论坛
暨第三十届全国科普理论研讨会论文集

ON THE THEORETICAL AND PRACTICAL
STUDIES OF SCIENCE POPULARIZATION
IN THE NEW ERA
PROCEEDINGS OF 2023 CHINA SCIENCE POPULARIZATION THINK TANK FORUM & THE 30TH
NATIONAL CONFERENCE ON THEORETICAL STUDY OF SCIENCE POPULARIZATION

张利洁　主　编

付文婷　副主编

中国发展出版社
CHINA DEVELOPMENT PRESS

图书在版编目（CIP）数据

新时代科普理论与实践探索：2023 年科普中国智库论坛暨第三十届全国科普理论研讨会论文集 / 张利洁主编；付文婷副主编 . —北京：中国发展出版社，2024.

8. —ISBN 978-7-5177-1426-2

Ⅰ. N4-53

中国国家版本馆 CIP 数据核字第 2024DX5211 号

书　　　名：新时代科普理论与实践探索：2023年科普中国智库论坛暨第三十届全国科普理论研讨会论文集

主　　　编：张利洁

副 主 编：付文婷

责 任 编 辑：王　沛　胡文婕

出 版 发 行：中国发展出版社

联 系 地 址：北京经济技术开发区荣华中路 22 号亦城财富中心 1 号楼 8 层（100176）

标 准 书 号：ISBN 978-7-5177-1426-2

经 销 者：各地新华书店

印 刷 者：北京盛通印刷股份有限公司

开　　　本：710mm×1000mm　1/16

印　　　张：26

字　　　数：343 千字

版　　　次：2024 年 8 月第 1 版

印　　　次：2024 年 8 月第 1 次印刷

定　　　价：98.00 元

联 系 电 话：（010）68990625　68990630

购 书 热 线：（010）68990682　68990686

网 络 订 购：http: //zgfzcbs. tmall. com

网 购 电 话：（010）88333349　68990639

本 社 网 址：http: //www.develpress. com

电 子 邮 件：330165361@qq.com

2023 年科普中国智库论坛暨
第三十届全国科普理论研讨会

组织委员会

主　任：王　挺　郑庆顺　陈广浩　徐　柳

副主任：王京春　胡富梅　张利洁　林晓湧　孙龙涛　张　勇　张炜哲

论文集编委会

主　编：张利洁

副主编：付文婷

编　委（按姓氏拼音排序）

　　　　杜　鹏　何　薇　莫　扬　任定成　石顺科　王晶莹　颜　实

　　　　颜　燕　翟杰全　周建中　邹　贞

前　言

2023 年 12 月，中国科普研究所、广东省科学技术协会和中国科学院广州分院在广州市科协的大力支持下，成功举办了 2023 年科普中国智库论坛暨第三十届全国科普理论研讨会。本届论坛以"加强国家科普能力建设 实施科学素质提升行动"为主题，与会院士、专家、学者结合自身领域，围绕实现高水平科技自立自强、科普赋能中国式现代化实践等主题探讨了加强国家科普能力建设的理论与实践路径。经大会学术委员会评审推荐，本论文集遴选其中 29 篇优秀论文结集出版，这些论文反映了围绕国家科普能力建设、科学素质和科普评估评价、科技文化和创新文化、科普传播和科技教育等科普领域的相关问题进行理论思考和实践探索的成果。

党和国家始终高度重视科普事业，发挥其在推动社会主义现代化建设中的战略性基础性作用。党的十八大以来，以习近平同志为核心的党中央高度重视科普工作，习近平总书记开创性提出"科技创新、科学普及是实现创新发展的两翼，要把科学普及放在与科技创新同等重要的位置"[1] 重要论断，强调"科学技术普及是实现创新发展的重要基础性工作"[2] "要加强国家科普能力建设，深入实施全民科学素质提升行动"[3]，为科普工作指明

---

[1] 习近平：《为建设世界科技强国而奋斗——在全国科技创新大会、两院院士大会、中国科协第九次全国代表大会上的讲话》，新华社，2016 年 5 月 31 日。

[2]《习近平给"科学与中国"院士专家代表回信强调：带动更多科技工作者支持和参与科普事业 促进全民科学素质的提高》，新华社，2023 年 7 月 21 日。

[3]《习近平在中共中央政治局第三次集体学习时强调 切实加强基础研究 夯实科技自立自强根基》，新华社，2023 年 2 月 22 日。

了前进方向，提供了根本遵循。近年来，国务院出台《全民科学素质行动规划纲要（2021—2035 年）》，中共中央办公厅、国务院办公厅印发《关于新时代进一步加强科学技术普及工作的意见》，《科普法》修订也在有序推进，全国上下掀起科普热潮，科普工作呈现出前所未有的生机与活力。

中国科普的发展有其内在的历史逻辑和演进逻辑，形成了特有的理论逻辑和实践逻辑，中国科普在当代亦有特定的现实逻辑和"服务"逻辑。科普服务于提升全民科学素质，助力人口高质量发展，为中国式现代化建设提供坚实支撑。科普有助于在社会中广泛培育科学理性的精神，提高全社会文明程度，推动人的现代化和社会治理的现代化。科普更可以通过培育创新文化，营造创新氛围，推动科技创新和产业升级，助力实现科技自立自强、建设现代化经济体系和发展新质生产力。

当前，世界百年未有之大变局加速演进，国际局势纷繁复杂，大国博弈正在加剧。新一轮科技革命和产业变革深入发展，科技创新空前活跃，科技竞争更趋激烈。科学技术的快速发展和广泛应用不仅引发公众科普需求的变化，而且正在推动科普实践的手段、内容和形式实现快速创新，同时也给科普高质量发展和优质资源供给提出了艰巨挑战，要求我们持续加强国家科普能力建设，推动科普现代化发展，更好满足人民群众对高质量科普的期待。这是当下科普工作、科普实践、科普创新、科普研究必须面对的时代背景，是我们科普工作者回答科普时代之问的现实起点。党的二十大擘画了全面建设社会主义现代化国家的宏伟蓝图，确立了以中国式现代化全面推进强国建设、民族复兴伟业的中心任务。科普工作和科普研究必须紧跟时代脉搏，不断更新观念，创新方法，通过内容创新、手段创新、资源共享和人才培养等多方面的努力，推动科普高质量发展服务好这个中心任务，为中国式现代化赋能添力。

新时代新征程，科普面临新形势。当前，世界正在进入新的动荡变革期，创新发展正在进入新的空前活跃期，我国经济社会发展和民生改善也比过去任何时候都更加需要科学技术解决方案，更加需要增强创新这个第一动力，科普必须为科技创新赋能添力，充分发挥科普在科技创新发展中的基础作用，构建科普"软实力"战略支撑。面对前所未有的新形势、新要求、新挑战，科普实践需要全面创新，科普建设需要全面加强，科普能力需要全面提升，科普研究也需要全面深化，科普理论研究需要在全面总结分析中国式科普发展经验、世界科普发展趋势、我国科普工作存在的难点问题的基础上，研究科普的新内涵、新探索、新实践，形成具有中国特色的科普理论和推动科普高质量发展的实践方案。

新时代新征程，科普面对新需求。2023 年我国公民具备科学素质的比例达到 14.14%，和 2010 年的 3.27% 相比，提高了 10.87 个百分点。根据中国互联网络信息中心发布的第 54 次《中国互联网络发展状况统计报告》，2024 年上半年我国网民规模已接近 11 亿，互联网普及率达到78.0%。伴随全民科学素质的不断提高以及互联网、AI 技术的快速发展，公众对科普的需求也开始发生深刻转变，"知识补课"不再是公众的首要需求，科普亟须把握时代脉搏，摸清公众需求，尽快向"价值引领"转变。科普理念须从"教化式灌输"转向"融入式服务"，科普手段须从传统方式转为信息化方式，充分利用智能化信息技术开展高质量科普将成为新的发力点。

新时代新征程，科普适应新要求。党的二十大报告强调，新时代新征程中国共产党的中心任务就是团结带领全国各族人民全面建成社会主义现代化强国、实现第二个百年奋斗目标，以中国式现代化全面推进中华民族伟大复兴。新时代科普，要聚焦"加强国家科普能力建设"，融入"建设全民终身学习的学习型社会、学习型大国"，要"注重引领各类学习主体拥有科学先进的学习理念、文化、制度、体制与机制"，思考如何发挥科普的积极作用，持久有力地为全面建设社会主义现代化国家服务，思考如何积极倡导、践行学习型组织与学习型社会理念，持续提升全民科学素质，推动时代科普理论发展与实践探索 14 多亿人口整体现代化，高质量服务中国式现代化建设。

新时代新征程，科普迎来新机遇。从宏观政策来看，《关于新时代进一步加强科学技术普及工作的意见》《全民科学素质行动规划纲要（2021—2035 年）》《"十四五"国家科学技术普及发展规划》等一系列文件出台，为科普工作和科普高质量发展指出了明确方向、提供了有力支持、奠定了坚实基础。从社会环境来看，互联网、大数据、人工智能等前沿技术广泛应用，为科普工作提供了更加丰富的资源和手段，推动科普内容快速更新和丰富，也使得科普形式更加多样有趣。从公众需求来看，随着社会发展和人民生活水平提高，公众对科学内容的需求增加，越来越多的公众开始关注并通过线上线下各种方式积极参与科普活动，为科普工作的持续发展注入强大动力。从发展趋势来看，科普不再局限于传统的科技领域，而是与教育、文化、体育、健康等多个领域实现跨界融合，更加贴近公众生活，在潜移默化中增强了吸引力和影响力。

新时代新征程，科普需要新转变。科普工作和科普高质量发展同样必须适应变化、把握变化、驾驭变化，变中求新、变中求进、变中突破，推动科普实现多方面转变，包括由政府主导重大示范活动向政府引导、全社会参与转变，由重点发展公益性事业向统筹做好公益性科普事业与市场化科普产业转变，由重点优化科研环境向营造全社会创新创业环境以及建立健全创新激励政策体系转变，由传播一般科学技术知识向更加注重弘扬科学精神、掌握科学方法、促进科技成果落地转变，由偏重科普服务数量向更加注重提升科普服务质量转变，由传统媒体传播、场馆展示为主向传统媒体和新媒体融合与互动转变。科普将更加注重加强国际合作，借鉴国际先进经验，主动融入全球创新网络，在开放中提升中国创新发展能力和科普国际影响力。

功崇惟志，业广惟勤。2023 年科普中国智库论坛暨第三十届全国科普理论研讨会举办于我国科普即将迈上高质量发展的关键阶段，体现了科普人对当代科普理论和实践诸多问题的思考和探索。当前，我国科普工作面临新的机遇和挑战，科普发展正在进入新的阶段，科普领域有许多理论和实践方面的问题、难题需要我们深入思考、系统研究。

在新时代新征程上，科普中国智库将更好地发挥引领作用，搭建高端学术交流平台，推动科普与经济社会各领域各方面协同融合和创新发展。全国科普理论研讨会也将继续为科普研究工作者和科普实践工作者搭建高质量交流平台，推动我国科普理论与实践的互动发展。希望通过本论文集的出版，展示科普研究与实践的部分现状和发展趋势，发挥科普中国智库在团结服务科技工作者、推动科普赋能中国式现代化实践方面的积极作用。

目　录

科普传播与评价研究

科学素质与科技文化研究

科普教育研究

科普传播与评价研究

科幻动画科学传播效果的提升分析

——基于 ELM 模型 *

符馨月　王诗瑶　陈　倩 **

摘要： 科技创新能力越来越成为综合国力竞争的重要因素，其中科学传播是提升科技创新能力的重要手段。但通过传统的科学普及的形式进行科学传播，已无法达成良好的传播效果。科幻文化具有重要的社会功能，其中科幻动画既以现实的科学为基础，又受儿童和青少年所喜爱，能够将严肃的科学知识与娱乐结合起来，是理想的科学传播载体。因此本文从传播学的角度出发，基于精细加工可能性模型（ELM）及其 AMO（能力、动机、机会）三因素的说服传播理论，对通过科幻动画进行科学传播的影响因素进行分析，认为在科幻动画中可将科学信息分为知识类和非知识类信息，并在编码、边缘线索设置以及引导受众主动提升三个方面提出相应的传播策略。

关键词： 科幻动画；科学传播；说服传播；ELM 模型

一、研究缘起

当今国际竞争已经逐渐演变成一场以科技创新和技术发展为先导的

---

* 该论文被评为 2023 年科普中国智库论坛暨第三十届全国科普理论研讨会优秀论文。

** 作者：符馨月，浙江传媒学院研究生；王诗瑶，浙江传媒学院研究生；陈倩，浙江传媒学院研究生。

综合国力的竞争与较量。科技立则民族立，科技强则国家强。党的十八大以来，习近平总书记高度重视科技自立自强，多次作出重要论述和重大部署。其中，科学传播是科学信息生产者、政府、媒体与民众通过某种渠道，对科学信息进行双向或多向交流的过程，不仅普及具体的科学知识，也在交流中传递科学精神、科学思想、科学文化等，是提升全民科学素养，促进全社会科学技术进步、科技成果转化的重要基石，也是建设创新型国家的基础。

现有研究认为，在科学传播渠道选择上，未厘清科学受众的接受力和科学传播渠道选择的关联性，缺乏针对性和感染力，导致科学传播效果和传播目标不对等。也有研究认为，传统的科普因理念过时、渠道受众流失以及内容枯燥、形式化等问题，已无法得到受众的信任，受众呼唤更加多元、新颖有趣的形式进行科学传播。科幻小说家金涛认为，以科学普及的目的而言，除了传播科学知识，使大众更好地接受科学、亲近科学、喜爱科学，还必须大力传播科学思想、科学观念以及科学精神。因此，为了丰富科学传播的维度，提升科学传播的效果，需探索新的传播载体，以提升全民科学素养。

科幻动画将严肃的科学知识与娱乐结合起来，是理想的科学传播载体。科幻也即科学幻想，科幻作品的内容并非凭空想象，而是从现实的科学基础出发进行创作。同时，科幻作品也并非冰冷的科学知识的堆砌。"科幻即精于科学，委以人文"，科幻作品不仅能够传递科学知识，还能够通过丰富的故事情节设置传递科学观念、科学精神等，进一步丰富科学传播的维度。动画相比文字，受众范围更广，表达更加形象与直观，内容更为丰富，是理想的科学传播的载体。动画具有欣赏功能、娱乐功能和教育功能并为大众广泛接受，尤其是被青少年和儿童所喜爱，决定了动画在科普教育工作中扮演着越来越重要的角色。动画中的知识与观念会潜移默化地影响受众，最终对社会存在产生影响。因此，科幻动画能够将科学知识与科学精神传递给更广泛的受众，引发深层次的探讨，甚至可能影响实际的决策与行动。比如《攻壳机动队》不仅展现了对"义体改造"技术的想象，还引起受众对科技与身体的哲学问题的探讨；《机器人总动员》在展现人工智能技术情感的同时，也讽刺了科技滥用所带来的肥胖、环境破坏等问题。

现有研究显示，相比起科普动画，科幻动画在传达具体的科学知识上并无优势，更适合进行科学精神的传播。"无优势"是基于比较而言，并非表示科幻动画不能传递科学知识。本文仍将科幻动画中传达的科学信息分为知识类信息与非知识类信息，探讨如何提升此两类信息在科幻动画中的科学传播效果，其中非知识类信息包括科学精神、科学观念、科学思想等。通过科幻动画进行科学传播，其目的是希望通过这一载体令受众接受、理解科学信息，认同科学观念，在生活与工作的实践中改善或提升行为的科学性，因此本研究基于说服传播中的经典理论——ELM 理论及其AMO 三因素，分析影响科幻动画中科学传播效果的因素，进而提出提升传播效果的可行对策。

二、ELM 理论与 AMO 三因素

精细加工可能性模型（the Elaboration Likelihood Model，ELM）在过去几十年中已成为传播科学、说服和广告研究以及社会心理学的核心双过程模型之一。精细加工可能性模型（ELM）由社会心理学家理查德·佩蒂（Richard E.Petty）和约翰·卡西奥波（John T.Cacioppo）在 20 世纪 80 年代提出，旨在解释说服性消息的处理过程以及根据接收情况和消息特征改变态度有说服力的信息和接收者的个人要求。1983 年，佩蒂和卡西奥波经研究得出：广告的不同特征的效果具体取决于一个人对广告的参与程度，在低参与度的情况下，边缘线索（peripheral cues）比与问题相关的论证更

重要，但在高参与度的情况下，情况恰恰相反。之后，在这一说服理论的核心出版物《沟通与说服：态度改变的中心和边缘路线》中概括了早期论文中已经开发的说服性信息的不同处理路线的想法，并区分了说服性消息的两种类型的认知处理，将其称为中枢路径（central route）和边缘路径（peripheral route）。

中枢路径是基于高水平的认知能力与动机，综合多方面的信息整合分析与考虑广告中的信息，对信息本身的优劣进行评判，基于此对对应商品形成一定的态度。通过中枢路径进行处理时，所提出论点的质量起着至关重要的作用。而边缘路径不主要通过逻辑推理考虑广告商品本身的特性或论据，而是根据情感迁移或者边缘线索来形成或转变态度，目前已发现的边缘线索有信源的亲和性、论点的数量、信源的可靠性、说话声音的热情程度、图片的吸引力等。ELM 理论认为，任何一种线索都可能以不同的方式影响态度，有更多实验结果表明，纯粹因情感引起的态度改变尽管比较强烈但持续时间较短，消费者可能因时间的推移而逐渐恢复原来的态度；而中枢路径所引起的态度变化更为持久，并且更能抵御反面宣传。

黛博拉·麦克英尼斯和伯纳德·贾沃斯基（Deborah J.MacInnis, Bernard J.Jaworski, 1989）希望整合已有的说服信息加工理论形成一个综合的全面的框架，更精确地阐明态度形成过程的处理机制，概括为能力（Ability）、动机（Motivation）和机会（Opportunity），并列为说服传播的三大前置条件，合称 AMO。当处理动机、能力和机会都很高时，个人就会进行中枢路径处理，重点关注和阐述与问题的真正优点相关的线索。被评估为强（弱）的信息论据会产生支持论据（反论据），进而影响品牌态度。相比之下，缺乏动机、能力或机会来评估问题真正优点的消费者会进行不那么费力的处理，并通过边缘路径来形成态度。

ELM 理论被学术界评价为"说服传播研究领域 30 年来影响最大的理论模型"。该理论作为一种经多次实证研究检验并发展完善的理论，并非仅用于广告研究，有学者已在全球传播、文化项目发展、道德教育、县级融媒体、科幻小说等领域运用 ELM 理论及 AMO 三因素进行分析。该理论同样能够很好地指导科学说服的传播实践，为通过科幻动画提升全民科学素养提供有效的策略。对于具体的科学传播而言，科幻动画中的科学信息最终进行中枢路径处理还是边缘路径处理，取决于受众 AMO 三因素的水平。

三、科幻动画科学传播效果的 AMO 因素分析

（一）科幻动画科学传播中的 A 因素

A 因素是指能力（Ability），被定义为解释信息的技能或熟练程度。A 因素的缺乏意味着执行更复杂操作所需的知识结构要么不存在，要么无法访问。在科幻动画的科学传播中，能力的对象是科学信息，可分为知识类信息和非知识类信息，非知识类信息包括科学精神、科学观念、科学思想等。若处理这些科学信息的能力较低，先验知识就无法进入工作记忆，从动画中编码的信息就无法得到充分解释。

对于科幻动画所传递的知识类信息而言，信息解释对象包括基础的科学信息、动画的故事情节、基于现实科学技术的科学幻想等，虽然相比纯文字类的科普或科幻作品，动画所呈现出的科学知识类信息更加直观与形象，但受众仍需要具有一定的科学知识储备、一定的动画理解与符号解读等综合能力，才能对科幻动画中的知识类信息进行完全的、充分的解码。对于非知识类信息而言，受众可从动画情节等边缘线索出发进行解码，相对地更依赖情感迁移而非逻辑推理，可通过边缘线索进行边缘路径处理。比如动画《攻壳机动队》的受众即使不完全了解脑机接口、义体改造等具体的科学知识，也能通过动画情节感受科技对人类自我存在的影响。

针对科幻动画中不同维度的科学信息，所需的 A 因素水平也会不同，即能力水平有所不同。整体而言，完全、准确地理解知识类的科学信息所需的 A 因素水平较高，需要更为综合性的能力、更多的理性参与，绝大多数科幻动画受众往往难以达到该水平。而对于非知识类的科学信息可通过动画情节进行解码，所需的 A 因素水平较低，绝大多数科幻动画受众可以达到。

（二）科幻动画科学传播中的 M 因素

M 因素是指动机（Motivation），Bayton 将动机描述为"引发称为'行为'的一系列事件的驱动力、冲动、愿望或欲望"。然而，由于动机并不总是在行动中达到顶峰，Park 和 Mittal 将动机定义为目标导向的唤醒。

在科幻动画科学传播的研究中，动机的目标是评估科学信息，因此，动机被定义为处理科幻动画中科学信息的愿望，M 因素的含义也对应变更为以下内容：第一，动画编码的科学信息与受众的相关性，也就是动画中所传递的科学信息与受众自身有多大的关系。相关性越大，受众就越有动力对相关科学信息进行深入思考。第二，了解科幻动画中的科学信息的认知需要。该认知需要可能是由兴趣激发的，比如为了更充分地理解科幻动画中的情节或是出于对动画人物的喜爱，进而学习相关知识；认知需要也可能是通过个人的责任或义务产生的，比如为了学习、就业的需要通过科幻动画这一载体了解相关科学信息。第三，个人习惯偏好批判式思维。该类受众习惯对任何信息进行深入思考，也就是习惯于对信息进行中枢路径的加工。但这些只是某种个体差异，与说服传播的情境与类型没有必然联系。

整体来看，科幻动画受众会在对知识类科学信息与非知识类科学信息的需求上产生处理科学信息的动机，且对这两类科学信息的处理动机同时产生、互相转化、互相影响。其中一类信息无法激发受众的处理动机，也将影响另一类系信息的传播。当前，国产科幻动画在科学传播的两个维度上结合得还不够，比如，根据刘慈欣的小说《三体》改编的科幻动画，在情节、画风、配乐等方面脱离原著，未激发观众处理非知识类科学信息的动机，更不必说处理知识类科学信息，导致该动画科学传播的效果大打折扣。

（三）科幻动画科学传播中的 O 因素

O 因素是指机会（Opportunity），反映了广告曝光期间所证明的环境有利于品牌处理的程度。在广告与营销传播的语境中，降低 O 因素的主要原因有分心刺激的存在、讯息的低重复率等。在科幻动画的科学传播中，缺乏机会意味着科幻动画的情境阻碍了编码过程或延长了处理科学信息所需的时间。当科学信息的呈现有限时，也可能出现缺乏处理机会的情况。科幻动画中科学信息的数量和类型也会影响处理机会。在该过程中 O 因素主要包括以下 4 个维度：第一，科幻动画受众接触科学信息的渠道；第二，科幻动画受众接触科学信息的可能性；第三，科幻动画受众与科学信息接触频率的高低；第四，科幻动画受众与科学信息每次接触持续时间的长短。

整体来看，科幻动画中的非知识类科学信息可以通过动画情节、画面、配乐等方式呈现，贯穿整部动画，能够满足 O 因素中渠道、可能性、频率、时长 4 个维度。而知识类科学信息属于穿插在动画中的部分内容，如何呈现、呈现的频率以及占据整部科幻动画的时长都会影响科学传播的 O 因素，进而改变受众处理科学信息的路径。

四、科幻动画科学传播影响力提升策略

基于 ELM 模型关于态度改变的两种路径，以及影响路径选择的 AMO

三因素，评判科幻动画科学传播影响力的高低在于如何借由科幻动画这一媒介，令尽可能多的科学信息进入受众的中枢路径进行处理，以此提升受众的科学素养。经上述分析，不同的科学信息维度以及受众不同的 AMO 水平，决定了处理科学信息的不同路径。受众通过中枢路径处理科幻动画中的科学知识信息，所需的 AMO 水平高；通过边缘路径处理科幻动画中的科学精神、观念、思想等非知识类信息，所需的 AMO 水平低。但经由边缘路径了解到的信息能够激发起受众了解知识类信息的愿望，进而主动提高自身的 AMO 水平。基于此，从 AMO 三因素层面为科幻动画提升科学传播影响力提出以下三点策略。

（一）根据受众画像制定编码策略，相对提升能力水平

科幻动画的科学传播影响力高的对象，多为 A 因素水平高的受众，其具有综合性的解码能力，能够同时对知识类信息和非知识类信息进行解码。这类受众数量较少，因此希望通过一般性的媒介接触来完成高质量的科学传播，不具有现实性。象征性社会互动理论认为在符号的意义交换中，传播双方的意义空间并非完全契合，意义交换只能通过共同的意义空间来进行。在科幻动画的科学传播中，A 因素的提升涉及两个主体：传者——科幻动画和受传者——科幻动画受众，科学传播质量的高低受制于两者之间共通意义空间的大小。当科幻动画的受众拥有高水平的 A 因素时，能够运用综合能力充分解读、理解并运用动画中的科学信息。但由于受众庞大，当前整体的 A 因素水平较低，提升整体 A 因素水平并非短期内可以实现。因此需要从传播者出发，在编码动画中的科学信息时，面对不同 A 因素水平的受众，采取不同的科学信息编码方式，以扩大共通意义空间，相对性地提升受众的 A 因素水平。

科幻动画在编码时，根据目标受众的特点，对科学信息进行适合其接受水平的编码，是首要考虑的问题。例如，面对以儿童为主体的受众，对

于知识类信息，要将生硬且晦涩的知识编码为具有贴近性的情境、简单化的动画，对常识性的科学信息进行详细讲解，以降低科学信息对受众的 A 因素水平要求，使受众达到相对较高的 A 因素水平；对于非知识类科学信息，注重通过趣味性吸引受众主动提高自身的 A 因素水平。在面对具有一定 A 因素水平的受众时，科幻动画则可以省略部分常识性的科学信息，探讨更前沿的知识以及哲学层面的幻想。总之，科幻动画在受众画像的基础上，依据不同的 A 因素水平进行编码，从而达到科幻动画科学传播的最大效果。

（二）重视科学传播边缘线索设置，诉诸感性说服

面对知识类的科学信息，受众仍需要具有一定的科学知识储备、一定的动画理解与符号解读能力，也即高 AMO 水平才能通过中枢路径对科幻动画中的知识类信息进行完全的、充分的解码。在科幻动画的科学传播中，大部分受众很难达到 AMO 高水平，因此设置边缘线索以让非知识类科学信息普及更多的受众，诉诸感性说服，有效激发科学传播对象的积极情感，使其能够将兴趣转移到知识类的科学信息上来，是更为合理的选择。

在科幻动画中，可通过多种方式进行科学传播边缘线索的设置，包括但不限于故事情节、人物形象、画面、配乐等。比如科幻动画短片《荧惑归途》将对星际高铁的想象与归家的现实情感结合起来，受众在融入自身经验的前提下，对动画中的科学元素印象更加深刻。其中，星际高铁站放出射线网兜住列车的画面充满想象力，不仅让受众感受到基于中国传统文化的科学精神，更激发受众对我国高铁技术进一步了解的兴趣。边缘线索的设置诉诸受众的情感，通过边缘路径传达非知识类的科学信息，能够激发受众强烈的积极情绪，为受众自主探索具体的科学知识，提升 AMO 水平做铺垫。

（三）以动画为中心开发科普产品，实现正向循环

科幻动画作为科学传播的媒介，在很大程度上作用于受众的边缘路径，激发受众对于科学知识的兴趣。基于边缘路径的说服虽然能够引发强烈的情感，但持续时间比较短，对科普的作用较为表面，最终科学传播仍需要落脚到更为稳定、持续时间更久的中枢路径。

在科幻动画中，受到边缘线索吸引的受众为了更加深入地解读动画情节、了解人物形象，会主动寻求科学知识。例如在 UGC 科普视频《公安九课与脑机接口：攻壳机动队解读》中，视频制作者从《攻壳机动队》的情节隐喻解读入手，过渡到背后的脑机接口的科学原理以及现实中的脑机接口的进展及应用，引发受众的二次兴趣。该视频的受众在评论区以及弹幕中围绕科学知识进行讨论与补充，形成良好的科学传播的氛围。因此，可开发多样化科普产品，丰富知识类信息的获取渠道，降低受众获取科学知识的成本，以 O 因素水平的提升为前提，进一步提升受众的 A 因素和 M 因素水平，形成科幻动画受众由主动提升自身 AMO 三因素水平到通过中枢路径处理更多科学信息的正向循环。可以围绕科幻动画这一中心媒介，开发科普视频、科普文章，或在动画中配置弹幕、评论配套动画情节等进行即时性的科普。

五、结论

本文虽然在讨论中将中枢路径与边缘路径进行区分，寄希望于科学传播能够获得更加稳定与持久的效果，但两者实际上无法被孤立看待。在科幻动画的科学传播中，受众会在一部动画中既通过中枢路径处理科学信息，又通过边缘路径处理，两者相辅相成。同样，知识类与非知识类科学信息在科幻动画的科学传播中同等重要。非知识类信息通过边缘路径激发

科幻动画受众的强烈兴趣，为受众转向通过中枢路径处理科学信息提供前提；知识类信息通过中枢路径进行解码，能进一步提升受众解读科学精神、科学观念等非知识类信息的能力。

科幻文化的社会功能并不止于单一品类的文化产品，而是在科技语言、社会批判与产业激活三个层面发挥重要作用，科幻动画所传递的科学信息与国家未来息息相关。从传统的"科学普及"转向强调受众的"科学传播"，纵观本文基于 ELM 模型以及 AMO 三因素的分析，无论是在编码、边缘线索设置还是引导受众主动提升三个方面，无不是对受众本位观念的进一步践行。在综合国力竞争越来越激烈的当下，我们应积极转变科学传播观念，以传播学的学科规律为依据，为提升科学传播效果而不断探索新方式。

参 考 文 献

[1] 常炜 ."动画系统"研究 [D] .清华大学，2005.

[2] 高颖，刘慈欣 .科技越进步，科幻越艰难 [N] .环球时报，2013-1-18.

[3] 蒋晓丽，张放 .中国文化国际传播影响力提升的 AMO 分析——以大众传播渠道为例 [J] .新闻与传播研究，2009，16（5）：1-6+107.

[4] 李涛，徐剑宇 .科学传播中的科普动画与科幻动画比较研究 [J] .科技传播，2023，15（1）：16-23.

[5] 李天龙，张露露，张行勇 .新媒体时代科学传播的困境与策略研究 [J] .现代传播（中国传媒大学学报），2018，40（10）：80-84.

[6] 李英，尹传红 .打开幻想的"魔盒"——金涛的科普与科幻世界 [J] .名作欣赏，2013（2）：14-17.

[7] 吴福仲，张铮，林天强 .谁在定义未来——被垄断的科幻文化与"未来定义权"的提出 [J] .南京社会科学，2020（2）：142-149.

[8] 夏旺盛 .动画在科普中的应用及趋势分析 [J] .科技传播，2015，7（24）：179-180.

[9] [古希腊] 亚里士多德 .修辞学 [M] .北京：中国人民大学出版社，1994：152.

［10］Alba J W, Hutchinson J W.Dimensions of Consumer Expertise［J］.Journal of Consumer Research, 1987, 13（4）: 411–454.

［11］Bayton J A.Motivation, Cognition, Learning—Basic Factors in Consumer Behavior［J］. Journal of Marketing, 1958, 22（3）: 282–289.

［12］Larson C U.Persuasion: Reception and Responsibility［M］.Wadsworth Publishing Company, 10 Davis Drive, Belmont, CA 94002, 1989.

［13］Liebermann Y, Flint–Goor.Message Strategy by Product–class Type: A Matching Model. International Journal of Research in Marketing［J］, 1996, 13（3）, 237–249.

［14］Macinnis D J, Jaworski B J.Information Processing from Advertisements: Toward an Integrative Framework［J］.Journal of Marketing, 1989, 53（4）: 1–23.

［15］Park C W , Mittal B .A Theory of Involvement in Consumer Behavior: Problems and Issues［J］.Research in Consumer Behavior, 1985, 1: 201–231.

［16］Petty R E, Cacioppo J T.Communication and Persuasion: Central and Peripheral Routes to Attitude Change［M］.Springer Science & Business Media, 2012.

［17］Petty R E, Cacioppo J T, Schumann D.Central and Peripheral Routes to Advertising Effectiveness: The Moderating Role of Involvement［J］.Journal of consumer research, 1983, 10（2）: 135–146.

科普类微信公众号"10万+"文章标题特征研究[*]

支彬茹^{**}

摘要：科普类微信公众号文章的标题是吸引读者阅读的关键之一，本文基于西瓜数据平台的数据，选取阅读量较高的5个科普类微信公众号，以其2023年上半年的所有"10万+"文章标题为样本，使用内容分析法对其选题和语言特征进行分析。研究发现，样本标题的选题多数贴近生活和时事，健康类选题受欢迎程度最高，科学知识类选题分布较广；样本标题的语言特征较为鲜明，标题字数适中，恰当使用符号、关联词和修辞手法，会根据不同选题使用不同特征的词汇。

关键词：微信公众号；标题；"10万+"；科普文章

习近平总书记指出，科技创新、科学普及是实现创新发展的两翼，要把科学普及放在与科技创新同等重要的位置。^① 2022年，《"十四五"国家科学技术普及发展规划》和《关于新时代进一步加强科学技术普及工作的意见》相继发布，提出了"网络等各类媒体要加大科技宣传力度""加强科普作品创作"等要求。

截至2022年12月，我国网民规模为10.67亿，互联网已成为公民获取科技信息的首选渠道。微信公众号自上线以来，逐渐成为向大众传播科

---

* 该论文被评为2023年科普中国智库论坛暨第三十届全国科普理论研讨会优秀论文。

** 作者：支彬茹，中国科学院计算机网络信息中心新媒体部科普策划编辑，助理工程师。

① 习近平：《为建设世界科技强国而奋斗——在全国科技创新大会、两院院士大会、中国科协第九次全国代表大会上的讲话》，新华社，2016年5月31日。

普内容的重要媒介。然而近几年来，在短视频等平台迅速发展的背景下，公众对以传播图文内容为主的微信公众号的关注度有所下降，频繁出现阅读量为"10万+"文章的科普类微信公众号数量也较少。

新闻标题是对新闻简洁准确的概括，表述了新闻的主要信息和线索，科普类微信公众号文章标题具有同样重要的作用。2022年，微信公众号文章的显示方式发生改变，"头图"不再以大图形式出现，标题在吸引读者注意、增加文章阅读量等方面，起到了比以往更加重要的作用。

在此背景下，本研究将以5个平均阅读量相对较高的科普类微信公众号为样本，分析其"10万+"科普文章标题的特征，为科普类微信公众号的运营者提供一定的参考。

一、研究设计

（一）研究问题

科普类微信公众号"10万+"科普文章标题的特征是什么。

（二）研究方法、研究步骤及研究工具

本文使用内容分析法处理样本数据。内容分析法是以测量变量为目的的，对传播进行系统、客观和定量分析研究的一种方法。内容分析法的研究步骤为：提出研究问题或假设、确定研究范围、抽样、选择分析单位、建立分析的类目、建立量化系统、进行内容编码、分析数据资料、解释结论。本研究主要使用NVivo14（质性分析软件）建立分析类目并进行内容编码，辅以Excle表格进行数据分析。

（三）样本选取

本文的主要研究对象是科普类微信公众号的"10万+"文章标题，其

中，对科普类微信公众号的定位如下：主要发布的内容为科普物质科学、生命科学、地球科学、空天科技、信息科技等综合性科学知识，传授科学方法，传递科学家精神的微信公众号。

本研究参考西瓜数据，筛选出近年来活跃"粉丝"数较多、发文量稳定、头条平均阅读数较高且每月"10万+"文章超过3篇的科普类微信公众号，再统计这些微信公众号在2023年1月1日至2023年6月30日发布的所有文章的阅读量，将其中阅读量为"10万+"的文章标题作为本研究的研究样本。本研究共筛选微信公众号5个、"10万+"科普文章标题574条（已去重）。样本微信公众号的具体情况见表1。

表1　样本微信公众号情况

公众号	预估活跃"粉丝"数/万人	头条平均阅读数	上半年发文量	上半年"10万+"微信文章数量	上半年"10万+"文章占比
果壳	172.55	89524	1013	280	27.64%
科普中国	113.81	68627	1811	209	11.54%
量子位	54.16	56421	868	34	3.92%
知识分子	55.64	43216	202	29	14.36%
博物	182.73	81569	326	27	8.28%

资料来源：作者根据相关资料整理。

注：表格数据于2023年8月19日采集自西瓜数据及各微信公众号，为临时数据，可能与最终的实际情况有细微差异。

（四）内容编码

本研究的分析单位为每一条标题语句。将标题内容分为三级类目，一级类目为标题的整体内容属性，主要包括：生活类、前沿时事类、历史及故事类和其他类；二级类目是对一级类目主题的细分；三级类目是对二级类目主题的细分。建立分析类目后，将标题内容按照三级类目进行编码。表2以生活类标题为例，展现内容编码后的结果。

表2 科普标题的类目（部分）

一级类目	二级类目	三级类目	标题数	标题示例
生活类	健康与饮食	医学与健康	145	并没有月经同步这回事儿，但为什么很多女性相信它是真的？
		饮食	84	有些剩菜冰箱也救不了，扔的时候不要手软
	科学知识	博物学、生命科学	24	有些植物全身都是宝，而芋头，全身都是毒……
		交叉科学	23	这些知识没什么用，但我就是想分享给你
		物质科学	19	童年谜团：中性笔后面的神秘液体是什么？
		人工智能、信息科学、数码科技	10	笔记本电脑可以一直插着电源吗？会弄坏电池吗？
		地球科学、天文学	4	超出生存极限的高温天气已经出现，人类还会"吴京"无险吗？
		心理学、语言学	27	一句话，八个字，居然就可以安抚缺乏安全感的伴侣？
	其他	其他生活问题	24	明明买了会员，为什么在电视上看剧还得再买一个会员？

资料来源：作者根据相关资料整理。

二、"10万＋"科普文章标题选题分析

根据以上类目对所有标题进行编码，可以得到文章标题的选题分析结果，图1为编码结果的层次图表，层次图表中色块的大小表示各类目所占的比例。

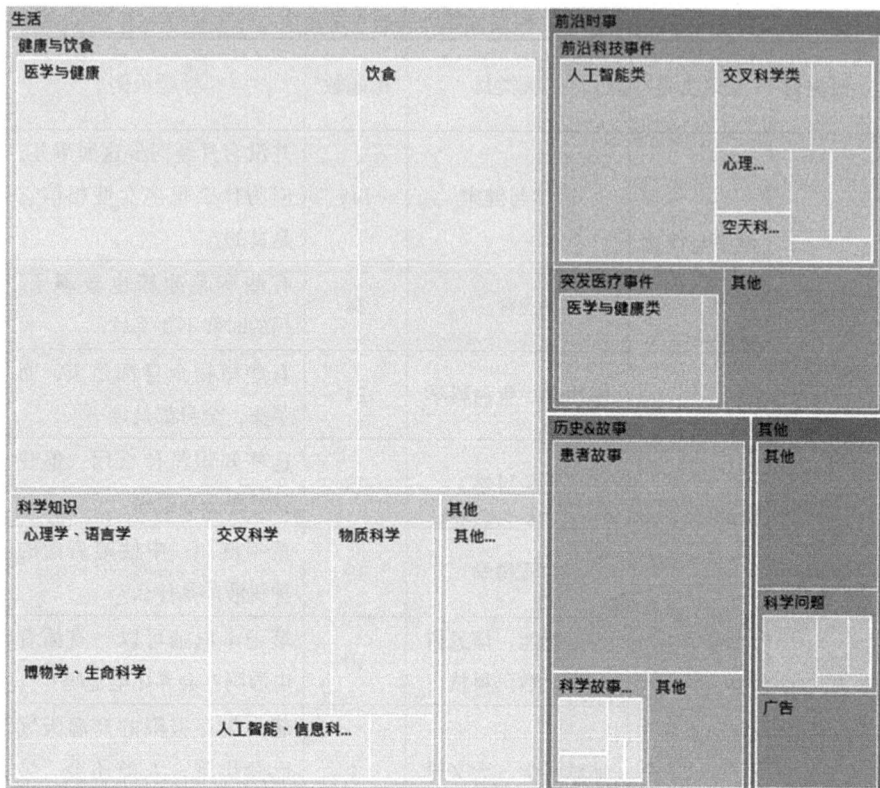

图 1　标题编码层次图表

资料来源：作者根据相关资料整理。

在一级类目中，生活类占 62.7%，前沿时事类占 19.7%，历史及故事类占 10.6%，其他类占 7.0%。在二级类目中，生活类中的健康与饮食主题占总数的 39.9%，是所有选题中占比最高的类目，生活类中的科学知识主题占总数的 18.6%，位列第二，前沿时事类中的前沿科技事件主题占总数的 12.4%，位列第三，其他主题内容占比相差不大。

（一）选题多数贴近生活和时事

通过以上数据可知，样本中生活类和前沿时事类选题占 82.4%，二级类目中位列前三的选题均出现在这两类中。这一数据显示，科普类微信公众号在传播科学知识、科学方法、科学家精神的过程中，需要更贴近生活或是及时解读前沿时事。

在新媒体平台中，科普内容与其他内容相比，本身就具有复杂性、逻辑性和抽象性，娱乐性质较低，标题的关联性是引起读者关注、促成阅读的关键。

生活类选题与读者的生活息息相关，从科学的角度解答读者在生活中产生的疑问。如健康与饮食类的"并没有月经同步这回事儿，但为什么很多女性相信它是真的？"就是很多女性读者关注的健康问题；科学知识类的"童年谜团：中性笔后面的神秘液体是什么？"，找到了读者日常生活中非常常见但并不熟悉的物质进行科普，非常具有趣味性；其他类型的选题如"今年为啥闰二月？为了不让你在夏天过年……"就回答了读者在生活中很可能问到的问题。

前沿时事类选题一方面能够充当新闻信息的角色，一方面从科学角度对突发的事件进行解读，同时也与热点相关，可以更好地吸引读者兴趣。如前沿科技事件类的"从 ChatGPT 怎么念，到人们为啥害怕它，这篇文章都讲透！"就结合 2023 年上半年的热点话题 ChatGPT 进行了全面而及时的科普，让读者第一时间厘清新概念；突发医疗事件类的"致命真菌在美国蔓延，近半感染者死亡——它究竟有多危险？"是解读最新的医疗事件情况，回应读者关切的问题；其他类型的选题如"'五星出东方利中国'！春晚这个舞蹈'暗藏玄机'！"是根据当时春晚这一热点进行选题，同样吸引了读者注意。

（二）健康类选题受欢迎程度最高

分析数据可知，样本中健康类科普文章共 291 篇，占样本总数的 50.7%，这类选题在二级类目中占有重要位置。历史及故事类的患者故事主题占该一级类目的 67.2%，生活类的健康与饮食主题占该一级类目的 63.6%，前沿时事类的突发医疗事件主题占该一级类目的 18.6%。通过对不同平台账号分析，科普中国账号上半年的"10 万 +"文章中，健康与饮食主题 152 篇，占其"10 万 +"文章总数的 72.7%；果壳账号上半年的"10 万 +"文章中，患者故事及健康与饮食主题 85 篇，占其"10 万 +"文章总数的 30.4%。

健康类选题关注公众身体健康，结合读者生活及突发医疗事件，为公众提供解决问题的具体方案，或通过分享患者故事让读者提高警惕。

在本研究中，该类选题主要分为健康与饮食、患者故事、突发医疗事件等类别。"根本没什么'假胯宽'！女性胯最宽的地方就该是大腿根"回应社会关于"身材焦虑"的部分不科学言论，从科学角度出发讲解健康身材是怎样的；"防止肥胖，要像猪一样吃饭"，从合理膳食角度分析科学的饮食方式；"我才 20 多岁，却已经身患 8 种'不治之症'了"以作者自己的故事唤起读者对自身健康情况的重视；"著名导演心脏病突发去世！凌晨是心脏病高发时刻，警惕这 4 个危险信号！"分析突发的医疗事件，"剧毒蓝环章鱼惊现火锅店！还有哪些海鲜也要注意？"分析突发食品安全事件。这些都加强了公众对事件本身及背后的健康知识的了解。

（三）受欢迎的科学知识类选题分布较广

在样本中，科学知识类选题在一级类目中均有体现，分别为生活类的科学知识主题、前沿时事类的前沿科技事件主题、历史及故事类的科学史及科学故事主题、其他类的科学问题主题，其中前沿时事类的前沿科技事件主题占该一级类目的 62.8%，占比第一。虽然在整体数量上不及健康类选题，但科学知识类选题的每个二级类目都包含多个三级类目，内容丰富多样。

如图 2 所示，前沿科技事件类主题的三级类目最多，分为博物学和生命科学、物质科学和材料科学、地球科学和天文学、人工智能、空天科技、能源科学、交叉科学和心理学 8 种。其中人工智能类内容占比最大，为 52.1%,交叉科学类选题占 12.7%,占比位列第二,其余类型选题占比相差不大。科学知识类主题的三级类目分为 6 种,除地球科学和天文学选题内容较少外,其他选题类型内容分布也较为平均。

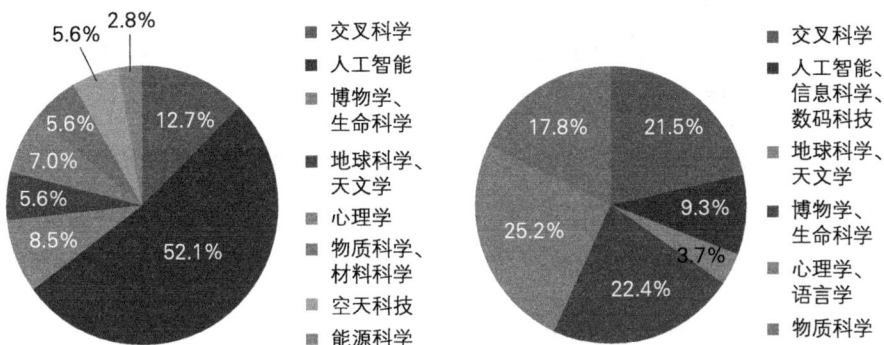

图 2 前沿科技事件主题三级类目分布(左图)和科学知识主题三级类目分布(右图)

资料来源:作者根据相关资料整理。

如图 3 所示,科学史及科学故事主题、科学问题主题的三级类目分别是 5 种和 4 种,占比较大的分别是交叉科学和生命科学。

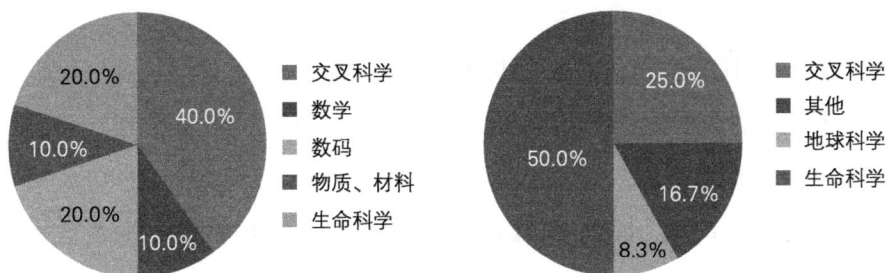

图 3 科学史及科学故事主题三级类目分布(左图)和科学问题主题三级类目分布(右图)

资料来源:作者根据相关资料整理。

在科学知识类选题的三级类目中,人工智能、信息科学、数码科技这一类目中的文章数量最多,占 24.5%,交叉科学类内容占 19.5%,博物学、生命科学类内容占 19.0%,说明此三类选题最受读者欢迎。"ChatGPT 对人类社会最为根本的改变，将发生在教育领域"等人工智能类内容之所以受欢迎，与上半年 ChatGPT 在网络上的爆火有很大的关系；"科幻照进现实，总共分几步？"等交叉科学类内容因其具有多学科的理论知识支撑，是公众感兴趣的趣味问题；"火锅里咬起来咯吱咯吱的'贡菜'究竟是什么菜？"等博物学、生命科学类内容，与其他前沿科技的繁难问题相比更贴近生活、内容更易理解，因此更受关注。

其他选题受欢迎的程度比较平均，也从侧面说明，科学知识类选题在科普类微信公众号中是创作重点，受欢迎的内容分布较广，读者对科普类公众号内容的关注是多方面的。

三、"10 万 +"科普文章标题语言特征分析

选题是文章的本质，语言特征是标题的形式，有时同一选题选择不同的语言表达，就会有不同的阅读量。本研究会从字数、符号、句类、关键词、修辞手法、常用词汇这几个方面对样本进行分析。

（一）"10 万 +"科普文章标题字数分析

标题字数在一定程度上能够影响阅读量，在一定的字数范围内，可以既不增加读者的认知成本，又能尽可能全面地展示文章内容。

分析数据可知，样本中字数出现频次最多的是 25 字，出现了 45 次；22 字出现了 38 次，24 字出现了 37 次，26 字出现了 35 次，17 字出现了 34 次，21 字和 23 字出现了 32 次，19 字出现了 30 次，为出现频次较多的几种字数，其余情况详见图 4。

6~12 字的标题共出现 13 次，13~16 字的标题共出现 59 次，17~20 字的标题共出现 114 次，21~26 字的标题共出现 219 次，27~33 字的标题共出现 145 次，34 字及以上的标题共出现 24 次。可见，标题在 21~26 字

最受欢迎，其中25字最佳，标题在6~12字和34字以上，出现的频率较小。

计数项：字数

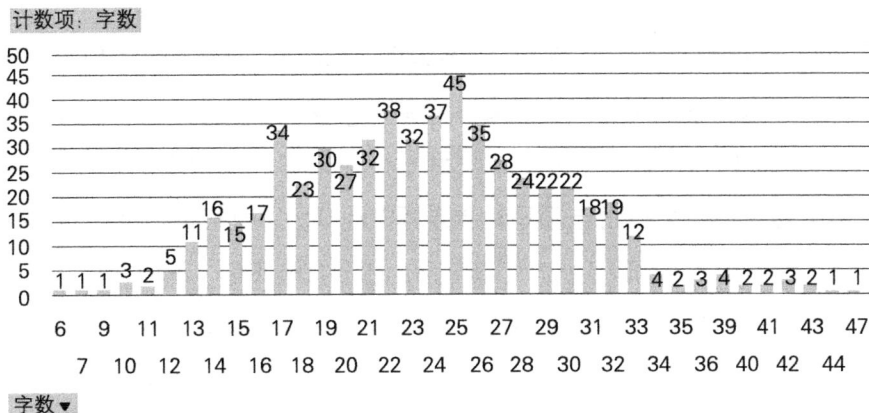

图4　样本标题字数出现频次图

资料来源：作者根据相关资料整理。

不同的情况可以选择不同的字数，如"苹果决定删掉一个单词"，字数比较少，但留给读者的想象空间很大，比较吸引读者；"AI被自己骗了！生成照骗轻松逃过AI鉴别器法眼，马斯克机器女友、3米巨人都'成真'了"类的标题覆盖热点和较多关键词，字数偏多；其余的标题都在25字左右，较为适中。

（二）"10万+"科普文章标题常用的符号

除了表示停顿的逗号外，很多标题文章会使用叹号、问号等表示语气的符号引起读者关注，有时一个标题中会出现不止1个特殊符号。

分析数据可知，标题中使用特殊符号的文章有420篇，占样本总数的73.2%。其中使用叹号的有244篇（使用1个叹号的有176篇，2个叹号的有58篇，3个叹号的有9篇，还有1篇使用了6个叹号），使用问号的有236篇（使用1个问号的有215篇，2个问号的17篇，3个问号的有 4 篇），使用引号的有 129 篇，使用冒号的有 70 篇，使用省略号的有 44 篇，还有 215 篇文章使用了不止一种符号。

使用频次最高的是叹号，叹号用于感叹语句或语气强烈的祈使句、反问句末尾的停顿，多次使用叹号能够加重语气，"GPT-4 发布！ChatGPT 大升级！太太太太强了！"就是一个鲜明的例子，"枕头！为什么！那么！黄！！！"更是把 6 个叹号用到了一句话中；问号表示疑问，"笔记本电脑可以一直插着电源吗？会弄坏电池吗？"直接提出读者想问的问题，增强对读者的吸引；"'阳康'后，还一直咳不停、气促、疼痛？这些预警信号要就医！划重点→"这类标题融合多种符号，表达多种不同语气。

（三）"10 万 +"科普文章标题常用的句类、关联词和修辞手法

句类是根据语气划分的句子类型，从"10 万 +"科普文章标题常用符号可知，感叹句是样本中最常用的句类，其次是疑问句。在语气上，还有很多标题使用祈使句这一句类，如"碰到躺在地上的鸟，别急着扔进垃圾桶"，通过"要求"读者做或者不做一件事，来科普一个知识。在样本中，陈述句这一句类占的比例较小，如果出现，一般会描述一个故事或是介绍一个违背常识的知识，如"防止肥胖，就要像猪一样吃"，虽然语气的协助较少，但是其本身具有话题性，非常吸引读者。

样本中常用到的关联词有："……但……"，如"这些知识没什么用，但我就是想分享给你"；"不是……而是……"，如"不是人的脑子只用了 10%，而是只有 10% 的人用了脑子 ♂_♂""是……还是……"，如"不愿意称自己是'妇女'，是词有问题还是我有问题？"

样本标题中用得比较多的修辞手法有：对比，如"逗孩子的时候，你有多开心，孩子就有多崩溃"，在比较中突出内容；引用，如"核工程师

看《流浪地球2》：三千核弹炸毁月球？办不到！"引用观点强调内容。

（四）"10万+"科普文章标题常用词汇

使用NVivo14对样本标题中出现的词汇做词频查询，导出的词语云如图5所示：

图5 样本词语云

资料来源：作者根据相关资料整理。

样本中出现最多的词汇分为以下几类：

对知识进行推断的词汇：如"可能""到底"在样本中分别出现了39次和27次，是样本中出现最多的两个词汇，其他此类的词汇还有"知道""竟然""真的""其实""为什么"等。科普类文章的内容主要介绍各类知识，有时也有辟谣的功能，这类词的大量出现能够吸引读者对该文中的知识产生兴趣。

与热点及新闻相关的词汇：如"ChatGPT""AI"等，在1月和2月的文章中出现较多，"新冠""阳"等词汇出现的频次也很高，与上半年全网热点非常一致。"出现""发现""发生"等表现突发的新闻事件也广受关注。

健康类词汇：如"医生""危险""癌症""身体""健康""死亡""感

染"等，与之搭配的有"小心""建议""注意""警惕"等。这类词汇出现频次较高，与样本中的选题分布有很大的关系，健康类选题占的比例最大，使用此类较为极端的词语会吸引读者注意。

极限词：如"最"在样本中出现了28次，"第一"等表现在前列的词汇以及"世界""人类"等表示宏大范围的词汇也比较多。这类词汇较为极端，能够拉动读者情绪，是读者关注的重点。

科技领域的知名人物：如"韩启德院士""马斯克"等，他们的观点和做的事情，受到很大的关注。

除此之外，在标题中使用具体的数字，也是样本中最常用的方法，如"15省市遭沙尘侵袭，一个月内第4次，过去40年种的树还有用吗？"等等，数字能带给读者更精确的信息，更有说服力。

四、总结与讨论

在微信公众平台推送科普文章，标题的使用往往影响着阅读量的多少，本研究通过对样本的分析，总结出受欢迎的标题应具备以下特点。

在选题上，不同的科普微信公众号应形成各自的选题风格。本研究的5个样本微信公众号有各自的选题风格，如量子位2023年上半年"10万+"文章中85.3%是人工智能类选题，科普中国72.7%是健康类选题，内容相对垂直，容易沉淀读者用户。果壳则是各类选题都有涉猎，但在风格上比较统一，属于趣味科普，同样吸引了一大批热爱科普的读者。本研究中，健康类选题最受欢迎，但对科普微信公众号的读者来说，对科学知识的各个方向都感兴趣，如果创作者能够及时响应社会热点、解答生活中的趣味问题，也能带来较高的阅读量。

在语言特征上，根据不同的选题巧用句式和词汇。不同选题类型的标题风格不同，在同一类选题中，常用的句式和词汇比较统一。本研究的样本中感叹句、疑问句较多，极端词汇较多，但如果一味追求多符号、多极端词的表达，可能会适得其反，引起读者反感。科普创作者需结合选题方向，选择创新形式的表达，如使用对比、增加数字、选择更具故事性的叙述方式等。

科普文章在不同的选题下设计不同的创意标题，是引发读者兴趣的第一步，也可能是最重要的一步，科普创作者应继续秉持服务读者对象的创作理念，为提升公民科学素养尽绵薄之力。

参 考 文 献

［1］习近平.为建设世界科技强国而奋斗——在全国科技创新大会、两院院士大会、中国科协第九次全国代表大会上的讲话［N］.人民日报，2016-6-1.

［2］高宏斌，任磊，李秀菊，等.我国公民科学素质的现状与发展对策——基于第十二次中国公民科学素质抽样调查的实证研究［J］.科普研究，2023，18（3）：5-14.

［3］金心怡，刘冉，王国燕.关联理论视角下微信科普文章的标题特征研究［J］.科普研究，2022，17（3）：38-46.

［4］李本乾.描述传播内容特征 检验传播研究假设——内容分析法简介（上）［J］.当代传播，1999（6）：39-41.

［5］李本乾.描述传播内容特征 检验传播研究假设——内容分析法简介（下）［J］.当代传播，2000（1）：47-49.

［6］廖圣清，舒瑾涵.标题效价对新媒体平台新闻分享的影响［J］.现代传播（中国传媒大学学报），2023，45（3）：133-142.

［7］中国社会科学院语言研究所词典编辑室.现代汉语词典（第7版）［M］.北京：商务印书馆，2016.

保卫融媒体时代的知识建构：
科学媒介素养的理论探索与实践经验 *

康路遥 **

摘要： 本研究通过溯源科学媒介素养的概念，拓展了基础教育促进学生科学素养的新途径；从指导理论、培养目标、教学要素和学习过程四大层面建构了科学媒介素养理论框架，为融媒体时代科学媒介素养的理论推广和教学实践打下了扎实基础。在探索理论框架的基础上，本研究开展了相应的科学媒介素养课程设计和实践，通过过程性数据剖析和经验整理，探索了中国课堂实践中可能出现的典型问题和有效应对策略，为科学媒介素养教育及其中国化探索提供了全新资源和应对挑战的解决方案，也为融媒体时代下的科学素养和媒介素养教育提供了新的思路。

关键词： 科学媒介素养；科学素养；媒介素养

一、引言

随着信息技术和媒体环境的不断发展，以各种媒介融会贯通为基础的新型主流媒体开启了融媒体时代，为学校教育带来了更大的挑战。获

---

　* 本文系中国科协 2022 年度研究生科普能力提升项目"融媒体时代提升中学生科学媒介素养的实践策略研究"（课题编号：KXYJS2022009）的研究成果。
　** 作者：康路遥，广东省深圳市深圳中学教师。

取、辨别和理解不同媒介来源的信息成为适应并参与时代社会发展的必备技能。正如赫伯特·马歇尔·麦克卢汉（2000）所强调的"媒介即信息"，在科普资源的内容丰富度、传播时效性和受众覆盖面不断提高的同时，作为传播途径的媒介自身也应该得到更多的关注。在网络媒体正逐渐主导学生课余生活的时代下，中学生求知欲强烈，但信息辨别能力有待发展。学生们的媒介行为通常缺少指导和反思，不加判断地获取信息很可能导致其科学素养的缺失或社会价值观的偏离。融媒体时代下，信息的访问可及化、边界模糊化、内容多样化和多模态化，更加要求学生们辨识媒介本质，有效获取信息并进行批判性评估和行动。

媒体会带来许多科学议题：从可持续发展到转基因食品、从科技广告到科幻影视，当代媒体中反复出现的重要话题通常包括科学和科学研究的各个方面。正如德国科学教育专家强调的，培养批判性公民的科学教育需要重视"科学是如何在变化的社会中产生的"这一命题，因为学校科学课程中的主题内容都是成熟的科学知识，然而实际生活中，媒介上的科学内容不仅由最新的研究前沿指代，更在虚实难辨的短文和广告中暗含。因此，通过媒介的科学知识建构强调的是学生经由自觉或不自觉的行为获取科学信息来学习科学的过程。

作为社会文化的科学知识使科学素养和媒介素养的交叉不可忽视，然而，国内外现有数据库有关科学媒介素养的研究很少，受复杂媒介环境所影响的科学知识建构可能被忽略。基于此，本文重点探讨科学媒介素养的理论逻辑，并对其教育方案的设计和实践进行总结，希望为相关研究者和教育者提供一些思路与经验。

二、科学媒介素养概念的缘起

大众媒体中"事实—虚构"界限的模糊使得学生在评估科学信息是否

可信时面临挑战。发展迅猛的媒介技术使得科学教育不得不关注作为社会文化传播途径的媒介信息对学生科学认知的影响。1996 年，美国《国家科学教育标准》指出，科学素养包括对大众媒体中关于科学议题的文章进行批判性理解和讨论；1998 年，英国《超越 2000》的官方报告以及 2000 年乔治·德波尔发表的科学素养关键节点文献均作出了类似表述。2007 年，科学媒介素养（Scientific Media Literacy）概念被首次提出，意指对大众媒体所描绘的科学及科学研究进行批判性思考和行动的能力，强调了科学素养中与日常社会生活紧密相关的部分必须考虑媒介的影响。2013 年，美国《新一代科学教育标准》在 1996 年版本的基础上进一步细化，要求学生能够对初级科学文献（为课堂使用而改编的）或媒体的科学报道进行批判性阅读，并讨论数据、假设和结论的有效性和可靠性。

随着相关研究的不断发展，科学媒介素养概念逐渐发展，理解媒介自身形式以及传播模态对科学观念的影响也被纳入了能力范畴，即要求学生能够在认识各类媒介意义及影响的基础上，进一步察觉媒介在公共领域对科学知识的建构和塑造。相应教育方法上的改进包括要求学生在通过各类媒介学习科学的过程中，也要了解媒介自身的隐喻和特点。

三、科学媒介素养理论框架

基于对科学媒介素养的认识以及相关课程的开发经验，本节将提出科学媒介素养理论框架，旨在将这一新概念扎根经典理论、明确培养目标、规范教学要素并梳理学习过程。如图 1 所示，科学媒介素养理论框架由 4 个层面构成：以社会建构主义和大众传播理论为主的指导理论层面；培养目标层面；以教学关键问题为驱动、教学活动设计为主体、分级评价标准为指导的教学要素层面；以觉察、分析、反思、行动为特征的学习过程层面。

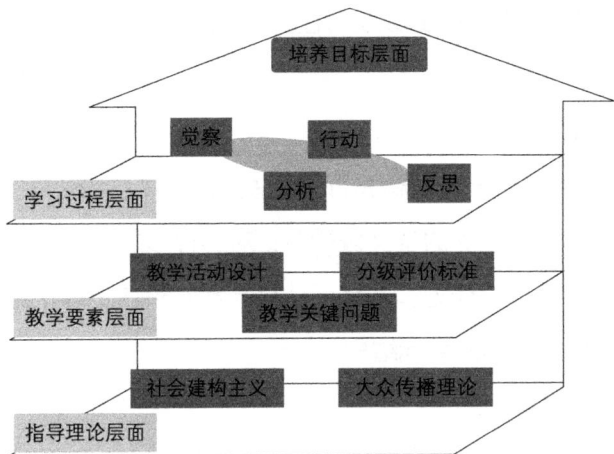

图1 科学媒介素养理论框架

资料来源：作者根据相关资料整理，以下同。

（一）指导理论层面

1. 社会建构主义

建构主义范式认为，知识不是由学习者获得的外部表征，而是由个体通过解释和综合思考自主建构的；在建构主义中加入并强调社会的作用表明，个体内部的知识建构受到社会互动和环境话语的影响。在社会建构主义的强调下，应该明确科学知识是由产生和使用科学知识的社会和文化背景塑造，科学主张的产生、审议、转化为事实的过程受到这些社会背景价值的影响，而媒介正是当代社会文化塑造的主要纽带。

2. 大众传播理论

诞生于实验室的科学进入公共认知领域必须经由大众传播。大众传播理论主要讨论使用大众传播媒介所进行的信息交流活动，及其对公民思想、行为、信仰和社会文化的影响。科学信息不仅以文本、图片和视频等形态传播，更在跨媒介生产、在线讨论和二次创作中流动。基于此的科学媒介素养着眼于以多媒介形态呈现的科学信息进行批判性评估和理解，帮助个体溯源并理解其内容来源、建构模式以及对社会观念的潜在影响。

（二）培养目标层面

本研究以媒介意识、理解和行为为基础，以科学信息、方法和思想为对象，将科学媒介素养的定义概括为：对各种形态媒介中所呈现的科学信息进行批判性分析的能力。本节将从科学素养和媒介素养的理论逻辑出发，梳理科学媒介素养的目标结构。

1 科学素养方面

蒙特克莱尔州立大学研究团队审查了 1974—2010 年范围内国际主要科学教育机构的政策文件，归纳出对科学素养至关重要的 6 项核心能力的共识，分别为：科学的认识、科学思维和实践、科学与社会、科学媒介素养、科学中的数学以及科学动机和信念。其中，科学媒介素养维度支持学生提出问题来评估科学报告的有效性，并质疑科学报告的来源。科学媒介素养的出现强调了现代社会对科学的认知离不开媒介技术，日常生活、社会决策与经济决策中科学知识与能力正发挥重要作用。

2 媒介素养方面

与科学素养中关注的媒介不同的是，媒介素养从信息形态出发，强调重视符号文本的复杂变体，在广告牌、手机、视频和游戏上破译我们周围的广义文本至关重要。在这一方面，美国国家媒介素养教育协会（NAMLE）提供了简洁扼要的媒介素养定义和模式：媒介指用于传递信息的所有电子、数码、印刷或艺术视觉手段；素养指编码和解码符号以及综合分析信息的能力；媒介素养即指能够对多种形态的媒介进行访问、分析、评估、创造和行动的能力。

3 科学媒介素养目标结构

在综合审查国际主要科学教育机构对科学素养核心能力的共识以及权威媒介素养教育组织的培养框架后，经过对科学素养和媒介素养理念的交叉分析，本研究以 NAMLE 媒介素养的 5 项核心能力为基本维度，分别考量科学信息在媒介访问、分析、评估、创造和行动过程中的表现形式，提出了 10 项科学媒介素养表现性目标（见表 1）。该目标结构作为科学媒介素养理论框架中的关键部分，是贯穿相关教学活动设计、评价标准比对以及课堂实践剖析的重要指导。

表 1　科学媒介素养培养目标

维度	表现性目标	具体阐释
访问	媒介觉察意识	评估学生对复杂媒介形态以直接或暗示的方式传递信息的敏感程度
	媒介访问技术	评估学生对多种媒介技术的基本了解和使用的操作性技能，包括研究机构、学术期刊或权威网站的检索
分析	理解媒介背景	评估学生对媒介产生背景的认识，包括认识到媒介是在商业、政治、社会环境下被有目的地创造出来的
	理解科学过程	评估学生对科学方法的理解，包括提出假设、实验验证、数据分析、结论推导、同行评审及其在确保科学研究的可信度和可靠性方面的意义的理解
	理解媒介形式	评估学生对媒介形式与内容之间的关联的理解，认识媒介作为传播技术的默认倾向以及对内容表达的影响
评估	审查科学命题	测试学生批判性地检查媒体内容中的科学命题的技能，基于对科学本质的理解，识别任何潜在的错误信息
	分析数据表述	测试学生解释和评论各种格式的科学数据表述的能力，如图表、概率等表达形式
创造	交流科学信息	评估学生以多种媒介形式向他人准确有效地传达科学信息的技能
	创造媒介产品	评估学生以符合科学过程和道德规范的方法，创造媒介产品并融入媒介交流环境的能力
行动	直面实际问题	评估学生在真实生活中识别实际问题、做出明智决策并促进媒介环境积极发展的意识和能力

资料来源：作者根据相关资料整理，以下同。

（三）教学要素层面

1. 教学关键问题

教学关键问题是对培养学生学科核心素养有重要影响的教学问题，而非面向具体知识点的、零散的教学问题；其关键在于通过挑选所授课题中最有价值的部分，引导学生在提问和思考中形成学科核心思想方法和价值观。如表2所示，NAMLE提供了支持媒介信息分析的关键问题，指出有媒介素养的人应有能力对他们所消费和创造的各类媒介产品进行主动提问。这些关键问题在科学媒介素养教学引导中起重要作用。

表2　NAMLE 提出的媒介信息分析关键问题

概念		分析媒介信息时应该问的关键问题
作者和观众	作者	谁创造了这条信息
	目的	为什么创造这条信息？目标受众是谁（以及你是如何知道的）
	利益	谁为此付钱了
	影响	谁可能从此获益？谁可能被此伤害？这条信息为什么很重要
	回应	我应该对此信息作何回应
信息和意义	内容	这条信息是关于什么内容的（以及是什么让你这样想）？它直陈或暗含了什么观点、价值或信息？它省略了哪些潜在的重要信息
	技术	使用了什么技术？在哪里使用的？这些技术如何传递信息
	理解	不同的人可能对此有哪些理解？我的解读是什么？从我的反应和解读中，我对自己有了什么了解
表达和现实	背景	这条消息被创造的时间是？它在何处被如何与公众分享
	可信度	这是事实、观点还是其他的信息？它的可信度如何（以及是什么让你这样想）？它的信息、观点或主张的来源是什么

2. 教学活动设计

科学媒介素养教育活动强调对互联网科学检验的真实参与过程，即不仅需要在切入点上贴近学生的数字生活，还需要由分层指向的教学关键问题逐步推动。通过引导学生评估并整理以不同媒介形式（如视觉图像、量化数据、文本符号）呈现的多种信息来源，学生能够将已有的媒介经验与活动体验相结合，并在特定媒介环境中应用相关的科学方法，促进问题解决。除此以外，还应该考虑重要他人和多感官整合的作用：引导学生与教师、家长或更有经验的同伴进行实质性互动和讨论，调动视觉、听觉和行动，促进学生围绕媒介信息建构多维度的意义体验。

3. 分级评价标准

作为斯坦福大学历史教育小组（SHEG）的核心项目，公民在线推理项目是值得参考的。该项目的前置评估围绕贴近学生生活实际的互联网信息获取行为，涉及在线文章、图片、广告、权威认证、社交媒体等媒介要素，活动主题包括讨论区论点分析、社交媒体认证、社交媒体论证、照片真假评估和赞助信息识别等。因此，科学媒介素养活动评估标准应兼具区分度和指向性，依据不同的项目主题，核准学生的基础表现，并按照三层等级划分（掌握、进阶和入门），保证每项活动评价标准都在学习主体可到达的范围内，并对被评价者进行及时反馈。

（四）学习过程层面

创办于 1989 年的国际教育组织媒介素养中心（CML）以教育思想家保罗·弗莱雷的批判性教育理论为基础，提炼出经典的媒介素养教育逻辑框架——"赋能螺旋"（Empowerment Spiral），如图 2 所示。首先，学生重新观察生活中的媒介及其与个人的联系，能够体验灵光一现或恍然大悟的感觉（觉察阶段）；其次，学生在关键问题的引导下，探索媒介创作者和受众之间的交流的发生形式和内容（分析阶段）；再次，学生将所探讨问题的应然设想与实际情况做比较，察觉差异并思考问题所在（反思阶段）；最后，学生作为媒介参与者，提出建设性的行动想法，通过个人或集体的真实体验来学习（行动阶段）。

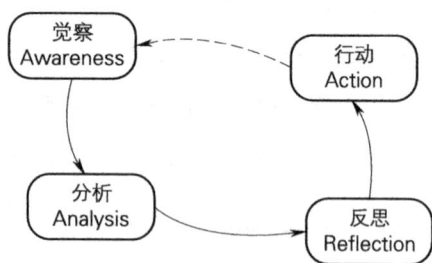

图 2　媒介素养教育的"赋能螺旋"框架

从学生进入觉察阶段的"哦！我以前从未想过这个问题"，到分析阶段的"这是怎么回事？"再到反思阶段的"那又怎样？我应该怎么做？"最后落脚真实行动；"赋能螺旋"框架强调主动参与、反思和持续改进对问题解决的重要性。通过将这些关键过程纳入学生对科学媒介素养的学习和实践，个体可以对科学的社会文化进行更有效的反思，并为社会和组织作出积极贡献。

四、科学媒介素养教学实践

科学媒介素养课程设计的探索基于上文的理论框架：在大众传播学对媒介素养的指导下，确立课程的深入方向和适切的媒介形式；在社会建构主义对科学素养的指导下，确立课程对科学思维的常见情景和干预途径；在教学关键问题、活动和评价的指导下，确立课程所支持的审查策略和讨论重点；在"赋能螺旋"框架的指导下，确立课程的开展节奏与整合结构。

（一）课程议题设计

科学媒介素养课程旨在培养学生在面对复杂媒介环境中科学信息时的批判性思维能力，使之成为知情的、积极的未来公民。因此，本研究在探索面向中国高中阶段的科学媒介素养课程上，主要聚焦以下四个议题。

1. 广告中的伪科学

广告被视为与科学教育有强相关性的媒介之一：广告在学生生活中极广泛存在，广告中的科学概念、方法和观点对年轻人的思维和行动有很大的影响。学生能够在这一命题下积极、轻松地参与活动，通过分析并甄别各类产品广告中的伪科学，提高广告形式对科学知识和科学态度的影响，对生活广告一类视觉性大众传媒中呈现的科学概念形成批判性认识。

2. 社交媒体中的争议话题

在世界范围内平均而言，社交媒体是在年轻群体中使用最广泛且有影响力的。在课堂上对社交媒体运行机制和社会议题的讨论会有助于提高学生独立使用社交媒体时的抵抗力。课堂可以带领学生分析相关社会性科学议题的内容创作者和发布平台，通过强调实证数据的权威来源，形成对统计学数据的概念、形式、作用和可视化的初步认知，并意识到融媒体平台对社会性科学议题的传播和公共舆论的影响。

3. 新闻网站上的信息真相

科学新闻可靠的标志不是一句"研究表明"，而是指向具体科学研究的"引路牌"；图 3 的互联网科学信息发布频率"金字塔"指出了严谨的

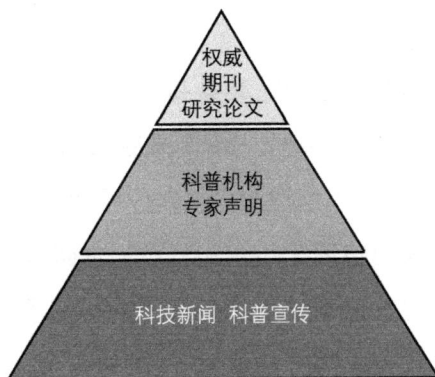

图 3　互联网科学信息发布频率"金字塔"

科学新闻平台中信息溯源意识的重要性。引导学生识别权威科学信息发布平台与娱乐信息平台的差异要素，理解平台可信度和文本可信度的交叉验证。文本类可选择人民日报、科技日报和光明日报等权威媒体，引导学生横向阅读，训练其信息比较与评估能力；平台类可选择科普中国专业平台和百家号等大众娱乐平台，训练学生的信息溯源与甄别能力。

4. 视频网站上的信息质量

在线分享的自媒体视频几乎允许任何人创建视频内容，故而受众需要更多依靠自己来评估视频内容的权威性和质量；个人不仅需要能够批判性地评估信息来源和信息的质量，还需要在涉及科学信息或主张时对内容有合理的判断。引导学生对科普动漫、科普讲座、科普纪录片、科学原理动画以及科学研究前沿新闻等不同种类的科普视频形成概念，并对视频的标题设计、开头引入、主题表达、参考资料、配图素材等进行系统分析，建立科学传播的态度和方法。

将以上4项科学媒介素养教学议题按照媒介觉察、分析、反思和行动的流程设计，引导学生在多种媒介形式中核验或纠正有误导性的科学命题，在辨别、检索、评估和整合的共同实践中，将科学媒介素养的思维方法融入真实生活。

（二）典型问题总结

本研究在新疆维吾尔自治区某县高中开展了三轮科学媒介素养课程实践，每轮4节90分钟课程；每节课后随机抽取5名学生展开访谈，与课堂学习单和课后小组作业一起作为质性分析数据。经过对课程实践过程和质性数据的整理、归纳和分析，本研究总结了科学媒介素养课程在高中实施的典型问题，并在迭代中验证了部分有效应对方案（见表3）。

表3　科学媒介素养课程实践中的典型问题与有效策略

维度	目标	学生典型问题 （L1~L4 依次指四项课程议题）	策略要点
访问	媒介觉察意识	L1- 学生缺乏对网络资料可信度的批判性认识。 L1- 学生缺乏在网络上寻找可靠来源的意识。 L3- 学生缺乏转换不同搜索引擎进行检索的意识	（1）引导学生对错误的科学内容进行反向检索； （2）提供评估信息来源的操作示例
	媒介访问技术	L2- 学生缺乏搜寻权威信息平台的操作性知识。 L3- 学生不能理解网址中的顶级域名与网站可靠性的关系。 L3- 学生在区分评价的主观性和客观性上存在困难	（1）讨论可靠科学信息的特点； （2）观察权威平台的特征； （3）比较不同搜索引擎下相同内容的检索结果； （4）训练信息溯源操作
分析	理解媒介背景	L2- 学生考虑社交媒体平台的影响时，没有意识到其他用户的讨论内容对自己的影响。 L3- 学生缺乏横向阅读的意识，在识别目标网站和其他网站的信息差异时存在困难	（1）分析社交媒体的运营逻辑； （2）感知不同平台间的信息差异及其来源
	理解科学过程	L1- 学生不能明确辨别误导性科学信息的特征。 L1- 学生未能理解如何使用科学原理批评虚假广告。 L3- 学生不能理解参考资料的定义、来源和重要作用	（1）讨论科学本质观（NOS）； （2）讨论科学传播的途径； （3）分析常见的科学引用格式
	理解媒介形式	L1- 学生对情感唤起、共识、喜爱、虚假困境和传统智慧策略的运用较少。 L3- 学生缺乏识别自媒体类新闻与传统权威报社新闻的差异的能力。 L4- 学生视频作品主要精攻语言表述方面，不能把握视频媒介的其他方面，呈现形式较为单一	（1）列举广告媒介策略的应用； （2）介绍社交媒体的算法推送机制； （3）比较自媒体新闻和传统权威新闻差异

续表

维度	目标	学生典型问题 （L1~L4 依次指四项课程议题）	策略要点
评估	审查科学命题	L2– 学生对争论文本中"事实"的提问未能涉及"事实与观点"是否充分且必要，缺乏在讨论中回归科学原理的意识。 L3– 学生普遍表现出对百度百科较高的信任程度	（1）设计科学解释模型并尝试进行论证； （2）分析百度百科平台的信息质量
评估	分析数据表述	L1– 学生缺乏对科学术语或图表等科学关键内容的了解。 L2– 学生在分析他人基于数据的观点时，不能很好地理解对数据解读的目的性。 L4– 学生在使用科学数据作为证据时，不能意识到数据的样本和范围等特征	（1）比较科学传播和普通大众传媒的差异； （2）讨论科学数据的价值、性质和呈现形式
创造	交流科学信息	L3– 学生在交流科学信息时没有对来源进行说明的意识。 L4– 学生没有需要准确描述科学数据作为可靠信息来源的意识	（1）列举有效的科学表达方式； （2）为学生提供练习科学表达的机会并进行及时反馈
创造	创造媒介作品	L2– 学生在网络交流的道德约束方面缺乏"尊重知识产权"和"保护个人隐私"的明确意识。 L4– 学生能够理解优秀科普内容的要素，但是在科普视频的具体设计上普遍没有头绪	（1）引导讨论尊重知识产权和个人隐私的重要性； （2）筛选使用高质量的科普内容进行分析
行动	直面实际问题	L2– 学生没有树立对不确定的信息积极进行核查的意识。 L3– 学生不能将科学信息审查与"曾经信以为真，而最终发现为假"的认知转变经历相联系。 L4– 学生在科普实践能力的自我评价上显示出较低的自我效能感和行动积极性	（1）介绍事实审查网站的运行机制； （2）观察权威的网络百科全书具有的特质； （3）介绍社会心理学常见的认知特点； （4）选取更高相关性和紧迫性的材料，促进学生积极行动

五、科学媒介素养的推动建议

（一）宏观层面：营造科学纠偏的严谨氛围

科学素养应是对科学领域的本质及其过程的认识，是超越个体并与社会环境相关的共识，以便人们能够在日常生活中真实且有意义地参与科学。科学媒介素养的完整实现离不开社会文化中对科学的严谨态度。在政策支持的背景下，越来越多科学教育工作者对科学媒介教育开展了实证研究，旨在强调学生的"媒体意识"或"媒体悟性"；这种"意识和悟性"正是科学媒介素养学习过程中"觉察"的开始。因此，在社会层面的认知共同体能持续支持公民以适当的媒介形式和科学方法阐述其所发现的问题，并以严谨求真的态度，批判性地认识科学、媒介与社会的关系。

（二）中观层面：支持科学教师将媒介活动引入课堂

科学教师在课堂上使用跨媒介产品传递科学信息，不仅可以支持学生将科学概念与现实应用相联系，以批判性思维审查复杂的科学信息有助于提高学生对科学思维的理解和把握，还可以以一种更高效的方式推广科学媒介素养理念并将之运用到实际生活中。要创造一个能够发现新知识的学习环境，就必须深刻理解建构主义观点所体现的科学学习过程。只有在广告分析、新闻溯源、平台审查和视频评价等媒体实践中理解科学，学生才能真正理解作为人类事业的科学思维、促进公民意识的媒介反思、改善日常生活决策的科学知识以及帮助践行终身实践的学习理念。

（三）微观层面：注重知识建构的科学本质观

在应对科学媒介素养教学实践的典型问题上，很多有效方法都指向对科学本质观的理解和掌握。这显示出科学与媒介的连接没有落在具体的科学知识或科学方法上，而是落在"科学是什么"的科学本质观上。英国利兹大学科学与数学教育研究中心曾指出学生科学本质观的三个易错倾向，包括：认为科学研究的目的是依据一系列观察或某些事物进行的概括，而不涉及对科学猜想的检验；认为科学解释是从数据中毫无疑问地出现的，而不涉及科学解释的推测和模拟；认为测量科学数据的过程是不存在问题的。理解科学研究的目的、科学解释的性质以及科学数据的质量能够很大程度地帮助学生解答"这些媒介上的科学信息为什么值得怀疑"。

作为实践层面的媒介素养教育已经有80余年的历史，而媒介与社会文化的交互随着技术发展不断到达更新的层面：科学普及与科学传播必须在更复杂的媒介环境中对学生的科学素养施加积极影响；与此同时，在信息不断视觉化、算法化、市场化的趋势下，各类媒介技术并不只是以一种中立的形态存在，如何正确检索、评估、理解、批判、选择和组织信息，将对学生的科学素养、人文精神和社会意识等产生影响。

参 考 文 献

［1］陈彤旭.国外青少年媒介素养教育综述［J］.青年记者，2020（2）：32-33.

［2］［加］赫伯特·马歇尔·麦克卢汉，何道宽译.理解媒介［M］.北京：商务印书馆，2000.

［3］教育部基础教育课程教材发展中心.中小学学科教学关键问题指导丛书［M］.北京：高等教育出版社，2016.

［4］Akcay H，Kapici H O，Yager R E.Using Newspapers and Advertisement as a Focus for Science Teaching and Learning［J］.Universal Journal of Educational Research，2017，5（1）：99-103.

［5］Belova N，Eilks I.German teachers' views on promoting scientific media literacy using advertising in the science classroom［J］.International Journal of Science and Mathematics Education，2016，14（7）：1233-1254.

［6］Belova，N.，Eilks，I.Learning with and about advertising in chemistry education with a lesson plan on natural cosmetics-a case study.Chemistry Education Research and Practice，

2015，16（3），578–588.

［7］Bingle W H，Gaskell P J.Scientific literacy for decisionmaking and the social construction of scientific knowledge［J］.Science Education，1994，78（2）：185–201.

［8］Buckingham D.Digital Media Literacies：rethinking media education in the age of the Internet［J］.Research in comparative and international education，2007，2（1）：43–55.

［9］Center of Media Literacy.Empowerment Spiral［EB/OL］.［2023–04–20］.https：//www.medialit.org/reading–room/empowerment–spiral#.

［10］Chang Rundgren S N，Rundgren C J.SSI pedagogic discourse：embracing scientific media literacy and ESD to face the multimedia world［C］.The 22nd Symposium on Chemistry and Science Education held at the University of Bremen，19–21 June 2014. Shaker Verlag，2014：157–168.

［11］Critical Media Project.Applying The Common Core［EB/OL］.［2023–04–20］.https：//criticalmediaproject.org/applying–the–common–core/.

［12］Fives H，Huebner W，Birnbaum A S，et al.Developing a measure of scientific literacy for middle school students［J］.Science Education，2014，98（4）：549–580.

［13］Floyd N，Spraetz J.Agenda–Setting：What a Media Effects Theory Can Add to Information Literacy Instruction［J］.2022.

［14］George E.DeBoer.Scientific literacy：Another look at its historical and contemporary meanings and its relationship to science education reform［J］.Journal of Research in Science Teaching，2000，37（6），582–601.

［15］Hind A，Leach J，Ryder J，et al.Teaching about the nature of scientific knowledge and investigation on AS/A level science courses［J］.Leeds：CSSME，2001.

［16］Jenkins H.Convergence Culture.Where Old and New Media Collide［J］.Revista Austral de Ciencias Sociales，2011，20：129–133.

［17］Krause A，Meyers C，Irlbeck E，et al.What side are you on? An examination of the persuasive message factors in proposition 37 videos on YouTube［J］.Journal of Applied Communications，2016，100（3）：68–83.

［18］McClune B，Jarman R.Critical Reading of Science - Based News Reports：Establishing a knowledge，skills and attitudes framework［J］.International Journal of Science Education，2010，32（6）：727–752.

［19］Millar，R.，& Osborne，J.F.Beyond 2000：Science Education for the Future：The Report of a Seminar［M］.London：King's College London，School of Education，

1998.

[20] NAMLE.Key Questions to Ask When Analyzing Media Messages [EB/OL] . [2023-4-20] .https：//namle.net/resources/key-questions-for-analyzing-media/.

[21] NAMLE.Media Literacy Defined [EB/OL] . [2023-4-20] .https：//namle.net/resources/media-literacy-defined/.

[22] National Science Education Standards [M] .Washington, DC：The National Academies Press, 1996.

[23] NGSS Lead States.Next Generation Science Standards：For States, By States [M] . Washington, DC：The National Academies Press, 2013.

[24] Solli A, Hillman T, Mäkitalo Å.Navigating the complexity of socio-scientific controversies—How students make multiple voices present in discourse [J] .Research in Science Education, 2019, 49（6）：1595—1623.

[25] Stuckey M, Heering P, Mamlok-Naaman R, et al.The philosophical works of Ludwik Fleck and their potential meaning for teaching and learning science [J] .Science & Education, 2015, 24（3）：281-298.

[26] Tsortanidou X, Daradoumis T, Barberá E.Connecting moments of creativity, computational thinking, collaboration and new media literacy skills [J] .Information and Learning Sciences, 2019（120）：704-722.

[27] Wiblom J, Rundgren C J, André M.Developing Students' Critical Reasoning About Online Health Information：A Capabilities Approach [J] .Research in Science Education, 2019, 49（6）：1759-1782.

[28] Wineburg S, McGrew S.Evaluating information：The cornerstone of civic online reasoning [J] .2016.

科普科幻产业在珠海市发展可行性路径探究

龙飞凤　赵文杰 *

摘要：科普科幻是人类现代文明中最具前沿性和开拓性的文化部分。近年来，在国民级科普科幻作品和"人民航空航天事业"的推动下，科普科幻热不断提高，科普科幻产业逐渐成为我国新的经济增长点之一。珠海市作为粤港澳大湾区核心城市之一，地理位置优越，旅游资源丰富，承接的中国国际航空航天博览会已经成为城市发展的亮丽名片，具备科普科幻文化创意产业发展的土壤。进一步聚焦和发掘"航空航天"元素对珠海市科普科幻产业发展新格局的形成至关重要。本文将对科普科幻产业在珠海市发展的可行性路径展开探究，并提出具体的建设方案以供参考。

关键词：科普科幻产业；产业经济；珠海市；发展战略

一、珠海市发展科普科幻产业的重要意义

进入 21 世纪以来，全球科技创新进入空前密集活跃时期，新一轮科技革命和产业变革正在重构全球创新版图、重塑全球经济结构。在此进程中，科技创新已成为增强综合国力和国家核心竞争力的决定性因素之一。伴随我国社会、经济、科技各项事业快速发展，提高科技创新能力早已被

* 作者：龙飞凤，中国人民大学马克思主义学院硕士研究生；赵文杰，北京航空航天大学博士研究生，中国科幻研究中心"起航学者"。

明确作为国家推进经济结构调整和国家竞争力提升的中心环节。同时，科学技术在发展与创新中，不断孕育新的媒介、催生新的手段，推动文化艺术形式变革和业态更迭。如今，科技与文化融合趋势日益明显，科技已渗透到文化产品创作、生产、传播、消费的各个层面和关键环节，还催生了以科普科幻文化为代表的文化形态和文化业态。目前，科技创新与科普科幻发展相互促进，发展科普科幻产业需以科技创新为基础，而科普科幻发展又能促进科技进步，二者在逻辑上已构成"科技创新—科普科幻发展—科技创新"的良性发展循环。

2016 年 5 月 30 日，习近平总书记在全国"科技三会"上指出，科技创新、科学普及是实现创新发展的两翼，要把科学普及放在与科技创新同等重要的位置。① 这是对当下探索、实践、发展和完善我国科普科幻文化的重要指示，也是迫切呼吁。

2021 年 6 月，国务院印发《全民科学素质行动规划纲要（2021—2035 年）》，从"实施繁荣科普创作资助计划"和"实施科幻产业发展扶持计划"两个方面，进一步提出"搭建高水平科幻创作交流平台和产品开发共享平台、鼓励有条件的地方设立科幻产业发展基金、打造科幻产业集聚区和科幻主题公园"等具体落实方案；2022 年 9 月，中共中央办公厅、国务院办公厅印发《关于新时代进一步加强科学技术普及工作的意见》，明确提出，推动科普产业发展。培育壮大科普产业，促进科普与文化、旅游、体育等产业融合发展。鼓励科技领军企业加大科普投入，促进科技研发、市场推广与科普有机结合。

目前，"科普科幻"作为城市创新力的体现，已成为全国一线甚至二线城市竞相打造的城市文化名片，对寻找新经济增长点和产业结构转型抓

---

① 习近平：《为建设世界科技强国而奋斗——在全国科技创新大会、两院院士大会、中国科协第九次全国代表大会上的讲话》，新华社，2016 年 5 月 31 日。

手的城市而言，也是实现供给侧优化升级需要把握的机会。2023 年 10 月，高校科幻平台——青年科幻研究实验室联合深圳科学与幻想成长基金在世界科幻大会上发布中国科幻城市指数报告阶段性成果，其中北京、上海、成都、深圳、南京、重庆、广州、武汉、西安、杭州共同入选中国十大科幻城市。项目团队围绕科幻创意生态、科幻产业发展、科幻文化传播、科幻赋能能力等 4 个一级指标，资本环境、文化环境、政策支持、产业投入、产业产出等 11 个二级指标，科幻活动数量、科幻作家数量、科幻企业数量、科幻游戏关注度、科幻信息关注度、科幻粉丝占比、科幻电影票房等 32 个三级指标构建了较为科学客观的科幻城市评价指标体系，并邀请 10 余位相关领域专家、学者为指标提供赋分参考。中国十大科幻城市发布后，《人民日报》、新华社、南京发布、重庆发布、深圳发布等全国 60 余家权威媒体和政府平台进行广泛报道，反映出社会对科普科幻在塑造城市品牌形象中重要作用的认可。

在此背景下，珠海市规划发展科普科幻产业，既是对国家发展战略的积极响应，又是进一步推动建设新时代中国特色社会主义现代化国际化经济特区的一项重要举措。近年来，珠海市科学技术协会、北京师范大学珠海校区、珠海航空城集团联合高校科幻平台举办中国国际航空航天博览会·珠海航空航天产业国际创新周科普科幻产业研讨会、"深合杯"中国航空航天主题科幻艺术星创赛等活动，邀请学界、企业界、作家界众多专家参与，为珠海市科普科幻产业发展方面提出建议，共建珠海市发展新格局。珠海市科学技术协会副主席李伟峰曾在论坛中对珠海市发展科普科幻产业重要意义作出说明和期盼，并表示珠海已具备科普科幻文化创意产业发展的土壤，构建珠海市科普科幻产业发展新格局，将进一步推动珠海市建设新时代中国特色社会主义现代化国际化经济特区。

二、珠海市发展科普科幻产业的优势与机遇

科普科幻产业本质上属于文化创意产业。国内很多城市发展科普科幻产业时，往往只以科普科幻之名聚集各类科技公司，希望通过科普科幻发展赋能科技创新和拓展文化表现形式。对大部分城市而言，不掌握内容资源，便缺少产业源头活水，很难真正做到通过发展科普科幻产业提升地区知名度，进而促进城市竞争力。在这一点上，珠海市优势显著——作为经济特区、粤港澳大湾区核心城市之一，珠海地理位置优越，所聚集内容资源丰富，其中，中国国际航空航天博览会已成为珠海市城市发展的亮丽名片，已完全具备"科技赋能科普科幻"的土壤，有条件实现科普科幻产业繁荣发展。

（一）广东省政府高度重视科普科幻发展，推出系列扶持政策

政府制定科普科幻产业扶持政策，能够帮助行业整合相关资源，破除瓶颈问题，夯实发展基础。2021年9月，广东省人民政府发布《广东省科学技术普及条例》，提出县级以上人民政府应当制定相关配套政策措施，支持和引导企业利用社会资本整合科普资源和创新要素、开展科普产品研发与创新，推动科普成果转化和产业化发展。2021年11月，广东省人民政府印发《广东省全民科学素质行动规划纲要实施方案（2021—2025年）》，明确将"实施科普产业繁荣工程"列为重点工程之一，从发展方向、财政支持、市场培育、产业融合等方向提出鼓励措施，并将"推动科幻产业发展"列入这一重点工程具体实施内容，围绕平台搭建、基金设立、场景建设、人才培养、活动组织等方面，对广东省发展科普科幻产业提出具体支持办法。广东省人民政府积极落实习近平总书记重要指示、落实党的二十大精神，采取了一系列重要举措，为科普科幻产业的发展提

供了有力的保障和支持。为了推动科普科幻产业的快速发展，广东省政府积极提出具体的保障细则、规划布局和实施计划，为产业的发展提供了明确的指导和方向。珠海市发展科普科幻产业正处于政策利好环境下，可充分利用政策优势，通过有效资源整合落实、推动、达成产业合作，把握先机将珠海打造成为广东省内具有示范效应的城市，并依托政策支持获得快速成长，扩大影响力。

（二）发展科普科幻产业，符合珠海市打造现代化未来型城市目标

随着"十四五"规划深入实施，珠海市已明确深化"打造现代化未来型城市"目标。围绕这一目标实现，从"小而美"奔向"强而美"的道路上，珠海市正在推进建设广珠澳科技创新走廊、打造粤港澳大湾区国家科技创新中心重要支点、建设国际一流的高新技术产业和先进制造业基地等，已具备发展科普科幻产业的技术基础。目前，珠海市已基本形成"4+3"支柱产业集群，主导产业与优势产业均为高新技术领域，为科普科幻产业发展提供良好技术根基，有益于实现科普科幻产品、服务、场景创新；同时也能为科普科幻创作提供丰厚素材，有益于用科普科幻的表达方式展望未来城市形态，书写珠海市"'新'二次创业"故事。科普科幻产业具有明显的城市"赋能"作用，能够有效提升珠海市的竞争力、创新力，在不影响城市已有产业发展空间的情况下，积极推动其向现代化未来型城市发展。

（三）独一无二的中国航展名片，为科普科幻产业提供丰厚土壤

中国（珠海）国际航空航天博览会于 2022 年举办第十四届，已成为享誉国际的航空航天业盛会，拥有较高品牌辨识度，在资源集聚、产业交流、科技传播、创新展示等方面发挥重要作用。当前，国内科普科幻产业在航空航天、军事等题材的资源挖掘、内容创作、产品创新等方面存在不

足，市面上优秀产品较少。伴随我国航空航天技术攻坚与突破，航空航天事业与产业发展势头强劲，以航空航天为主题的科普科幻产业也将成为各方争夺的"蓝海"之一。珠海航展作为国内最具影响力的航空航天展览之一，拥有强大的"名片效应"。珠海市可以利用航展这一平台，与国内外航空航天领域的专家、学者、企业等进行深入交流与合作，共同挖掘航空航天领域的科普科幻资源。同时，通过孵化 IP，将航空航天领域的科普知识、技术成果等转化为具有吸引力和影响力的科普科幻作品，丰富本地科幻成果。此外，珠海市还可以借助航展的影响力，拓展平台，吸引更多的投资和人才进入科普科幻产业领域。通过打造独具地方特色的科普科幻产业链，珠海市可以进一步提升其在国内外科普科幻产业领域的地位和影响力。

三、珠海市培育与发展科普科幻产业的对策与建议

（一）加强组织保障，设立专项资金鼓励和推动科普科幻产业健康发展

伴随社会经济和科学技术蓬勃发展，科普科幻行业逐渐成为国内外充满活力和备受关注的新兴产业之一，并以其强有力的带动效应和辐射效应逐渐成为文化产业支柱型组成部分之一，市场容量巨大。我国各地方政府和相关部门因看到科普科幻行业所蕴含的巨大经济价值潜力，近年来不断推进区域科普科幻产业化和市场化进程。比如，北京市石景山区通过举办中国科幻大会，极大拉动了当地旅游、餐饮、住宿、仓储运输、零售、广告等相关产业发展，帮助首钢园形成科普科幻产业链条型的聚集和延伸地；成都市目前以郫都区为主，吸引 2023 年世界科幻大会落地，并借助世界科幻大会的虹吸效应，正在以发展科幻影视、科幻文旅、科幻高端装备制造为重点建强成都科幻核心地标。

　　建议珠海市借鉴北京市、成都市等科普科幻产业优势地的发展经验，整合党委、政府有关职能部门，落地政府机构，成立珠海市科普科幻产业发展领导小组，设立专项资金，用于科普科幻产品和技术措施的研究、制作与成果转化，刺激和推动科普科幻产业健康发展，鼓励银行等金融机构加大对科普科幻产业的支持力度，在官方层面加强保障。

（二）组织成立"珠海市科普科幻协会"，通过群团组织构建珠海市科普科幻产业共同体

　　珠海市科普科幻产业发展关键在于"顶层设计"和"基层探索"之间的"执行纽带"。建议在珠海市科协领导下，成立珠海市科普科幻协会，并依托珠海市科普科幻协会建立覆盖科普科幻文学出版、科普科幻影视动漫制作、科普科幻文旅开发、科普科幻衍生品设计、科普科幻文化传播等领域的全市乃至广东科普科幻企业、机构、专家等目录，由珠海市科普科幻协会牵头调动全行业行动，打造良性发展和自我保护体系。通过组织、实践各种科普科幻活动，团结、统筹、实现珠海市科普科幻团体、个人合作共赢，同时借助大众媒体加大宣传力度，塑造参与者身份认同感与集体荣誉感。通过3~5年时间，将珠海市科普科幻协会发展成为南方最具有产业吸引力和凝聚力的科幻产业交流平台，汇集全球科幻产业先进科技成果、创新资源、产业资本、优秀人才，并进行有效对接和持续转化。

（三）扩大湾区科普科幻产业发展研讨会、"未来杯"高校科普科幻辩论赛等品牌活动影响力，孵化"高校科普科幻人才交流高峰论坛"等青年科普科幻人才交流平台

　　目前，珠海市已经借助"中国（珠海）航展"成功打造了湾区科普科幻产业发展研讨会和"未来杯"高校科普科幻辩论赛等品牌活动，在社会

上引起较大反响。珠海市意图培育与发展科普科幻产业，可尝试以这些品牌活动为抓手，进一步孵化"高校科普科幻人才交流高峰论坛"等青年科普科幻人才交流平台，将珠海市的城市印象与科普科幻深度绑定。

湾区科普科幻产业发展研讨会是由珠海市科学技术协会、北京师范大学珠海校区、珠海航空城发展集团有限公司等共同举办的学术交流活动，对推动粤港澳大湾区科普科幻产业融合发展、搭建科普产业发展人才储备库等议题进行深入探讨交流，对湾区的科普科幻产业的发展意义重大；"未来杯"高校科普科幻辩论赛作为航城创新周航城文化主题活动之一，致力于生动展示中国科普科幻的魅力、传递中国科学创新的理念，通过将科普科幻与辩论有机结合这种妙趣横生的方式，以高校学生群体为传播源点，有利于进一步激发公众对航空航天事业的兴趣和热情。

人才是当前中国战略性新兴产业的最根本性要素。自2015年到2023年，中国科普科幻活动整体呈现一种井喷式状态，大多数活动的主要嘉宾均为科普科幻界知名人士，而高校科普科幻青年创作者和研究者参与感不强，后者作为科普科幻产业发展的重要力量，也是未来推动科普科幻产业发展的生力军和中坚力量。珠海市可通过联合南方科技大学科学与人类想象力研究中心与珠海市科学技术协会等权威机构，继续扩大活动规模，以更多元的形式和更丰富的活动吸引更多青年科普科幻人才参与，比如孵化"高校科普科幻人才交流高峰论坛"等青年科普科幻人才交流平台。同时，健全珠海市科普科幻人才培育体系，助力全国高校科普科幻人才走进来、留下来，甚至"呼朋唤友来珠海"。对于高校科普科幻人才，以主参与者身份齐聚珠海参加论坛、辩论活动，是结交同好、激发创造灵感的重要方式；对于珠海，举办这类特色活动，既能实现优秀青年人才聚集，又能吸引优秀科普科幻青年人才（项目）扎根珠海，进一步满足城市发展人才需求。借此，珠海市便能构建一个双赢模式，并进一步构建一个能够为科普科幻产业发展源源不断提供青年人才的良性循环。

（四）持续借助中国国际航空航天博览会，培育航空类特色科普科幻奖项

奖项和会展对促进城市提高行业文化声望与影响力起着重要作用，不仅能为领域优秀人才提供展示平台，也在逐渐演变成重要IP孵化器。当前航空航天和科普科幻文化流行但缺少深度融合，珠海可以立足于中国国际航空航天博览会，培育具有航空类特色的科普科幻奖项。目前，由中国科学技术协会、珠海市航空航天产业发展领导小组（指挥部）指导，珠海航空城集团主办的"深合杯"中国航空航天主题科幻艺术星创赛尝试，对塑造具有深合区城市特征的未来世界，推动湾区文化赋能的产业体系形成，推动湾区打造科幻文创产业高地具有重要意义。建议基于现有基础，继续聚焦中国航天元素，邀请国内外顶尖科普科幻作家、绘画艺术家共同参与；同时加大宣传力度，提升作品成果转化奖励力度，既能提高创作者积极性，又能提升人民群众参与度，扩大奖项影响力，进而提高"深合杯"IP价值赋能作用，协助打造涵盖出版、影视、游戏、改编作品等的全产业链条产品孵化平台。

（五）依托中国国际航空航天博览会，打造"中国航展"科普科幻主题乐园（影视基地）

中国国际航空航天博览会作为最具国际影响力的航空航天类专业展会之一，为推动世界航空航天科技发展发挥重要作用，已成为珠海市独具一格且极具价值的"硬核"名片。同时，在国民级科普科幻作品《流浪地球》的推动下，科普科幻热不断提高，尤其在以青少年学生为代表的群体中，参加科普科幻活动已成为一种生活方式。由于大量科普科幻迷与航空航天爱好者群体有高度重叠，建议珠海市可通过打造"中国航展"科普科幻主题乐园（影视基地），推动"航空航天＋科普科幻"产业融合发

展，进一步提升珠海城市文化核心竞争力。依托"中国航展"科普科幻主题乐园（影视基地），将城市特色与文化创意融入地标布局之中，聚焦创新创业、研学减负、亲子需求、人才培养等方面，可开展航空科普科幻音乐节、未来飞行器设计大赛、航天手工模具创客实验室、沉浸式航空体验舱等相关科普科幻活动，推动珠海本地上下游企业合作，吸引各类科普科幻企业及文娱企业入驻，拓宽科普科幻产业在城市的成长空间。通过文旅产业与科普科幻内容结合，促进"中国航展"科普科幻主题乐园（影视基地）既形成规模，又形成生态，打造相互吸引、相互支撑、相互促进并独具一格的航空航天类特色科普科幻产业转化生态圈。

（六）深挖中国国际航空航天博览会元素，打造航空航天类头部（网红）科普科幻 IP 系列文创产品

科技进步全面带动科普科幻市场需求，公众对科普科幻产业消费日益认同。但是，供给端的发展却未能及时跟进，航空航天文创产业尚未形成统一、完整的开发体系，导致出现受众市场大，但产品数量较少、品质参差不齐、知名 IP 缺乏等问题。供给与需求的错位，导致科普科幻文创市场的巨大潜力未能充分释放，这为珠海市发展科普科幻文创产品创造了良好时机，但也是珠海市必须解决的痛点问题。

建议珠海市利用中国国际航空航天博览会优势，加大文创类产品研发力度，以游客需求导向为抓手，结合有趣的科普科幻文化知识，自主研发好看、好玩、能让游客带走并形成传播的商品，典型的商品包括 T 恤、卫衣、鞋帽、饰品、文具、玩具、食品、影音制品等。通过营造积极良好的消费氛围，同时打造航空航天类头部（网红）科普科幻 IP 文创产品，培育特色品牌，以获得核心竞争力和市场影响力为目标，从而把握航空航天类文创产品话语权，统一行业发展标准，真正将中国国际航空航天博览会元素转化为文创产品。

（七）拓展航空航天科普科幻产业市场渠道，多路径助力产品销售推广

创新内容虽是科普科幻产业发展的根本，但"酒香也怕巷子深"，为了充分发挥珠海市的资源优势和产业潜力，需要积极拓宽市场渠道，为科普科幻产品提供更多的销售和推广机会。珠海市可广泛结合数字技术手段和多媒体平台，加强线上市场渠道建设。一方面，将科普科幻产品在各大电商平台进行销售，提高产品的曝光度和销量，并向消费者提供便捷的购买与物流服务；另一方面，利用微博、微信等社交媒体平台，发布科普科幻相关资讯、活动信息和产品介绍，通过科普科幻话题的传播，加强与高校的网络互动，建立珠海市科普科幻产品的品牌形象，吸引更多的关注和潜在消费者，从而提升消费者对产品的信任度和认知度。在线下市场拓展方面，建议充分利用自身地理优势，加强珠海市在珠三角及粤港澳等区域的交流合作和协同联动，进行跨区域性市场布局。支持与各地联合举办科普科幻展览，推出一批展现航空航天特色的科普科幻产品，线下吸引参观者和消费者，与潜在客户和合作伙伴建立联系，打响大湾区的科普科幻特色品牌。

参 考 文 献

[1] 习近平.为建设世界科技强国而奋斗——在全国科技创新大会、两院院士大会、中国科协第九次全国代表大会上的讲话 [N].新华社，2016-5-31.

[2] 广东省人民代表大会常务委员会.广东省科学技术普及条例，2021-5-26.

[3] 广东省人民政府.广东省全民科学素质行动规划纲要实施方案（2021—2025年），2021-11-20.

[4] 国务院.全民科学素质行动规划纲要（2021—2035年），2021-6-3.

[5] 劳汉生.我国科普文化产业发展战略框架研究 [J].科学学研究，2005，23（2）：213-219.

[6] 刘健.科幻产业及其对城市产业经济转型升级的影响 [J].南京航空航天大学学报

（社会科学版），2021，23（4）：39–44.

［7］莫扬，张力巍，温超.促进科普产业发展政策措施研究［J］.科普研究，2014
（5）：41–48.

［8］王康友，郑念，王丽慧.我国科普产业发展现状研究［J］.科普研究，2018，13
（3）：5–11.

［9］中共中央办公厅，国务院办公厅.关于新时代进一步加强科学技术普及工作的意
见，2022–9–4.

［10］中华人民共和国中央人民政府.中华人民共和国国民经济和社会发展第十四个五
年规划和2035年远景目标纲要，2021–3–13.

［11］珠海市人民政府.第十四届中国航展圆满落幕 签约总值与飞机成交数量均创新
高 第十五届中国航展2024年11月12日至17日在珠海举行，2022–11–14.

浅谈如何加强全媒体体系建设
塑造科学传播新格局

——天津科学技术馆全媒体传播的实践与探析

王 莹*

摘要： 全域科普是天津市委、市政府贯彻落实习近平总书记关于科普工作的重要指示精神的天津实践，近年来，大胆探索，深入实施，成效明显，"全领域行动、全地域覆盖、全媒体传播、全民参与共享"工作维度更加清晰，"为提升公民素质强效力、为营造创新生态添活力、为服务百姓民生聚合力、为推动创新发展增潜力"工作方向更加明确。本文聚焦全媒体传播，天津科学技术馆积极发挥领域所长，深刻理解把握科普赋能中国式现代化的时代内涵，强化责任意识，推动科普全媒体传播系统化发展、智慧化推送、全时空服务。分享以公众需求为导向的科学传播路径经验，总结搭建资源集约、结构合理、差异发展、协同高效传播体系的有效招法和难点。

关键词： 全域科普；全媒体；科技馆；科学传播

党的二十大报告将科普作为提高全社会文明程度的重要举措，强调"培育创新文化，弘扬科学家精神，涵养优良学风，营造创新氛围""健全基本公共服务体系，提高公共服务水平""加强国家科普能力建设"这一

---

* 作者：王莹，天津科学技术馆工程师。

系列重要论述为加强新时期科普工作指明了方向。

自 2019 年 4 月天津市委办公厅、市人民政府办公厅印发《关于大力推进全域科普工作的实施意见》以来，天津市大胆探索，深入实施，成效明显，全市建立起党委领导、政府推动、条块结合、区域为主的领导体制和统筹谋划、社会动员、上下联动、协同推进的工作机制，形成了全领域行动、全地域覆盖、全媒体传播、全民参与共享的工作格局。天津科学技术馆充分发挥全域科普主阵地作用，深刻理解把握科普赋能中国式现代化的时代内涵，持续加强全媒体体系建设，创新科普理念和服务模式，努力提升科普服务能力，为服务经济社会高质量发展、促进公民科学素质普遍提升贡献科技馆力量。

一、天津市率先在全国推进全域科普的工作实践

（一）全域科普的实施

全域科普是天津市委、市政府贯彻落实习近平总书记关于科普工作的重要指示精神的天津实践。2019 年至今，天津市委、市政府印发《关于大力推进全域科普工作的实施意见》，将全域科普纳入天津市"十四五"规划和 2035 年远景目标纲要，出台《天津市推进全域科普向纵深发展 提升全民科学素质规划纲要（2021—2035 年）》，天津市人民代表大会常务委员会修改《天津市科学技术普及条例》并颁布实施，初步建立起科学普及和科技创新同等重要的制度安排（见图 1）。天津全域科普明确的定位、生动的实践，推动了新时代科普工作内涵之变、理念之变、机制之变、手段之变，彰显了全域科普的时代价值，深刻启示了立足新发展阶段、贯彻新发展理念、构建新发展格局、开创新时代科普工作新局面的基本原则。

2022 年第十二次中国公民科学素质调查显示，天津市具备科学素质的公民比例为 18.68%，位居全国第三（见图 2）。

图 1　全域科普工作格局（2019 年）

资料来源：作者根据相关资料整理。

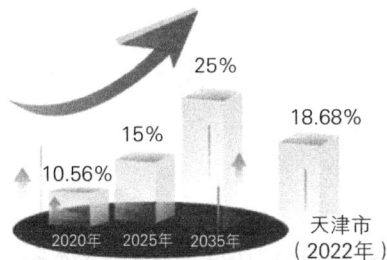

图 2　中国公民具备科学素质的比例

资料来源：作者根据相关资料整理。

（二）天津市科普场馆建设概况

天津市大力推进全域科普，高度重视现代科技馆体系建设，积极推进科普场馆系统布局，持续提升科普服务能力。《天津市现代科技馆体系建设中长期规划纲要（2021—2035 年）》中，建设基础明确，天津市共有各类科普阵地 6109 个，其中市级科技馆 1 个，区级科技馆 5 个；科普样板间 395 个；科学技术类博物馆 11 个，青少年科技馆站 4 个，科普画廊 1561 个，城市社区科普（技）专用活动室 1491 个、农村科普（技）活动场地 3145 个，科普宣传专用车 69 辆；科普（技）志愿服务组织超过 1700 个，科技馆服务模式向多元转变（见图 3）。

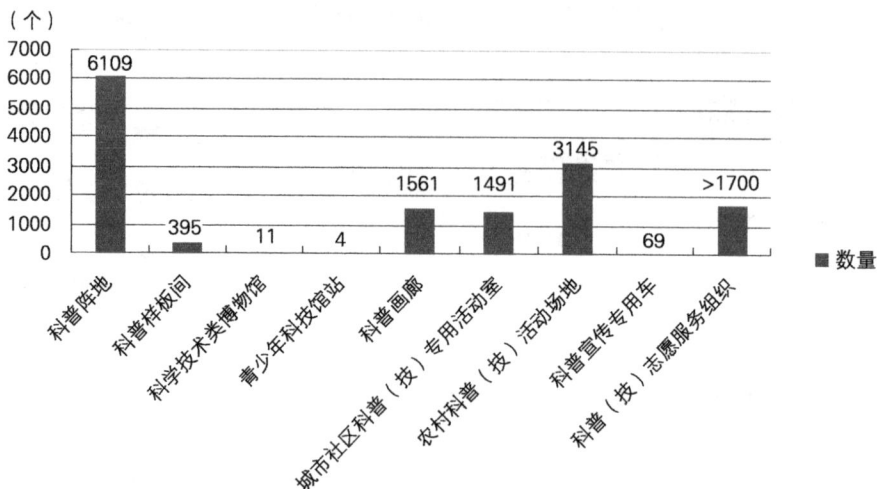

（个）

7000	

图3　天津市科普场馆建设基础

资料来源：作者根据相关资料整理。

二、强化媒体传播服务功能，全媒体体系的建立

随着公众对新媒体传播平台的关注度越来越高，接触和使用的时间越来越长，如何提升优质科普创作和传播能力，加强基层科普工作应用新媒体传播，推动基层科学传播与新媒体深度整合，打造全媒体传播的科普服务体系，仍然是现阶段科学传播最有效的途径，在以重点人群带动全民科学素质提升长效机制的建设上发挥着积极作用。

（一）全媒体的概念

全媒体的概念还没有一个统一、正式的定论。全媒体是伴随着互联网信息技术对社会各行业的强势渗透，指媒介信息传播采用文字、声音、影像、动画、网页等多种媒体表现手段，利用广播、电视、音像、电影、出版、报纸、杂志、网站等不同媒介形态，通过融合的广电网络、电信网络以及互联网络进行传播。全媒体可以帮助用户通过电视、电脑、手机等多种终端完成信息的融合接收，最终实现任何人、任何时间、任何地点、可以任何终端获得任何想要的信息。

（二）建立、完善和实施全媒体传播的重要性与必要性

在新的时代背景下，科普场馆要主动适应全程媒体、全息媒体、全员媒体、全效媒体的传播语境，契合智能化、互动化、场景化的全媒体传播特性，积极运用新技术、新手段、新表达，提升科学普及效能，以重点人群科学素质提升带动全民科学素质提升（见图4）。

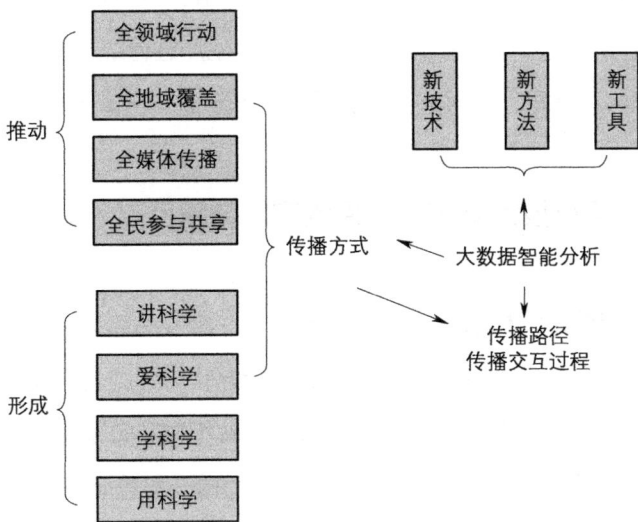

图4 全域科普传播模式

资料来源：作者根据相关资料整理。

1. 开辟新格局，传播渠道拓宽

整合传统媒体与官方网站、微博、微信、抖音、直播平台等新媒体平

台，形成全域联动、协同作业、共同发声、同向发力的传播矩阵，增强科学普及工作的时效性、准确性、导向性和传播力，实现了引导和服务公众"零距离"，有效拓展传播渠道，提升传播服务能力的目标。

2. 技术赋能信息生产、传播与分发

在媒体深度融合发展中，要坚持以人为本、移动优先、场景适配、精准匹配的传播诉求，用新技术新手段建立起与公众全新的连接。以先进技术为支撑，充分利用5G、大数据、云计算、物联网、人工智能等信息技术成果，主动运用全媒体的信息形态与表达、多终端的分发与触达、智能化的生产与精准推送，面向公众形成较好的引领效果。

3. 媒体矩阵升级，载入多元视角

在全媒体传播新格局下，传统媒体和新媒体平台的协同传播为公众参与社会信息互动提供了优越的条件，公众的参与行为相较以往更为积极和主动。深度整合"云、网、端"，对全媒体内容生产进行统一管理，策划事件选题、统筹信息资源，打通信息传播渠道，不断提高媒体传播力和影响力。

三、天津科技馆全媒体传播的实践与路径

天津科技馆始终积极发挥示范引领作用，强化新兴媒体、自媒体责任意识，推动科普全媒体传播系统化发展、智慧化推送、全时空服务。在新的起点上推动全域科普向纵深发展，深刻理解把握科普赋能中国式现代化的时代内涵，创新科普理念和服务模式，努力提升科普服务能力。

（一）加强顶层设计，落实媒体科普传播责任

做好顶层设计，开展前瞻性建设研究；统筹全局，夯实基础性建设；协同共建，拓展信息技术应用的广度和深度。运用新一代信息技术，建设大量可采集的信息数据、高性能的传输网络，建立强大的计算应用系统及核心

数据中心，搭建稳定强大的系统综合服务平台，助力场馆服务、管理、决策的智慧化转型，全面提升展览展品、教育活动、公众服务能力（见图5）。

媒体融合和技术进步提供了更多的内容生产和科学普及渠道。科普场馆必须主动承担起科学传播的使命，以提升全民科学素质为目标，下沉科普工作重心，从侧重知识和技能传播向知识、技能与精神、思想并重方向努力。培育积极健康、向上向善的网络文化，在润物无声、引人入胜上做足文章，推进网上宣传理念、内容及形式创新，精心做好传播宣传。通过讲好科学故事、讲好科学家故事，更有效地弘扬科学精神、传播科学思想，促进科学与人文的交叉融合，全方位提升公众的综合素养。

图5　数据平台逻辑架构

资料来源：作者根据相关资料整理。

（二）强化分类服务、精准服务，建设全域科普智慧服务平台

天津科技馆遵循"统一规划、有效集成"的原则，充分利用现代信息技术建立统一的智慧服务平台，基于统一的标准和接口，整合科技馆的数据资源，实现系统之间的互联互通、协同运行。提供集基础设施、资源、平台、服务、应用于一体的解决方案，主要分为展览教育、公众服务、展品展示及决策管理四方面，创新数字建设模式、应用模式和服务模式，统筹推进业务融合、技术融合、数据融合，提升管理和服务水平（见图6）。

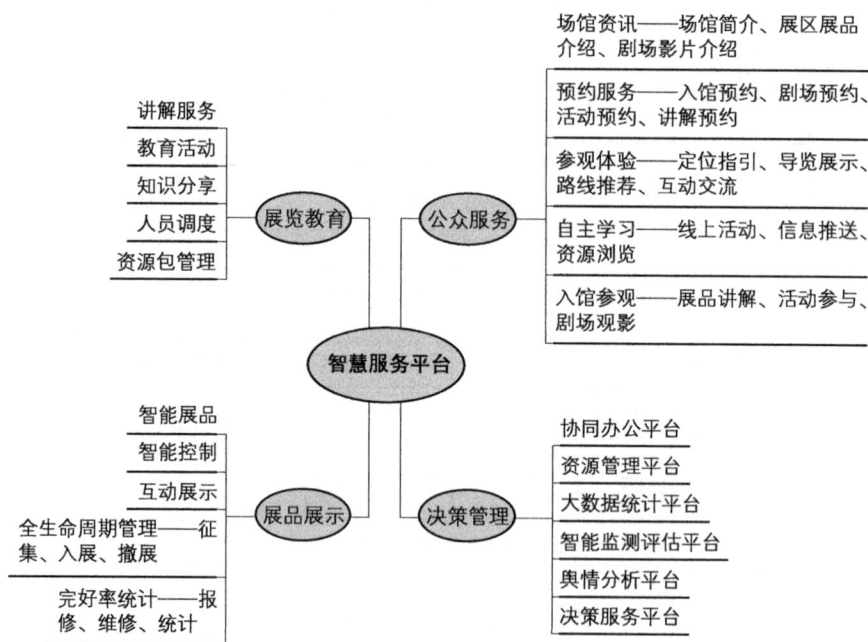

图6 天津科技馆智慧服务平台

资料来源：作者根据相关资料整理。

1. 展览教育

聚焦开展重点工程、丰富优质科普内容、拓展科普资源领域，大幅提高科普的呈现效果和传播水平，大力提升科普的受益面和实效性，形成开

放、共享、协调的全域科普大格局。

研发和开展线上和线下相结合的有知、有趣、有用的科普教育活动。天津科技馆 2023 年组织的系列青少年高校科学营"科学家进中学"活动，共计举办 21 场，覆盖全市 16 个行政区内的 21 所中学近万名中学生。活动全程采用线下讲座和线上直播相结合的模式，推出云端讲座回顾，为全市各区师生搭建起一个普及科学技术知识、倡导科学方法、传播科学思想、弘扬科学精神的科普云平台，培养学生们的科学兴趣、科学思维和创新能力，为实施科教兴国战略提供有力支持和保障（见表 1）。

表 1 2023 年系列青少年高校科学营"科学家进中学"

优势特点	具体实施、举措	成效
1. 精准定位 顶尖教授团队 多方位提供学习空间	邀请天津大学与南开大学的学院院长、博士生导师、中青年科技领军人才等十余位优秀科学家打造了一支专业、多元的"金牌专家团"	科学家们与中学生们分享自己及团队的科学研究成果、工作经验和创新思路，激发学生们的科学热情和创新潜能
2. 有效互动 将科技创新融入日常生活	活动切合学生发展规律，结合教学内容找准创新点，培养学生动手实践能力、提高学生综合创新素养	逐级落实创新精神与实践能力的日常培养，协同所有学科挖掘科普教育中的创新元素，培养学生的科学精神与实践能力
3. 贴合教育规律 为科普创新提供正向赋能	活动不仅从知识层面衔接好高中、大学教育，开拓了学生视野，更从精神层面为即将到来的高考以及大学生活做好了铺垫	通过与专家教授的交流和互动，对科学的认识和理解得到极大的拓展，树立了远大的人生目标，对未来的科研创新和高校生活充满了憧憬和热情

资料来源：作者根据相关资料整理。

2. 展品展示

聚焦科技馆经典实体展品，开发一批互联网型科普实验展品，从基础原理、操作规程、现象表征等入手，延展到现实应用。通过互联网技术和自动化技术，实现对科普实验展品的远程观看、控制与实验互动。充分利用好线上线下渠道，强化互动式、服务式、场景式科普传播方式，在科普资源开发、呈现形式创新等方面继续取得突破，为公众带来更有趣味性、更加沉浸式的科普体验（见图7）。

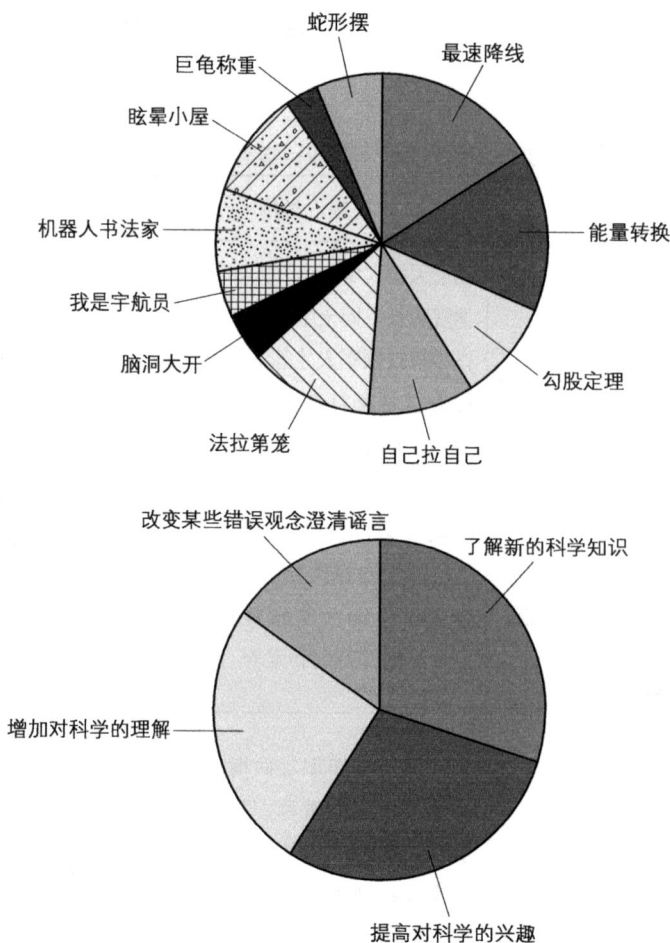

图7　公众喜好的天津科技馆展品调研分析（2023年7月，抽样100名）

资料来源：作者根据相关资料整理。

3. 公众服务

聚焦服务手段创新升级，依托大数据、人工智能、物联网、移动互联网等信息技术，推动细分公众群体，将服务工作积极主动地向参观前、参观后延伸。如设计问卷调查，根据公众年龄、兴趣爱好、参观频次、喜爱的展区展品等信息，推荐参观路线；将公众信息建档建库，整理归纳公众在浏览信息、驻留时长、选择服务及应用时的行为模式，筛选贴近公众、贴近实际、贴近热点的信息资源，提供个性化服务，统筹推送集思想性、艺术性、观赏性于一体的消息资讯；研究制定针对公众参观后的服务计划，提升公众满意度，培育高忠实度粉丝，扩大科技馆影响力、号召力、辐射力；加强官网服务平台建设，丰富完善服务功能，突出依托展厅展品的教育活动和知识拓展功能，增加青少年科技教育专栏，在教育"双减"中做好科学教育加法，配合校内基础教育加强资源开发，开展"英才计划"等拔尖类活动、青少年科学调查体验等精品科普活动、青少年科技创新大赛等选拔类活动，激发青少年对科技的好奇心、想象力、探求欲。

4. 决策管理

聚焦先进信息化技术手段，建设大量可采集的信息数据、高性能的传输网络，建立强大的计算应用系统及核心数据中心，搭建稳定强大的综合数据平台。通过对数据的整合分析，助力场馆服务、管理、决策的智慧化转型，全面提升公众服务能力。如不断完善预约服务系统，加强对公众信息的收集和分析，利用信息化手段分析公众的参观习惯、导览习惯、浏览习惯等，并以此分析出公众喜好的展览类型、展品特点、参观体验等深层次数据含义，为场馆有针对性地设计展览、活动和宣传推广计划提供依据，提升服务质量，增强公众黏性。

（三）把握工作策略，加强科普传播品牌建设

发挥数据时代资源优势，围绕公众关心的科普主题展开工作，关注碎片化科普资源的系统整合，同时关注效果，以受众需求为导向提炼出受欢迎的科普栏目进行深度开发和推广，产出优质科普资源，突出品牌建设。

作为天津市全域科普品牌活动，"科学大家话科普"集成信息化、精准化的传播特点，以重点人群的精准化科普服务为创新点，邀请国内外知名科学家和科学传播人物，聚焦经济社会发展和社会关注的热点，策划开展高端科普论坛。活动已成功举办十期，累计直接参与人数达 5 万人次。2022 年，邀请中国科学院高能物理研究所粒子天体物理中心主任、国家天文台空间科学部首席科学家张双南作主题讲座，天津市各高校、中小学教师代表及社会公众 150 余人参加，1.5 万名公众通过天津科技馆视频平台在线观看。张双南教授从自身对世界好奇的故事出发，以"科普四抓手：讲故事、接地气、抓热点、有个性"为主题，分享了作为科学家对于科普工作的感悟、责任与经验，现场解读了科普的正确打开方式（见图 8 和图 9）。

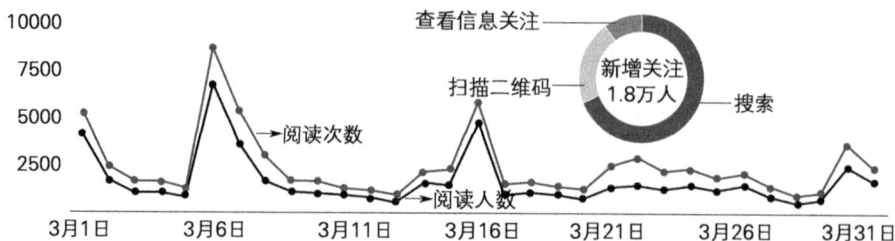

图 8　天津科技馆微信平台公众关注阅读分析（2023 年 3 月）

资料来源：作者根据相关资料整理

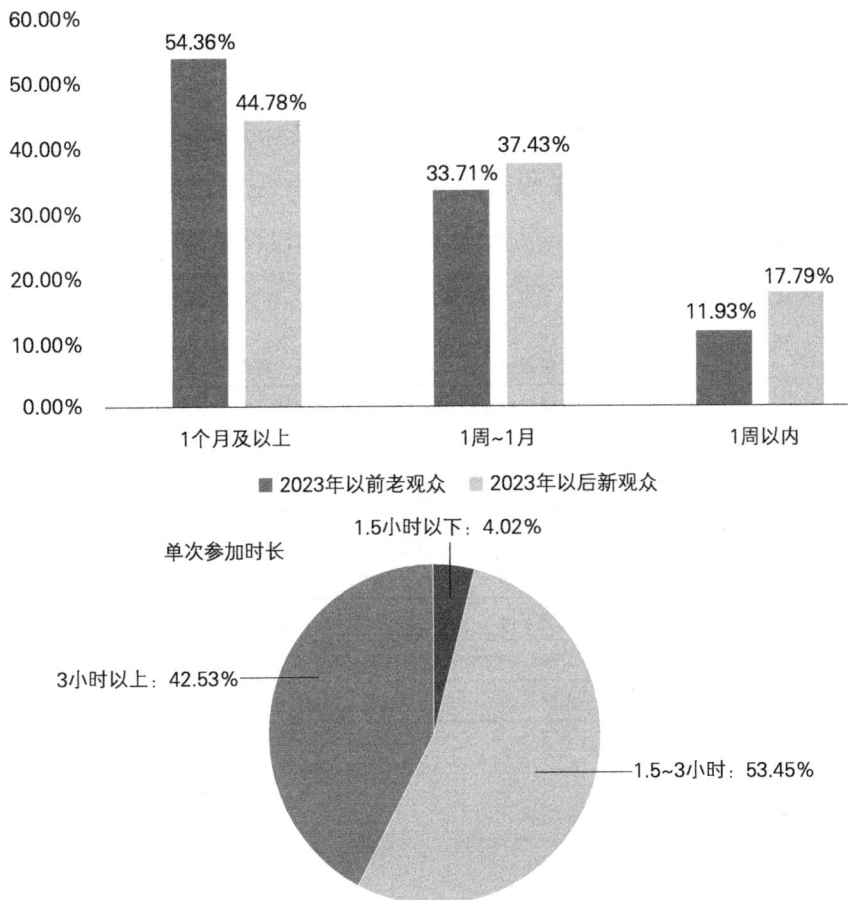

图 9　多次预约入馆的公众间隔情况分析（2021 年至 2023 年 7 月）

资料来源：作者根据相关资料整理

（四）着力协同共建、优化布局，持续提升全媒体传播能力

加强科普资源整合，先聚变再裂变，通过平台驱动，做好各媒体平台之间的共享、协同和差异互补。运用互联网技术建设结构扁平化的开放型平台，市级场馆带动区级场馆主动生产和输出科普资源，实行"一次采集、多种生成、全媒传播"的模式，实现区域和层级上的优化配置，使科普资源产生流动，辐射至基层场馆（见图 10）。

2022 年 5 月 30 日第六个全国科技工作者日，开展以弘扬科学家精神为主题的全国科技工作者日系列活动，在全社会营造尊重知识、崇尚创新、尊重人才、热爱科学、献身科学的浓厚氛围，进一步激励和引导广大科技工作者争做重大科研成果的创造者、建设科技强国的奉献者、崇高思想品格的践行者、良好社会风尚的引领者，为建设世界科技强国汇聚磅礴力量（见表 2）。

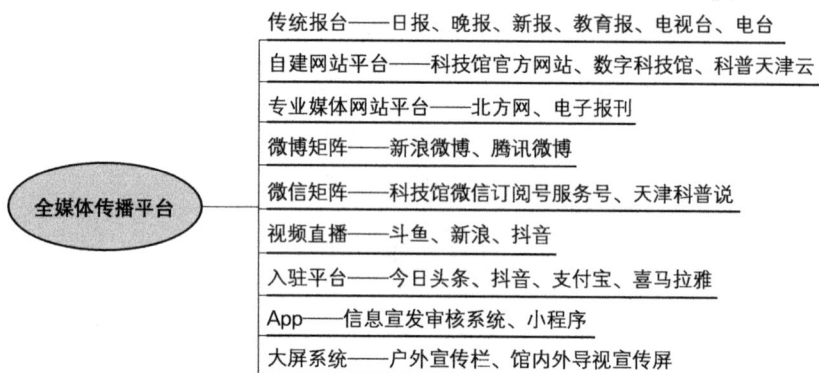

传统报台——日报、晚报、新报、教育报、电视台、电台

自建网站平台——科技馆官方网站、数字科技馆、科普天津云

专业媒体网站平台——北方网、电子报刊

微博矩阵——新浪微博、腾讯微博

全媒体传播平台

微信矩阵——科技馆微信订阅号服务号、天津科普说

视频直播——斗鱼、新浪、抖音

入驻平台——今日头条、抖音、支付宝、喜马拉雅

App——信息宣发审核系统、小程序

大屏系统——户外宣传栏、馆内外导视宣传屏

图 10　天津科技馆全媒体传播平台

资料来源：作者根据相关资料整理。

表 2　2022 年第六个全国科技工作者日系列活动

系列活动一：科学家主题展登上云端	
主要内容	推出"云上虚拟展馆"，主要以图片、文字和视频形式展示 89 位科学家的精神风采，展示党领导下天津科学家群体的精神风貌，再现一代代天津科学家的家国情怀，弘扬以爱国、创新、求实、奉献、协同、育人为核心的科学家精神
传播成效	展览被新华网、人民网、中国网、央视网、央广网、北方网、澎湃新闻、网易、新浪、天津电视台、《今晚报》、《天津日报》、津云 App、今日头条等主流媒体报道和转发，得到了公众的广泛关注，网页相关总搜索量超 200 万人次，取得了良好的社会效益

系列活动二：专家学子走进电视台	
主要内容	《天津科技大讲堂》推出全国科技工作者日特别节目"科技报国大先生——余国琮"，追忆中国科学院院士、天津大学教授、我国著名化工专家余国琮，弘扬他胸怀祖国、潜心科研、作育人才的科学家精神
传播成效	津云网络平台对节目进行了同步直播，实时观看超过 2.1 万人。5 月 31 日、6 月 1 日在天津电视台科教频道播出，节目收视率达到 0.42，得到公众的广泛关注并引起强烈反响，促进全社会营造尊重科学、崇尚科学家的良好氛围
系列活动三：院士专家架起电波桥	
主要内容	与天津新闻广播"我们爱科学"节目组合作，制作播出科学家精神系列节目，特别推出"致敬科技工作者"专辑
传播成效	节目通过天津广播电台新闻频道及相关融媒体平台进行宣传播报，让更多公众了解我国科学家科研背后的艰辛与努力
系列活动四：开展技术创新方法培训	
主要内容	举办 2022 年创新人才培养第一场培训，对天津市 50 余家科技型企业技术负责人和创新工程师进行培训
传播成效	面向 300 多名科技型企业科技工作者，讲解创新方法理论如何突破传统模式，以结构化的创新方法解决企业"卡脖子"问题，服务企业技术创新迈上新台阶
系列活动五：新媒体矩阵全方位行动	
主要内容	与各类自媒体平台合作，开设"致敬科技工作者"话题，引导全社会掀起尊重科学、崇尚科学、热爱科学的氛围，在全社会引起广泛关注。同时，结合海河融媒体中心"你好天津"话题，通过电视台、津云 App、北方网、津云微博官方账号、津云抖音官方账号、津云快手官方账号等新媒体同步持续宣传
传播成效	与抖音、今日头条官方合作开设"致敬科技工作者"话题，抖音浏览量 406.3 万人次，头条号阅读量超过 663 万人次，话题在抖音冲上热搜榜。在天津科普说开设"530 特辑"，设"初心不改""薪火不息"栏目，天津科技馆微信公众号开设"致敬科学家""党领导下的天津科学家"栏目，持续宣传我国著名科学家和天津科学家精神，发布"初心不改 薪火不息——闪耀在天津的科学家们"系列文章，惠及广大公众

资料来源：作者根据相关资料整理。

四、实现全媒体传播的难点与困境

（一）推进内容生产、技术手段、传播平台的共融互通

从"加"到"融"，坚持一体化发展方向，通过格局重构、流程优化、平台再造，实现各种媒体资源、生产要素有效整合；信息内容、应用技术互补迭代；平台终端、管理手段共融互通，催化融合质变，放大一体效能（见图11）。

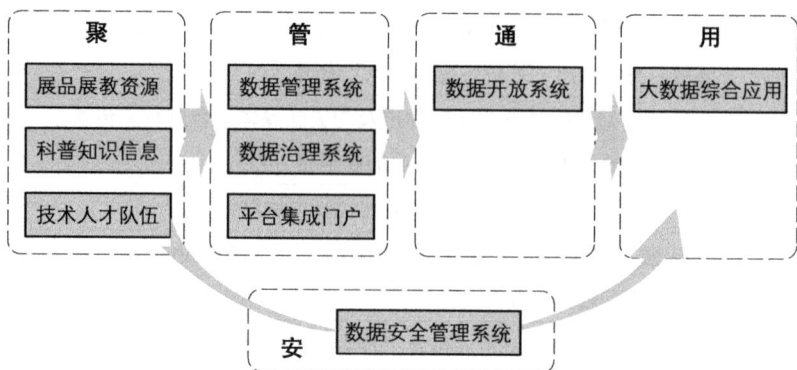

图11　应用技术、数据架构分析

资料来源：作者根据相关资料整理。

（二）充分满足公众需求，建立精准传播信息枢纽

在传统媒体中，多数还是依赖微信、微博、抖音等商业化平台来传播内容，缺乏自主平台的研发驱动，不能够精准匹配公众的科普需求。要把"铺面"与"绣花"结合起来，在扩大规模的同时，在"精"和"细"上下功夫，强化分类服务、精准服务，全面提升全域科普工作质量。进一步明确各媒体平台之间的壁垒，融通融汇融合，贴近公众，积极拓展全媒体服务功能，形成立体差异化内容供给格局（见图12）。

图 12　全媒体传播策略

资料来源：作者根据相关资料整理。

（三）强化效果评估，加强全媒体队伍建设

开展全媒体理念和技能培训，用好人才存量，提升人才增量，激发全媒体队伍创新创造活力。这支队伍对内应该能够沟通策、采、编、发、评全流程，对外应该能够把前沿技术适配整合到内容生产、渠道分发中。

五、结语

《全民科学素质行动规划纲要（2021—2035 年）》设立了科普信息化提升工程，将进一步提升优质科普内容资源创作和传播能力，扩大优质数字资源供给，加强针对各类人群的即时、泛在、精准的全媒体传播建设。以公众需求为导向，形成全领域、全地域、全媒体、全面参与的科普新常态，在科普资源供给内容、形式、手段上推陈出新，着力满足公众科普需求；在科学传播模式、技术、载体上融合创新，着力扩大受众群体；在信息反馈、收集、整理、提升上统筹决策分析，着力推进智慧科学精准传播，为大众提供高质量科普服务。

普及科学知识，弘扬科学精神，传播科学思想，倡导科学方法，着力把全域科普工作融入经济社会发展各领域，为助推国家科普能力建设、提高全民科学素质、助力高水平科技自立自强作出新的更大贡献。

参 考 文 献

[1] 殷浩.以"智慧科技馆"建设促进新时代中国特色现代科技馆体系可持续发展 [J].博物馆管理,2019(1):16–20.

[2] 张涛甫.建立全媒体传播体系 [N].人民日报,2020–2–3.

[3] 中国科学技术馆协会.现代科技馆体系发展"十四五"规划(2021—2025年)[J].自然科学博物馆研究,2021(6):5–9.

科普人才分类评价案例研究

——以科普职称评审为例

张　超　许祖进　李梦石

摘要： 科普人才评价是科普人才发展制度的重要组成部分，本文以中国科协自然科学研究系列科普专业职称评审作为研究案例，从解析科普人才的基本概念入手，通过对科普人才评价政策的梳理以及各地科普职称评审的实践的梳理，分析中国科协首次试点开展的科普专业职称评审工作，总结当前科普人才评价现状、经验及存在的问题，对进一步发挥职称评审的"指挥棒"作用及科普人才评价体系提出对策建议。

关键词： 科普人才；评价；政策梳理；职称评审

习近平总书记强调，科技创新、科学普及是实现创新发展的两翼，要把科学普及放在与科技创新同等重要的位置，[①] 即"两翼论"。"两翼论"是新时代科普事业发展的根本遵循，对科普工作者（人才）的能力提出了更高要求。科普人才是推动科普事业高质量发展的重要基础保障，有效培养符合新时代科普事业发展需要的科普人才，对于科普事业高质量、高水平发展，促进全民科学素质提升具有重要意义。

科普职称设置与评审是选拔科普人才、开展科普队伍建设的重要措施，是落实中央关于职称制度改革意见的举措，《关于深化职称制度改革

---

① 习近平：《为建设世界科技强国而奋斗——在全国科技创新大会、两院院士大会、中国科协第九次全国代表大会上的讲话》，新华社，2016 年 5 月 31 日。

的意见》指出，职称是专业技术人才学术技术水平和专业能力的主要标志，要科学分类评价专业技术人才能力。科普职称评审工作也是落实《中华人民共和国科学技术普及法》（以下简称《科普法》）、《全民科学素质行动规划纲要（2021—2035年）》、《关于新时代进一步加强科学技术普及工作的意见》等相关政策文件的有益实践。根据以上文件精神，2023年4月17日，中国科协发布《中国科协自然科学研究系列科普专业职称评审标准（试行）》，首次试点开展在京中央单位自然科学研究系列科普专业职称评审工作，为人才分类评价改革措施落地提供了典型的实践案例。

一、科普人才的概念

（一）研究概况

党的二十大报告指出，教育、科技、人才是全面建设社会主义现代化国家的基础性、战略性支撑，强调教育、科技、人才"三位一体"推进。从"科学技术是第一生产力"到"科教兴国"，再到"教育、科技、人才强国"建设，人才强国已经成为一项国家的重大战略。作为发展中大国，科普人才是促进我国科学技术发展的重要因素，目前科普人才尚缺乏统一的定义和评价标准，多是从科普实践的角度出发对从业人员进行了概述性说明，下面从政策性文件和科普研究两个角度对科普人才相关研究进行分述。

从相关政策文件来看，2002年颁布的《科普法》没有对科普人员作出明确的规定，2022年发布的《科普法》修改说明则对科普人员以独立一章进行阐述，鼓励开展科普人才教育培养，建立专业化科普工作人员队伍，以及健全科普人员的评价激励机制；《全民科学素质行动规划纲要（2021—2035年）》在基层科普能力提升工程中提出要加强专职科普队伍建设，加大高层次科普专门人才培养力度，推动设立科普专业。在条件保障部分提出要制定科普专业技术职称评定办法，开展评定工作；《关于新时代进一步加强科学技术普及工作的意见》指出完善科普人才评价机制，畅通职业发展通道，培育一支专兼结合、素质优良、覆盖广泛的科普工作队伍。《中国科协科普人才发展规划纲要（2010—2020 年）》中，科普人才是指具备一定科学素质和科普专业技能、从事科普实践并进行创造性劳动、作出积极贡献的劳动者，在夯实基础部分要建立科普人才队伍建设的监测评估体系。

从科普研究来看，郑念（2009）认为"科普是把人类在认识自然和社会过程中形成的知识、思想、方法、原理和精神，用通俗易懂、容易被接受的方式，向社会公众进行传播，以提高公众的科学素质"。这个定义说明科普人才应当具备掌握一定的科学技术知识、方法、原理；能够把这些科学知识创作转化为人们易于理解、接受的表现形式，即科普创作能力；能够通过利用某种途径或渠道，比如报纸、杂志、影视、网络、广播等，向社会公众进行传播，即掌握一定的传播方法；能够策划、组织科普人员进行创作、展览、展示、艺术化表现以及管理运营科普场馆等，并向公众进行传播，即活动展览设计能力；既能够了解世界科技发展动向，又能够了解国家发展趋势，能够判断国家的需求和发展需要，即熟悉科普相关政策信息。上述表述从能力维度对科普人才进行了界定，可以称为科普人才应该具备的从业素养。该群体不仅要掌握专业的科普知识，还要具有把科普知识通过一定的渠道、方法和形式向公众传播普及的能力，或者具备组织协调以及管理科普工作的能力。李正风等（2021）认为应设置科普专业硕士学位加强高层次科普人才培养；袁梦飞等（2021）认为新时代的科普人才主要有以科研人员为主体的科普人才、以科普工作为职业的科普从业人员、兼职科普工作人员（例如科技记者）。

（二）从统计制度看科普人才的分类

经国家统计局批准，当前主要由科技部和中国科协按照统计制度发布科普事业相关要素的统计数据。

科技部发布的《中国科普统计》中对科普人员按照科普专职人员、科普兼职人员和注册科普志愿者进行了统计。科普人员按从事科普工作时间占全部工作时间的比例和职业性质，分为科普专职人员和科普兼职人员。科普专职人员是指从事科普工作时间占全部工作时间 60% 及以上的人员，包括国家机关和事业单位的科普管理工作者，科研院所和大中专院校中从事专业科普研究和创作的人员，专职科普作家，中小学专职科技辅导员，各类科普场馆的相关工作人员，科普类图书、期刊、报纸科普（技）专栏版的编辑，科普网站信息加工人员等。科普兼职人员是指不能满足专职人员工作时间的要求，在非职业范围内从事科普工作的人员，主要包括科普（技）讲座等科普活动的科技人员、中小学兼职科技辅导员、参与科普活动的志愿者和科普场馆的志愿者等。根据 2021 年的科普统计数据显示，专兼职科普人员已达到 182.75 万人。

中国科协年度事业发展统计公报主要从科协组织建设和构成角度对人才队伍进行了分类统计，包括科协组织和学会组织。根据科协组织构成，科普人才有广义和狭义之分。广义的科普人才指各级科协机关、直属事业单位，各级学会工作人员及个人会员，以及主要从事经常性、设施（场所）性、媒体性的科普工作；狭义的科普人才指各级科协机关、直属事业单位、各级学会从事科普工作的人员，以及参与大型的、临时性、全覆盖性的科普项目，如科普日、科技周、"三下乡"等的人员。在综合调查统计制度中的"志愿服务"一项对科普志愿人数、科普专职人员和科普兼职人员进行了统计，其中科普专职人员和科普兼职人员的指标解释与《中国科普统计》是一致的。

二、科普人才评价体系概况

（一）人才评价政策梳理

新中国成立初期，科研院所等机构大多沿用了以往的职称评价制度，对原有的学术等级予以保留，对已取得的学术职务进行考核认定。1977 年 9 月 18 日，中共中央发出《关于召开全国科学大会的通知》。提出应该恢复技术职称，建立考核制度，实行技术岗位责任制。邓小平同志指出，大专院校也应该恢复教授、讲师、助教等职称。"职称"的概念被明确提出，实行的职称制度不仅是职务，而且带有技术称号性质。1985 年，中央书记处讨论确定职称改革的方向是改革职称评定制度，实行专业技术职务聘任制度。

近年来，随着科技人才工作的推进，我国发布了一系列关于推进人才发展体制机制改革和分类评价机制改革的政策文件，为新时代科技人才评价工作指明了方向。《关于深化人才发展体制机制改革的意见》指出要突出品德、能力和业绩评价；发挥政府、市场、专业组织、用人单位等多元评价主体作用，加快建立科学化、社会化、市场化的人才评价制度。《关于深化职称制度改革的意见》倡导依据岗位特性的多样化成果评价；提出"坚持德才兼备、以德为先"的评价标准和原则；要求丰富职称评价方式，引入市场评价和社会评价，注重发挥同行专家的作用，促进职称评价与人才培养相结合。《关于分类推进人才评价机制改革的指导意见》提出了人才分类的依据和分类评价标准依据的核心要素（品德、知识、能力、业绩和贡献等），要求畅通评价渠道。《关于深化项目评审、人才评价、机构评估改革的意见》指出，注重把标志性成果贡献、学科领域活跃度和影响力、重要学术组织或期刊任职、研发成果原创性、成果转化效益、科技服务满意度等列为重要评价维度和指标，统筹不同学科门类推进分类评价制度建设，形成适应创新驱动发展要求、符合科技创新规律、突出质量贡献绩效导向的人才分类评价体系。

（二）科普人才评价研究现状

根据相关文献检索，从职称评价体系与评审工作的实证研究维度来看，黄丹凤（2017）认为应当构建政治素养、学术成果、工作业绩的职称评审体系，评审工作应当引入以专家队伍建设为核心路径；赵晓芳（2016）认为胜任力是科学区分个人潜在的和深层的能力特征的概念，基于胜任力要素的职称评审体系应包括多维立体的"过程性"评审体系和全方位"点面结合"的评审内容体系；李俭英、应长兴（2010）认为职称评审不仅要以论文、课题为评审依据，还应综合考量并建立评审量化体系。蔡婷婷（2019）认为代表作制度能够更加全面、客观、具体地了解和评价人才。

纵观已有研究，对于科普工作者职称评审及评价指标体系的研究成果较少，部分学者侧重从人员需求及人才吸引等维度研究科普职称评审指标。吕俊（2019）探讨了科普组织的吸引力及其影响机制，认为职业晋升和职业认同是科普组织吸引力的重要维度；牛桂芹、王聪（2021）认为科普职称对于稳定科普工作者和提高积极性具有重要意义。中国科协自然科学研究系列科普专业职称评审是首次试点开展在京中央单位的科普专业职称评审，在一定意义上，此次科普职称评审工作及评价体系有可能成为其他省（自治区、直辖市）的参考。因此，职称评审的指标体系、评审流程、评审服务是否完备、规范，都是值得研究和探讨的问题。本文基于中国科协首次试点开展自然科学研究系列科普专业职称评审工作进行案例研究，从评价体系、评审流程、评审服务等维度分析职称评审工作，以期为以后的科普人才评价及职称评审工作提供思路。

（三）各省区市科普人才评价实践

2019 年，北京市、天津市先后探索在图书资料系列中开展科学传播专业职称评审工作。《北京市图书资料系列（科学传播）专业技术资格评价试行办法》基于"干什么，评什么"的原则，尝试以人才分类评价的理念开展职称评审。相关职称评价研究也验证了职称评审工作的重要意义。其中，王聪团队以北京市事业单位科学传播人员为调查对象，研究发现无论作为吸引人才还是留住人才的措施，设定专门的科学传播职称都被认为是除"增加收入"以外最有效的措施；丁坤善（2019）认为北京市科学传播专业职称将科学传播工作者细分为科普传播研究、科学传播内容制作、科学推广普及三类并分别制定不同的评价标准，符合专业人才评价标准及发展新动向。北京市的科普职称评审工作从科普工作的实践特性出发，为科普从业人员发展提供了努力的方向。

2021年，广西壮族自治区、新疆维吾尔自治区（2016年印发《新疆维吾尔自治区科技辅导专业技术职务任职资格评审条件（试行）》）先后探索文物博物系列科学传播行业职称评审工作。梅睿（2021）认为，在新疆维吾尔自治区科普人才职称评价中，应根据所从事的科普工作（科普实体场馆、科技咨询推广、校内外科技辅导等）对业绩成果进行相应分类和区分。2022年以后，宁夏回族自治区、安徽省、湖南省、山东省、四川省、重庆市、江苏省等省（自治区、直辖市）先后探索自然科学系列科普职称评审工作，在一定程度上解决了科普工作者长期缺乏规范的行业资格评定标准和评审组织的实际问题。长期以来，在中央单位层面没有直接针对科普专业的职称评审，对科普人员的聘用、考核、晋升等造成了一定影响。

北京市等10余省区市开展的科普职称评审工作以本地区既有人力资源职称评审工作为基础，结合科普工作实践制定申报评审条件文件，开展科普人才评价工作，为科普从业人员晋升、培育科普人才队伍做了有益的探索（见表1）。从所属职称系列来看，有图书资料、自然科学研究、文物博物、自然科学工程技术，职称系列的不同也反映了目前对科普人员的评价认知的差异。从专业名称来看，大多以科学传播专业命名，目前科学技术普及还没有专设专业和学科，工作和研究的方法和理论多借鉴于新闻传播学等多个学科。从职称申报资格文件来看，采取了分类评价方法，基本从科普理论研究与科普实践两大方向进行资格条件标准认定。

表1　北京市等10余省区市科普职称评审工作情况

省区市	发文及评审时间	职称系列	文件名称
北京市	2019年6月	图书资料系列科学传播专业	《北京市图书资料系列（科学传播）专业技术资格评价试行办法》
天津市	2019年9月	图书资料系列科学传播专业	《天津市图书资料系列科学传播专业职称评价标准（试行）》
安徽省	2022年3月	自然科学研究系列科学传播专业	《安徽省自然科研系列科学传播专业技术资格评审标准条件》
山东省	2020年7月	群众文化专业职称科学传播专业	《山东省图书资料群众文化美术文物博物专业职称评价标准条件（试行）》
湖南省	2022年7月	自然科学研究系列科学传播专业	《湖南省科学传播专业职称申报评价办法（试行）》
广西壮族自治区	2021年6月	文物博物系列科学传播行业	《关于印发广西壮族自治区文物博物系列科学传播行业高、中、初级职称评审条件的通知》
重庆市	2022年12月	自然科学研究系列科学传播专业	《重庆市科学传播专业职称申报条件》
四川省	2022年10月	自然科学工程技术系列科学技术普及专业	《四川省自然科学工程技术人员职称申报评审基本条件（试行）》
宁夏回族自治区	2022年1月	图书资料系列科学传播专业	《宁夏回族自治区图书资料系列科学传播专业技术职称评审条件（试行）》
新疆维吾尔自治区	2021年10月	文物博物系列	《新疆维吾尔自治区文物博物系列科学传播专业技术职务任职资格评审条件（试行）》

资料来源：作者根据相关资料整理。

三、科普职称案例的研究

在多方调研论证的基础上，经人力资源和社会保障部专业技术人员管理司研究同意，中国科协首次试点开展了在京中央单位自然科学研究系列科普专业职称评审工作，为科普人才队伍建设探索开辟新通道。

（一）立足科普实践创新科普人才评价标准

1. 把阅读量"10 万 +"作为评价标准，打破"唯论文"桎梏

在科普专业职称评审实践中关注科普创作成果的传播效果，其中对学术技术条件的要求，除了发表论文、撰写研究报告、出版科普研究类学术著作、取得科普作品专利等条件外，对发表在中央主流媒体且阅读量"10 万 +"的科普作品将等同于发表核心论文，更加注重成果的科学传播效果，打破"唯论文"桎梏。

2. 以科普实践为基础，突出显示科普工作"专业性"

本次科普专业职称评审注重强调被评审人的代表性成果的质量、贡献度和影响力，使评价工作更贴近科普工作特点、更具针对性和实操性。评价标准将科普内容创作（音频视频、动漫游戏、教材教案）、研发科普展品、策划科普展览、策划活动赛事、主持讲座报告等成果纳入业绩条件，注重科普工作的实际业绩水平和社会效益。

3. 高层次科普人才"破格"评审

本次科普专业职称评审打破传统工作年限、学历等限制，针对科普创新能力强、科普成果业绩较突出的科普人才，从多个角度设置了"破格"条件。例如中国农学会工作人员凭借"全民科学素质工作先进个人"奖项破格申报研究员；中国农业科学院生物技术研究所研究人员通过在顶级期刊发表论文破格申报研究员。"破格"评审有利于选拔从业年限虽不长，

但成长迅速、具有很大发展潜力的青年人才，发挥职称评审对青年科普人才成长的导向作用。

（二）围绕科普事业构建科普人才评价体系

1. 基于科普事业主要从业形态分类设置评价标准

本次科普专业职称评审汇总当前科普事业主要的从业形态，尝试分类建立人才评价标准，针对不同方向、不同层次的科普人才，制定侧重点各异的评价指标，注重对人才的综合评价。科普研究方向着重评价科普理论研究学术影响力等，科普内容资源创作和传播方向着重评价科普原创能力和科普工作的社会效益，评审范围最大限度地包含现有科普事业从业人员的实际情况。

2. 关注科普工作过程利用"科普共同体"进行多元评价

一是制定评审标准时，对相应的要求条款做了深入调研，强调收集评审人所在单位、认定成果单位的相关证明和审核材料，审核科普业绩成果所形成的过程证明资料；二是以中国科协科普部、中国科普研究所、中国科协人才中心的科普专家库为基础，建立科普专业职称评审专家库，聘期三年。本次评审工作共从专家库中遴选 20 位专家，构建以科普同行评价为基础的评价机制，提高本次科普专业职称评价的专业化程度。

四、存在的问题

1. 学会工作人员潜力有待挖掘

通过本次科普专业职称申报及评审结果，学会工作人员评审通过率相对不高。通过进一步研究分析申报材料发现，学会工作人员相对缺少学术技术条件。在下一步工作中需要不断加强学会科普工作，引导学会工作人员从举办科普活动、制定科普规划方案、创作优质科普作品在中央主流媒体刊发等角度不断挖掘自身潜力形成有价值的科普业绩成果。

2. 评价指标体系需要优化

一是部分评价指标规定的明晰性和可操作性需进一步明确，例如时间跨度较大的科普研究课题以项目开题时间还是项目结题时间计算业绩条件。二是评价指标维度结构需进一步优化，例如对政治素质、学风道德的要求和判断标准不够明确。三是评价指标效能有待提升，例如较高水平科普研究类学术著（译）作在审核及评审中存在界定模糊等问题。

3. 破格制度有待完善

科普工作需要高层次科普人才，同样也需要服务广大公众的基层科普工作者，破格要求要随着科普事业的新趋势不断与时俱进。在未来科普人才队伍建设工作中，应不断挖掘具有发展潜力的基层科普工作者，为他们提供上升发展的渠道。

4. 加强科普领域从业人员分类研究

科普事业具有很强的公益性，有着极强的社会实践性，是项多学科交叉、多行业领域参与的复杂的社会化系统工程。本次参与科普专业职称评审的申报人员包括科技记者、科研人员、学会科普工作者、科普展馆策展人员等，涉及领域涵盖航空航天、地球物理、食品科学、地质地理等诸多研究领域。在评审过程中存在从不同职业角度评判等问题，应加大科普评价标准研究力度，从科普的角度为申报人员工作内容和研究领域特点设置明晰的评审标准。

五、对策建议

1. 建立更加科学的科普人才评价指标体系

一是把握定性评价与定量评价的协调性，适当增加可量化指标，比如论文的影响因子。二是公众满意度是衡量科普创作与传播效果的核心要素，应列为科普专业职称评价的重要指标。三是要兼顾政治素质和道德评价，要考察申报人科普工作经历的连续性。

2. 进一步发挥推荐单位的作用

结合《关于深化职称制度改革的实施意见》要求，要细化并做实用人单位考核推荐意见，推荐单位考核结果在人才综合评价得分中占有一定权重，发挥推荐单位在人才评价、职称评审中的主导作用，与对人才的引进、培养、举荐和使用相结合，真正发挥评价效能，实现职称评价结果与用人制度相衔接。

3. 完善评审委员遴选、考核机制

根据对人才综合评价的要求，按照合理的比例确定评审委员中各学科（领域）专家的构成，明确其权利和责任，强化诚信自律，签订保密协议及责任书。适时组织评审培训，加强评审履职及学科（领域）专业能力的考核评价。

4. 加强政策宣传与解读

在各省区市科协、中国科协所属全国学会、协会、研究会等单位中加强科普专业职称评审工作宣传及政策解读。采用"互联网+"手段构建科普专业职称新媒体矩阵，结合宣讲会等方式建立线上线下融合宣传平台，对典型申报案例进行宣传推广，提高科普专业职称评审工作的影响力。

参 考 文 献

［1］蔡婷婷.破"四维"稳人才 促改革：以厦门自贸片区航空维修产业职称改革试点为例［J］.厦门科技，2019（4）：23-26.

［2］丁坤善.从科普职称评审看专业人才评价新动向［J］.中国科技论坛，2019（10）：2.

［3］丁苏雅，徐丹，王伊男，等.科学传播职称对科学传播人才队伍建设的影响——基于北京地区事业单位科学传播人员的调查［J］.科普研究，2020，15（5）：65-71+96+110.

［4］黄丹凤.高校学生思想政治教育教师职称评价的实然发展与应然追求——以上海为例［J］.思想理论教育，2017（7）：83-88.

［5］李俭英，应长兴.公共图书馆高级职称评审中量化评价体系的实践与构想——以浙江省图书情报系列2009年高级职称评审为例［J］.图书馆论坛，2010，30（6）：293-295+288.

［6］吕俊.基于求职者视角的科普组织吸引力及其影响机制研究［D］.合肥：中国科学技术大学，2019.

［7］李正风，等.新时期推进高层次科普人才培养的思考［J］.科普研究，2021，16（4）：87-91+111.

［8］梅睿.新疆科普人才职称评价体系的探索——以新疆科普场馆为例［J］.科技传播，2021，13（4）：33-35+57.

［9］牛桂芹，王聪.人才分类评价对科学传播职称工作的影响［J］.中国科技资源导刊，2021，53（2）：93-100.

［10］中国科学技术协会.全民科学素质行动规划纲要（2021—2035年）［M］.北京：人民出版社，2021.

［11］袁梦飞.关于新时代科普人才队伍建设的研究与思考［J］.科普研究，2021，16（6）：18-24+112-113.

［12］赵晓芳.基于胜任力模型的高职教师职称评定体系构建［J］.教育理论与实践，2016（36）：24-26.

［13］郑念.我国科普人才发展存在的问题和对策研究［J］.科普研究，2009（2）：19-29.

［14］中共中央办公厅.关于深化人才发展体制机制改革的意见，2016-3-22.

［15］中共中央办公厅，国务院办公厅.关于分类推进人才评价机制改革的指导意见，2018-2-26.

［16］中共中央办公厅，国务院办公厅.关于深化项目评审、人才评价、机构评估改革的意见，2018-7-3.

［17］中共中央办公厅，国务院办公厅.关于深化职称制度改革的意见，2017-1-8.

［18］中共中央办公厅，国务院办公厅.关于新时代进一步加强科学技术普及工作的意见，2022-9-4.

［19］中华人民共和国科学技术部.中国科普统计［M］.北京：科学技术出版社，2023.

浅谈乡村科普传播的新模式

——科普大篷车进校园活动的探讨

张丽霞　范秀珍 *

摘要： 科普大篷车是科技馆开展科普教育活动中的延伸服务，主要面向偏远乡村地区的重点人群零距离开展科普教育活动，尤其是进入校园为农村中小学校送去奇妙的科技展示，让学生亲手操作展品、体验科技实验，感受科学技术的魅力。科普大篷车是现代科技馆体系建设中科普的重要组成部分，科技馆应加强科普大篷车人才队伍建设，丰富科普大篷车展品、创新科学活动内容，充分发挥科普大篷车的辐射效应，促进科普大篷车进校园活动能够长期有效地开展下去。

关键词： 科普大篷车；科普教育；科普活动

科普大篷车是现代科技馆体系中"四馆一车"的重要组成部分，主要面向偏远地区的孩子传播科学知识，在一定程度上弥补了基层科普场馆空间分布不均、科普设施短缺等问题，在实施全民科学素质提升行动中起到了重要作用。在开展科普大篷车进校园活动中，各地科技馆都开展了形式丰富的科普教育活动，下面以江西省科学技术馆开展科普大篷车活动为案

---

　* 作者：张丽霞，江西省科学技术馆馆员；范秀珍，江西省科学技术馆创新教育科科长。

例，就科普大篷车开展科普教育活动的特点和长期有效地开展活动的具体实施路径与大家共同探讨。

一、实施科普大篷车推广的背景

（一）国家对偏远地区青少年素质教育的重视

随着我国社会经济的发展，人民的生活水平日益提高，公众对科学科技的需求日益迫切。科技馆作为非正式教育的科普基地已成为重要的科普场所，深受公众的喜爱。但是基于科技馆的建设标准和要求，科技馆基本上建设于经济、教育发达的大中城市，对于基层特别是广大农村、西部地区、革命老区等欠发达地区的科普场所建设较为缺乏。为深入贯彻实施《全民科学素质行动计划纲要（2006—2010—2020年）》，全面提高公民的科学素养及青少年的科学教育素质，尤其是对基层群众的科学普及，中国科协针对借鉴国外开展科技传播的先进经验，提出了研制多功能流动科普宣传设施——科普大篷车的建议。截至2021年底，全国累计配发1748辆，行驶里程约5070万公里，开展活动33万次，服务公众3.1亿人次。

（二）科普大篷车是对科技馆常设展览的有效补充

虽然科普大篷车的空间有限，车载展品数量不是很多，不能与实体科技馆相媲美，但都是集知识性、趣味性、科学性、互动性于一体的科普展品，例如声学、光学、磁电等展品，并且还可以把科普展览展板、书籍、科学课程带到校园。现在科普大篷车的配置正不断升级改造，目前拥有四种车型，携带裸眼3D、机器人、VR眼镜等相关现代科技展品，而且大篷车机动灵活，一般都是在户外开展活动，对实体科技馆的局限性形成了补充，可以有针对性地开展个性化服务。

（三）科普大篷车契合了馆校合作的实践活动

2006 年，由中央文明办、教育部、中国科协共同倡导的"科技馆进校园活动"开展以来，全国各类校外科技场馆都与学校联合开展活动，开展青少年的参观体验，促进校外科技教育与学校科学教育有效衔接。江西省科技馆采取了"请进来、走出去"的方式开展活动，利用科普大篷车把优质的科普资源送入校园开展科普宣传活动，尤其深入偏远地区的学校，通过展品演示、开展科学课馆校合作，契合了"馆校合作"的活动，同时也增强了科普大篷车的影响力。

（四）满足了偏远地区孩子们对科技知识的需求

根据我国人口普查结果显示，截至 2021 年，中国 14 亿人口中有 6 亿多农民（数据统计于 2020 年），而且一部分住在比较偏远的乡村，所以对于这些地区的孩子来说很难有机会到城镇的科技馆去参观。科普大篷车进校园活动可以弥补偏远地区的孩子不能去参观科技馆的缺憾。科技馆利用科普大篷车的流动性，将科普教育服务延伸到偏远地区孩子们身边，让他们可以亲手操作展品，参与体验科普实验，感受科学技术的魅力，播下热爱科学的种子。

二、科普大篷车进校园活动的特点

以江西省科学技术馆（以下简称"科技馆"）开展进校园活动为案例，总结科普大篷车进校园活动的情况。科技馆目前购置了一辆 II 型科普大篷车，配备包括光学、电学、数学、力学等基础学科科普展品 30 余件，科普展板 10 套、科普机器人 3 个，每年都深入学校、社区开展大篷车科普活动。2022 年由于疫情原因去了全省 21 所乡村学校，全年覆盖人数

2.6 万人，除了科技展品之外，还为科普大篷车配置了球幕影院、科普实验课程、专题展览、科学表演秀、机器人演示等多项科普活动内容，有效丰富了科普大篷车的服务内容，提升了偏远地区的青少年科学素养，增强了科普大篷车的影响力，打通了科普宣传"最后一公里"，并且于 2018 年被中国科学技术馆评为"科普大篷车"之星。由于活动形式多样，每到一处都深受学校师生欢迎，所以每年都会接到各县偏远学校的邀请进校园开展活动，形成了江西省科技馆科普大篷车进校园的工作品牌。综上所述，科普大篷车进校园开展活动具有以下的特点。

（一）延伸科技馆科普教育服务

科普大篷车下乡所带去的科技展品，可以让偏远地区的孩子们接触在书本、电视上看到的科学知识，观看展品的同时还可以在实物科技模型上动手操作、体验，探究科学原理，实践课堂知识；此外，通过讲解员讲述深入了解展品的内容，尤其是面对可以对话和表演舞蹈的机器人、神奇的"VR 眼镜"等展品，孩子们都是流连忘返。这项活动激发学生对科学的好奇心和探索欲，对科技馆的科普教育起到了延伸作用。

（二）拓宽了科技馆教育辐射范围

科技馆作为向公众免费开放的科普基础设施，承载着提升公众文化科学素养和科技教育的功能。在"四馆一车"的构建中，科普大篷车可以面向大众零距离地开展科普活动，具有辐射面广、机动灵活、活动内容丰富等特点，是实现科技馆辐射偏远地区教育功能的重要手段。在长期的科普大篷车进校园、下乡村活动中，不但可以扩大科技馆对周边学校科技教育的覆盖面，还可以增强科技馆的社会影响力。

（三）丰富了学校科学课程内容

按国家对青少年科学素质教育的要求，2017年科学课程正式被纳入中国小学课程计划，但是目前学校的科学课的内容还在探索中，不论师资力量还是课程方面都不足。科普大篷车流动进校园可以把学校需要的科学教育、实践活动带进校园开展，将科普教育与学校素质教育相结合，带去丰富多彩的科技活动，补充学校科学教育内容，丰富学校科学文化生活，减轻学生校外教育负担，有效提高学生科学文化素质。

（四）推动政府科普公共服务公平普惠

目前在提高全民科学素质的行动中，农村乡镇仍然是科学普及的薄弱地区，科普大篷车为偏远地区的群众带去科技展品和科普教育活动，从一定程度上弥补了基层科普设施不足的欠缺，对推动政府实施科普教育服务的公平普惠起到了积极的作用。

三、科普大篷车进校园活动亟待改进的方面

（一）活动经费欠缺

科普大篷车在日常运营中，对于相应的设备更新、展品使用等经费是各个使用单位承担，尤其在偏远的乡村学校开展活动，行程远所需要的费用也会相应增加，而且每次到学校开展活动的材料包都由科技馆购买，这些都需要有经费保障。因此，在科技馆的专项经费中需要提高科普大篷车的运营经费。

（二）科普活动人员不足

由于各个科技馆对于科普大篷车的管理方式不同，大部分科技馆在大

篷车的人员配置上没有固定的人员，一般由科技馆科普老师兼职，临时有巡展活动时到其他部门去抽调或借用人员组成临时团队下乡，这样会在一定程度上影响活动的开展质量。所以科技馆要组成专业大篷车下乡科普的队伍，有利于更好地开展科普进校园活动。

（三）活动考核管理方面

中国科协《科普大篷车管理暂行办法》要求各省级科协负责本地科普大篷车的监督检查、测评等方面工作。各省份落实做法不一，对科普大篷车业务建设和质量、队伍建设、日常管理等方面没有具体的指导意见。建议对大篷车下乡开展活动应建立统一的考核机制，便于长期稳定发展。

四、科普大篷车进校园活动的持续发展和具体实施路径

为贯彻落实《全民科学素质行动规划纲要（2021—2035 年）》深入实施全民科学素质提升行动的要求，科普大篷车作为科技馆的重要组成部分，肩负着面向基层广大农村青少年进行科技传播和普及的重大任务。为了能够充分发挥科普大篷车的作用，应该将科普大篷车进入校园、乡村展览作为一项长期的工作任务，在教育"双减"中做好科学教育加法，夯实基础并持之以恒地开展下去。把科技教育、传播和普及工作进一步落实到基层，促进全体公民科学素质的不断提高。

（一）加强科普大篷车人才队伍建设

科普大篷车是现代科技馆体系的一个重要组成部分，与实体科技馆一样承担着科普教育的功能，所以要加强科普大篷车人才队伍的建设，配备专职的大篷车工作人员。通过日常培训提高大篷车相关工作人员专业知识水平和技术水平，经常性地开展展品讲解、科普知识竞

赛、科普实验等方面的业务学习；同时经常加强政治思想教育，培养具备吃苦耐劳、认真负责的工作态度，逐步建立一支优秀的科技馆大篷车队伍。

（二）加强科普大篷车科学教育活动

科普大篷车作为科技馆科普展教的补充，成为科普宣传的另一个阵地，要把科普大篷车进校园活动作为助力"双减"的重要抓手，以科普大篷车为载体，采取"走出去"的方式，把科技展品送到学校展示，创新科普教育内容，深化开展校园科普教育。在继续保持利用大篷车车载设备、科普展品和科普展板开展科普巡展活动的同时，围绕年度科技热点、科技时事或科技节日，组织开展内容丰富、形式新颖的科普活动；邀请专家针对与学生息息相关的内容举办生命安全、垃圾分类、防溺水等科普讲座；开展"科普剧""科学实验秀"等科普表演。在与学校进行沟通合作中，做好组织、实施工作，配合义务教育基础课程，拓展课外辅助展教具和研发科学课活动。根据学生的具体情况进行活动安排，加强学生科技教育，培养学生科学兴趣、创新意识和创新能力。

（三）加强对学校科学老师的培训

由于大篷车下乡所到的学校相对较偏远，学校师资力量薄弱，普遍缺乏科学教师，这些学校的科学课老师都是其他任课老师兼任，而科学教师又是乡村青少年科学梦想的启蒙者，乡村学校对专业的科学教师需求很迫切，所以可以借大篷车下乡之机，请科普老师对这些乡村老师进行科学课培训，并建立与学校的长期培训合作，通过线下实地培训和互联网线上培训相结合，把科普知识传播到更广泛的乡村教育中。

（四）加强对大篷车的运行管理

科技馆对于科普大篷车的运行管理要不断完善，制定一套有效的管理制度，提高对大篷车进校园工作的认识，建立人员业务考核、车辆安全考核、巡展结果考核制度，加大资金的投入，为大篷车顺利开展进校园活动提供充足的人力、物力和运行经费的保障，确保大篷车可以安全高效地运行。同时在大篷车下乡的过程中，要及时总结归纳下乡活动的情况，对学生老师的反馈进行梳理，形成有效的总结，便于形成考核和整改依据。还需要各个部门进行通力配合，只有这样才能使得科普大篷车展览保持一种比较良好的运作状态，保障科普大篷车的下乡活动能够长期有效地开展下去。

（五）加强对科普大篷车车载内容的更新

科普大篷车的展示内容和形式需要与时俱进，车载展品是科普大篷车巡展的重点展示内容，对于展品的维护和更新要及时跟进，优化科普大篷车的科普资源，满足广大群众尤其是青少年的科普需求。大篷车每次巡展中，车载展品由于互动性、可参与性强，最受观众欢迎，因此常会有零件损坏的展品，所以要把展品维修工作纳入每次出行考核，在展示结束后及时进行维修和检查，对易损坏展品及时维修、调整。例如基础学科领域的展品互动性、参与性较高，生命学科的展品以多媒体的形式为主，对于这些展品的演示效果和学生操作状况有了解，根据学生的兴趣和爱好，调整展品的种类和数量，多展出一些通俗易懂、经典的科普展品，增强车载展品的吸引力、趣味性，有效提升大篷车的科普服务能力。

（六）加强科普大篷车活动宣传工作

科普大篷车每年在开展活动中，会有不同的主题或者内容，在开展活动中要加大宣传报道力度，针对活动的开展要充分利用互联网、电台、报刊等新闻媒体，突出重点，进行实时报道，让学校、社会积极参与进来，最大程度提高活动的吸引力和观众的参与度，使科普知识"飞入寻常百姓家"，让更多人通过科普大篷车这个"流动的科技馆"了解科学、热爱科学。

（七）开展科普大篷车展品进校园巡展活动

科普大篷车进校园活动受到场地和时间的限制，有时做不到全覆盖，为了能够让参加活动的每一位同学都充分体验和参与，在目前现有的大篷车进校园活动中可以开展科普大篷车展品进校园巡展活动，延长大篷车上的展品在学校的展示时间，并培训学校的志愿者对其进行看护和讲解，可以充分发挥流动展品的功能。

科普大篷车是科普基础设施的重要组成部分，在基层科普工作中发挥着不可替代的作用。开展大篷车进校园活动可以进一步拓宽科技馆的科普教育范围，推动农村地区青少年科学素养提升以及创新能力的提升，是科技馆科普向外教育服务功能的延伸。为了能够长期有效地把进校园活动开展下去，科技馆要将科普大篷车工作纳入工作重点之中，各部门协调做好科普服务工作，为实施科教兴国战略、强化现代化建设人才支撑贡献力量。

参 考 文 献

[1] 丁钊. 科普大篷车展览对基层群众文化的作用 [J]. 科技传播，2019，11（6）：187-188.

[2] 李文军. 科普大篷车进校园是馆校结合的有效方法 [A]；中国科普理论与实践探索——第二十四届全国科普理论研讨会暨第九届馆校结合科学教育论坛论文集 [C].2017.

新时代广州科普产业高质量发展的路径探讨

赵慧敏　陈　晶　张政军　李　嘉[*]

摘要： 促进科普产业的高质量发展是加强国家科普能力建设的重要途径之一，为探索适应新时代需求的科普产业发展机制，进一步激发科普的创新潜能和产业价值，壮大产业主体、升级产业形态，服务广州科技创新及科普产业高质量发展，开展本次研究。本文描述了广州科普产品（服务）市场供给是以中小企业为主、业态丰富，且部分业态龙头企业呈现带动效应，采取抽样调查的方法分析各类不同性质单位，认为广州科普产业未来发展前景良好，同时也对未来发展的需求及存在困难进行了分析，在此基础上，总结在体制机制、市场化意识、持续性宣传推广等方面存在的问题，提出建立科普产业联盟，打通上下游产业链，立足广州优势产业培育壮大广州科普产业等建议以供参考。

关键词： 产业＋科普；科普产业联盟；高质量发展

中共中央办公厅、国务院办公厅《关于新时代进一步加强科学技术普及工作的意见》提出"推动科普产业发展"，《"十四五"国家科学技术普及发展规划》提出到 2025 年，多元化科普投入机制基本形成，在政府加大投入的同时，引导企业、社会团体、个人等加大科普投入，《广州市全民科学素质行动规划纲要实施方案（2022—2025 年）》（以下简称《实施方案》）提出"实施科普产业繁荣工程"，这些与科普产业相关的政策，体

---

　* 作者：赵慧敏，广州市科学技术发展中心助理研究员；陈晶，广州市科学技术发展中心信息系统项目管理师；张政军，广州市科学技术发展中心副主任；李嘉，广州市科学技术协会科学普及部三级调研员。

现了科普产业在促进科普工作繁荣和发展，提升国家科普能力上将发挥重要作用。本文尝试以任福君对科普产业的界定作为研究依据，即以满足国家、社会和公众科普市场需求为前提，以市场机制为基础，向国家、社会和公众提供科普产品和科普服务的活动，以及与这些活动有关联的活动的集合。本文采用案头资料研究、文献查询、抽样调查等方法，对广州科普产业发展现状、存在的问题进行分析，并提出相关建议，为广州科普产业高质量发展提供参考。

一、近年来科普产业相关研究综述

"科普产业"一词在国内最早是由科技部等八部委在 1999 年 12 月联合印发的《2000—2005 年科学技术普及工作纲要》提出。通过文献检索，目前国内外专门科普产业研究的文献相对较少，也没有明确的科普产业概念，一些国外学者的相关文献主要集中在对文化产业和创意产业的研究方面。大卫·赫斯蒙德夫（2016）在其著作《文化产业》（The Cultural Industries）中对文化产业的定义、由来、特征，文化产业的全球化、国际化问题，文化产业中的新媒体、数字化问题，互联网和数字化对文化产业的影响等进行了较为全面系统的研究，建立了一个较为完备和系统的文化产业分析框架。英国经济学家约翰·霍金斯（John Howkins，2001）认为，创意产业是产品在知识产权法的保护范围内的经济部门，专利、版权、商标和设计四个部门共同构建了创意产业和创意经济。国外学者关于文化和创意产业的界定研究对于国内学者开展科普产业研究具有一定借鉴意义。

在国内，随着国家对科普工作的重视及相关科普产业政策的陆续出台，相继有学者开展相关研究。根据中国知网（CNKI）学术文献统计，以科普产业、科普事业作为主题词的论文自 2004 年至今有百余篇，主要集中在科普产业理论研究、科普产业分类研究、科普产业市场运行研究，以及相关的实证研究。在对科普产业概念界定方面，劳汉生（2004）从文化产业的视角对科普文化产业进行界定，认为科普文化产业是满足社会中人们的科普文化需要、科普文化消费需求而产生的一种产业，凸显了科普产业的社会公众需求基础。任福君等（2011）从服务产业、文化产业和知识产业的属性出发，研究科普产业及其特征，进而对科普产业进行界定，并对科普产业进行分类。在科普产业分类研究方面，王康友等根据现有统计数据和调研情况，分析了我国科普产业的整体规模、主要业态以及发展态势。王小明等（2020）从文化和科技深度融合的角度，将科普游戏归纳为概念萌芽、概念形成、产业落地和产业发展四个阶段，并指出未来科普游戏行业还将面临的挑战。王小明以上海科技馆科普影视的实践成果为例，分析了数字时代下科普影视的发展现状与特点，探讨了其在内容与路径维度上的研发途径，并对科普产业未来发展的挑战进行思考。在科普产业市场运行研究方面，陈海涛等（2021）以改制为企业的武汉科技报为例，从用户需求视角总结提炼出以内容盈利满足公众用户的价值需求、以渠道盈利满足政府用户的便利需求和以活动盈利满足社会用户的优选需求的三种科普产业盈利模式。周荣庭等（2012）以安徽芜湖为例，提出科普产业园区发展的对策建议。

综上，国内外专家学者从不同的角度对促进科普产业发展、丰富科普产品和服务等方面开展的详尽研究，值得进一步深化研究，同时也为本文研究提供了经验借鉴。

二、广州科普产业发展现状

本文对广州科普产品和服务市场供给情况进行分析，同时通过问卷对101 家企业、科普基地等单位进行调研抽查，并与广州市 11 个区约 120 家企业、科普基地及科普资源单位现场座谈，从而了解各类单位组织对科普产业的发展需求及影响因素。

（一）地方政府多政策、多措施支持科普产业发展

多年来，广州市政府在政策支持、经费支持、市场引导、人才培育等方面出台相应政策文件，通过各类科普专项行动、科普相关竞赛、加大宣传力度等多途径支持科普产业发展。《实施方案》中提出制定实施培育和壮大科普产业发展的政策措施，加强科普产业市场的培育。在科普财政经费投入方面，在《广州市科学技术普及条例》（2015年修正本）中明确市科普经费由3部分组成，在市自然科学事业费中划拨不少于3%的科普经费，在市教育费附加中划拨不少于1%的科普经费，同时设立科普专项经费。在市场引导方面，持续多年开展科普作品大赛、科普讲解大赛等，激发科普创作热情；对外宣传发布粤港澳青少年研学实践教育基地、广州市中小学生研学实践经典路线100条、持续投入经费资助220多家单位开展科普旅游等，以支持鼓励社会力量投资建设科普场所，并为市场培育了大量优质科普旅游资源。在人才培育方面，每年组织各类培训观摩活动，提升科普人员科普能力，并开展优秀科普工作者学习宣传活动，以激发科普人员的工作热情。

（二）科普产品（服务）市场供给情况

1. 中小型企业成为市场主力军

为了解广州目前科普产品和服务企业类供应商的情况，通过网上公开数据搜索收集到714家符合初选条件的企业[①]，随后对初选所获得的企业名

---

① 调查数据来源包括："天眼查"广州市经营范围包括"科普""科普宣传服务"等关键词的企业；参加广州全国科普日、广州科普游、安徽省科普博览会的企业；广州地区企业类国家级、省级、市级科普基地。

录在"天眼查"、百度上进行逐一审核，确定企业的当前存续状态与主要的营业内容，且对单位近年来持续性提供科普产品（服务）进行复审，最终确定416家企业为市场提供科普产品（服务）。这些企业以中小型企业为主，90%以上的企业人员规模在500人以下，其中，小于50人的企业约占60%，大于1000人的企业约占5%。由此可见，中小型科普产品（服务）企业类供应商占据市场主体，广州市科普产业将以中小型企业为中心不断发展壮大。

2. 业态丰富且与广州优势产业所在区域分布相关性高

根据任福君、王康友等对科普产业业态的划分，结合广州科普产品（服务）的供应情况，目前广州科普产业业态主要有科普展教品、科普影视作品、科普旅游服务、科学教育服务、科普网络与信息服务、科普音像出版、科普游戏、科普动漫共8类。据此，对416家广州科普产品（服务）企业类供应商进行划分，其中科普旅游企业202家（占比为48.6%），科学教育企业95家（占比为22.8%），科普音像出版企业34家（占比为8.2%），科普展教品30家（占比为7.2%），其他业态企业数量占比低于5%。同时，对各业态所在行政区域进行梳理，各筛选出占比前二或前三的区域（见图1），科普旅游服务分布较均匀，其中以黄埔区（22.3%）、天河区（13.4%）、越秀区（11.4%）较多；科学教育服务相对集中于天河区（40%）；科普音像出版相对集中于越秀区（57.6%）；科普展教品分布较均匀，其中以天河区、番禺区、黄埔区企业较多，分布占比分别为30%、23.3%、16.7%；科普动漫、科普游戏相对集中于天河区，分别占比为40%、87.5%。由此，为进一步推动广州科普产业发展，可考虑不同区域产业集群效应，建立联合展示区、打造特色科普产业区，发挥带动作用。

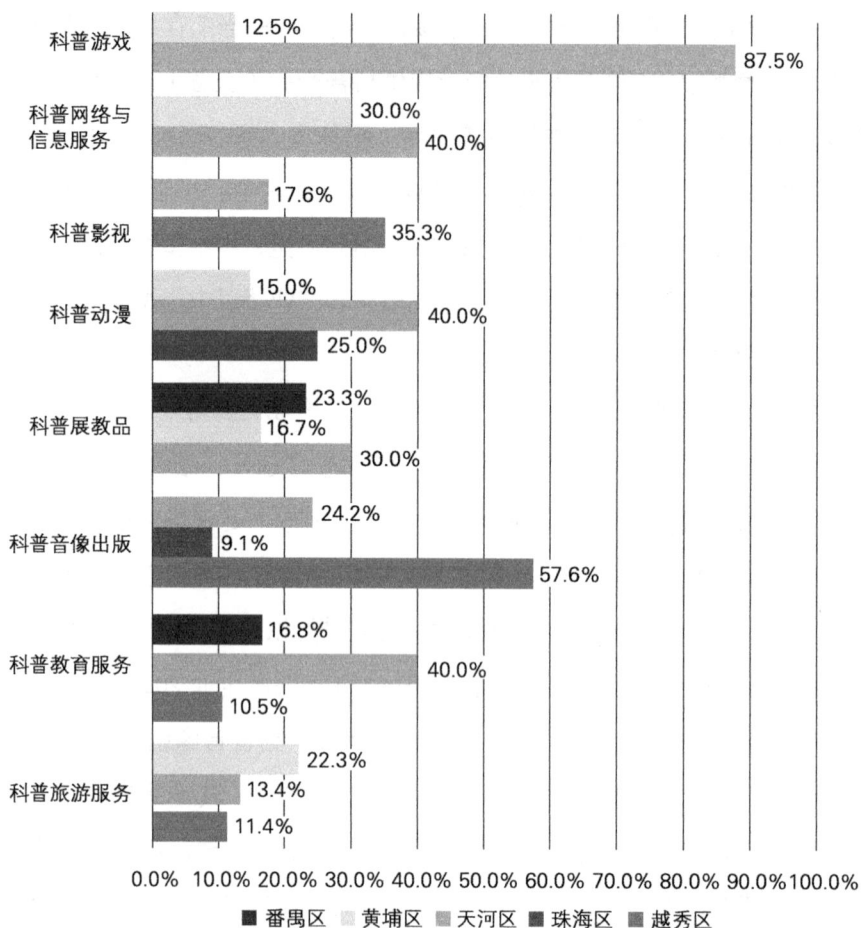

图 1　各业态科普产品（服务）企业类供应商数量占比前二或前三的行政区域

资料来源：作者根据相关资料整理，下同。

3. 部分科普业态以龙头企业带动形式呈现市场化发展

科普展教方面，广州正佳集团通过文、商、旅跨界融合，在商业中心打造了自然科学博物馆、极地海洋世界和雨林热带植物园三馆并向科普研学教育延伸，形成日均约 10 万人次的人流量，以完全市场化形式运营，头部效应显现。广州宏达以科技馆、博物馆、展览馆为品牌业务之一，承接全国大部分科普场馆建设项目管理，形成一定产值规模。科普旅游方面，长隆集团构建"世界动植物资源库＋科学研究＋科学教育＋文化旅

游 + 救护野化"五位一体发展理念和生态文明价值转化新模式,为 3 亿多人次普及生物多样性保护知识,荣获科技部、中宣部、中国科协联合授予的"全国科普先进集体",以龙头企业为科普旅游业做出典型示范。

4. 与传统商业跨界合作,抓住体验经济发展机遇

在城市消费和夜间经济激活的形势下,与购物中心跨界融合和协同创新,从 IP(著名文创作品)开发、创意与空间设计、投融资与运营管理的沉浸式产业全链条服务出发,构建科普消费产业的新生态,推动科技领域成果转化、集成创新和新项目孵化。如正佳自然科学博物馆推出"夜光博物馆"、"恐龙晚宴"、"夜宿海洋馆"、"夜观雨林"、科普戏剧演出和名家讲座等多元化业态及丰富的体验项目,为正佳购物中心培育真正付费的较长消费链条优质客源。广东科学中心联合中华广场共同建设首个城市科普体验示范基地,双方的战略合作发挥了广东科学中心的科普资源优势和中华广场老广州在地文化的平台优势,通过多种手段将科学知识送到城市的中央,营造浓厚的科技创新文化氛围。

(三)抽样调查结果显示科普产业发展前景良好

为了解广州地区不同性质单位科普产品(服务)的投入产出、产品推广等情况,以抽样调查的方式,本文面向部分企业、科普基地及科普资源单位发放调查问卷,共回收有效问卷 101 份。具体情况如下。

1. 不同性质单位科普产品(服务)供应商持续性投入科普的意愿强

回收问卷中,企业占 43.56%、事业单位及其他占 29.81%、科研院所占 18.81%、高等院校占 9.9%,而企业又以中小型企业为主,占 72.73%。以各单位 2022 年的科普经费投入情况来看(见图 2),71.29% 的单位用自有资金开展科普,同时 55.45% 的单位用政府项目支持资金开展科普。如图 3 所示,43.18% 的单位 2022 年与科普相关项目和服务的产值不足 10 万元,科普投入效益不显著。虽如此,对各单位未来科普事业或科普产业投入计划的调查显

示（见图 4），超过 60% 的单位将丰富科普供给形式、扩大科普的受众范围作为主要的投入增加，近半数的单位表示将继续在科普经费、科普设施、科普产品方面增加投入，只是对于一次性投入资金较大的科普场馆建设方面以维持现状为主，有关科普人员投入则选择维持现状的单位占多数。由此可见，各单位认为广州地区科普产业发展前景良好，持续性投入的意愿强。

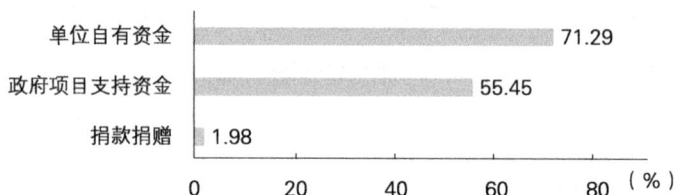

图 2 受访单位 2022 年科普经费投入占比情况

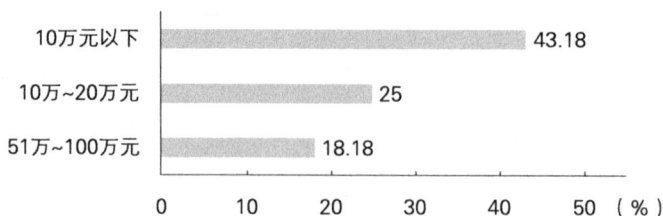

图 3 受访单位 2022 年与科普相关项目和服务的产值

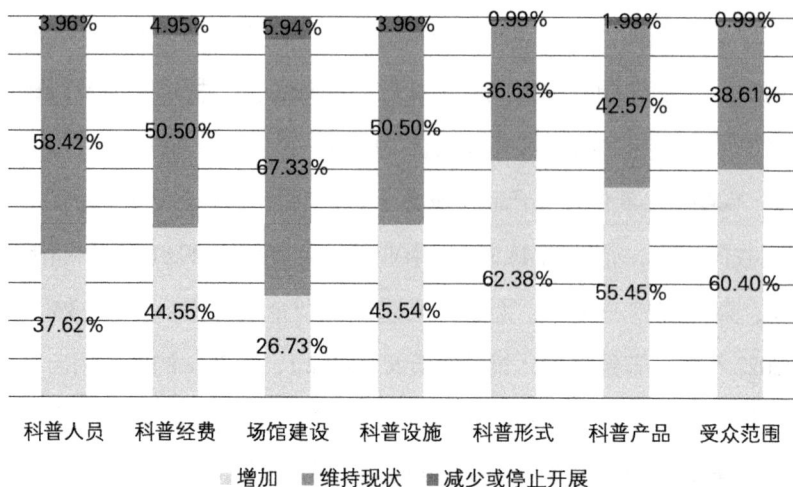

图 4 受访单位未来科普投入计划

2. 产学研融合趋势初显，产品推广主要依托主题科普活动

在参与问卷调查的 57 家非企业型单位中（见图 5），半数以上的单位为市场提供科普产品（服务），其中有 25% 的单位与企业合作研发科普产品（服务）投入市场。在 44 家企业型单位中（见图 6），57% 的单位自行研发为市场提供科普产品（服务），有 27% 的单位与科研院所 / 高等院校合作研发科普产品（服务）投入市场，由此可见，科普产品（服务）的市场投入行为需以企业为主，且产学研的融合趋势也初显。同时，调查也显示了各单位参与科普会议 / 活动或入驻平台的情况，绝大多数的单位都参加过全国科普日（80.77%）、全国科技活动周（71.15%）活动。

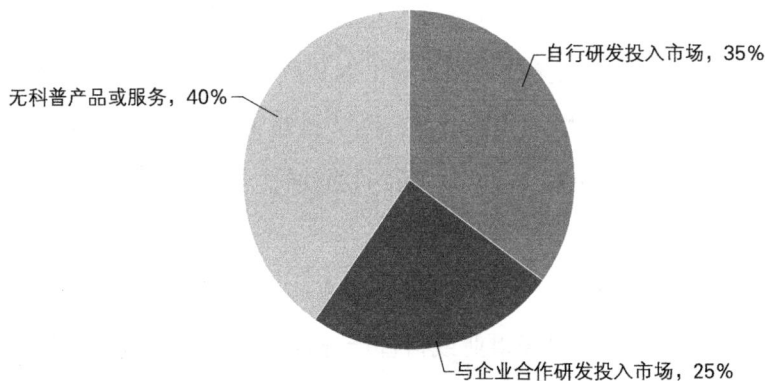

无科普产品或服务，40%
自行研发投入市场，35%
与企业合作研发投入市场，25%

图 5　受访的 57 家非企业型单位与企业合作情况

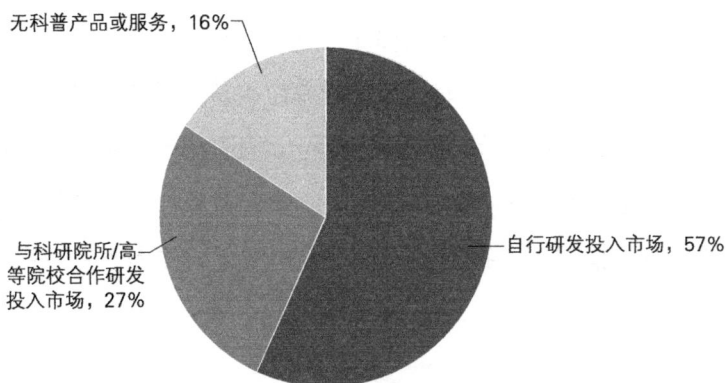

无科普产品或服务，16%
自行研发投入市场，57%
与科研院所/高等院校合作研发投入市场，27%

图 6　受访的 44 家企业型单位与高校科研院所合作情况

3. 围绕广州产业特色的"产业＋科普"市场化特征显现

作为广州"十四五"时期五大新兴优势产业发展重点之一的数字创意产业，正着力推进人工智能、虚拟现实（VR）/增强现实（AR）、3D打印等新技术的深度应用，极大地丰富了科普产品（服务）市场。目前，广州地区已经涌现出一批企业，将其技术应用于大多数的科普场馆及科普展品中，且其具有难以复制的核心竞争力。同时，伴随广州5G智慧农业发展起来的"科普＋旅游"，也成为广大市民喜爱的休闲旅游方式，增城区、从化区、花都区等区的农业企业积极投入科普事业，开放园区，提供有偿服务，在不同环节找到了获取科普利润的方式。同样，"科普＋游戏"产品已在大多数科普场馆成为参观者互动体验的主要环节，"科普＋动漫"产品如《星际家族之安全少年团》等也以其技术与艺术上的优势成为更具有吸引力、更具传播性的科普产品，而"科普＋游戏""科普＋动漫"衍生出的一系列周边产品也成为企业新的利润增长点。

（四）发展需求

对抽样单位发展科普事业或科普产业存在困难的调查结果显示，排在前四位的是：资金投入有限（综合得分 [①]5.11），相关科普政策激励性和支持性不够（综合得分 4.53），专职科普人员少或无、对科普工作者科普激励性和支持性不够（综合得分 3.5），科普产品/服务转化困难（综合得分 2.47），如图7所示。同时，对抽样单位科普产品（服务）生产或转化所需支持的调查结果显示，在政策、平台、团队、专业服务等方面，都有较大需求（见图8）。那么，在各企业、社会力量都看好广州科普产业市场发展前景的情况下，我们需要深入分析问题，并提出有效措施解决需求。

---

① 综合得分 =（Σ 频数 × 排名权值）/ 本题填写人次。

资金投入有限 — 5.11

相关科普政策激励性和支持性不够 — 4.53

专职科普人员少或无,对科普工作者激励性和支持性不够 — 3.5

科普产品/服务转化困难 — 2.47

现有科普产品/成果的展示或交易平台效果不显著 — 1.44

科普产品(服务)市场有限,科普产业链尚未形成 — 1.44

科普成果知识产权保护意识不强,相关政策不够完善 — 1.23

0 1 2 3 4 5 6

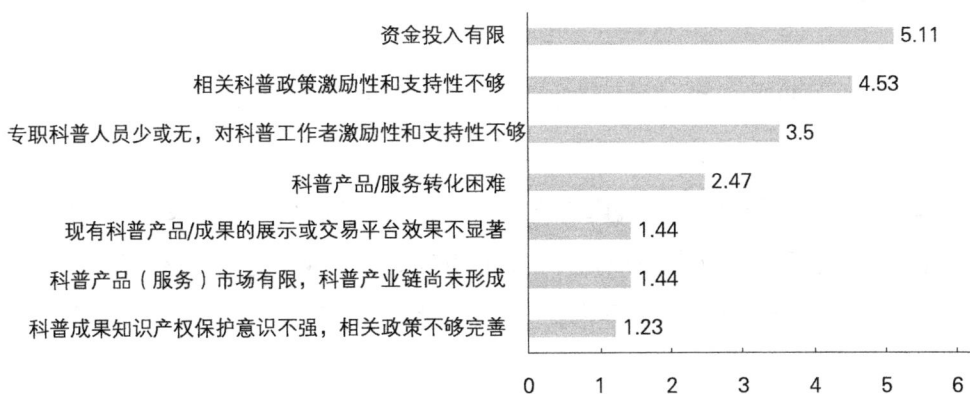

图 7 受访单位发展科普产业面临的困难

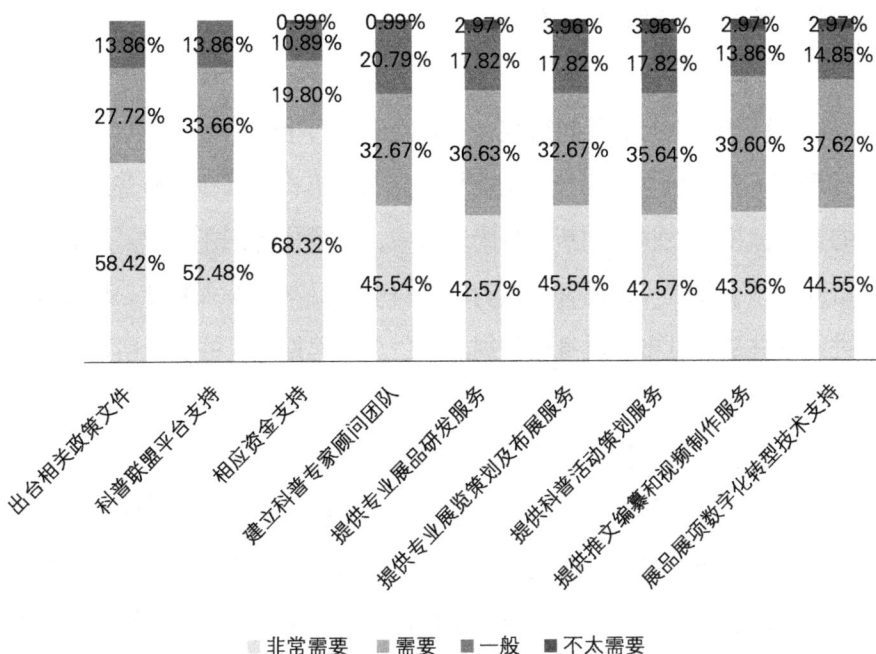

出台相关政策文件	科普联盟平台支持	相应资金支持	建立科普专家顾问团队	提供专业展品研发服务	提供专业展览策划及布展服务	提供科普活动策划服务	提供推文编纂和视频制作服务	展品展项数字化转型技术支持
13.86%	13.86%	0.99%	0.99%	2.97%	3.96%	3.96%	2.97%	2.97%
27.72%	33.66%	10.89%	20.79%	17.82%	17.82%	17.82%	13.86%	14.85%
		19.80%	32.67%	36.63%	32.67%	35.64%	39.60%	37.62%
58.42%	52.48%	68.32%	45.54%	42.57%	45.54%	42.57%	43.56%	44.55%

非常需要 需要 一般 不太需要

图 8 受访单位认为科普产品(服务)生产或转化所需的支持

三、广州科普产业发展存在的问题

（一）政策红利未完全释放，科普产业发展的保障政策不完善

目前《中华人民共和国科学技术普及法》《全民科学素质行动规划纲要（2021—2035年）》和《国家中长期科学和技术发展规划纲要》中对科普产业支撑政策以原则性规定为主，还存在有些企业不能完全吃透政策的现象，导致信息不对称，通常会出现错过税收优惠、奖补申领不及时等。科普产业的范畴尚未清晰划定，具有针对性的基础性调查及统计数据欠缺，如对广州科普产业的摸底、需求预测、科普产业分析报告等，影响制定相关政策的系统性和科学性。此外，地方性的科普产品技术规范、标准体系和市场准入机制等尚不健全。

（二）产业链上下游尚待整合，市场化水平低

政府、科研机构、高校、企业和中介服务机构共同参与科普产品和服务的多主体相互关联的创新网络尚未形成，市场化意识还不强。政府有效的市场干预手段较少，没有设置明确的科普产品市场准入制度。现有的市场进入壁垒是通过市场自身运行规律，由少数早期进入的企业所建立的技术和资金壁垒。而相对于那些易于被复制和模仿的产品，企业可以自由进出市场。再者，广州科技资源丰富，但高等院校、科研机构、高新企业三者之间互动较少，科普市场需求信息传递不通畅，科普产品供给的创新源头合力尚未形成。对于财政收入类单位，如学校、科研院所等，本身科普经费不足，也很难利用社会资金开展科普。如公益类单位与市场化科普机构寻求合作时，因无相关政策依据，而无法收取一定的科普成本补助，使得公益科普基本陷于"做不大做不强"的局面。在科普能力提升方面，高质量的科普内容必不可少，但由于高校科研院所和企业之间的链接通道尚

未建立，使得科技资源转化为科普内容的手段和方式有限，效果不尽如人意，且市场化意识薄弱，也是目前广州科普产业发展急需解决的问题。

（三）科普资源与市场化科普机构的黏合度需加强

目前市场中已经萌生诸多类型的专业化科普机构，如专业展览策划及布展公司、科普活动策划公司、科普内容创作公司等，可以对科研成果或学科内容进行科普转化及展示。一些 VR 企业自身虽已具备对学科内容进行生产转化的能力，但也希望可以共享或共同开发更为精准细分的科普视频（如航天航空、自然灾害等）；还有一些活动类研学类策划企业有较强的策划能力及受众平台（多为学校），希望与更多自身难以开展活动的科普资源单位合作等，但此类科普资源与市场化机构的对接尚缺乏具备公信力的平台。

（四）对科普产品（服务）宣传广度、深度和持续性方面仍需发力

网络新媒体技术日渐成熟，地方政府在公益性的科普事业方面的宣传效果较好，能在各类主题科普活动期间开展大范围的、全方位的宣传，同时，民营小规模科普企业是广州科普产业的很大组成部分，他们普遍都希望在科普宣传上得到更大支持。例如小翼航空、金农夫等科普基地，科普活动内容特色鲜明，目前从投入产出来看，也实现了较好营收，但如果考虑边际效用递增，企业除本身通过自媒体等方式开展企业宣传外，也希望政府能够通过整合宣传或联合带动宣传的方式，持续性地向市民展开宣传。

四、促进广州地区科普产业高质量发展的思考

（一）做好科普产业总体规划，落实优惠政策

落实《广州市全民科学素质行动规划纲要实施方案（2022—2025 年）》，

将广州科普产业发展与经济和社会发展结合起来，充分考虑国际国内及粤港澳大湾区经济发展态势，做好广州科普产业的前瞻部署和总体规划，实施科普产业发展战略和发展规划研究，以科普产业化推动广州市科普事业高质量发展为目标，推动科技创新成果向科普产品转化、科普需求向科普市场转化，实现引领新时代科普产业朝着"决策科学化、管理精细化、主体细分化"发展。

以修订《广州市科学技术普及条例》为契机，科学合理评价现有相关政策的实施效果，进一步优化各项激励措施和政策；推动现有科普产业相关优惠政策落实，并深入解读激励科普产业发展的相关税收和保障细则，完善科普产业的管理制度和部门；尽快制定出地方性科普产业的认定制度、产品技术规范、标准体系和市场准入机制等。

（二）建立科普产业联盟，发挥集群聚合示范作用

1. 建立广州科普产业联盟

发挥政府引导作用，联合提供科普产品（服务）的企事业单位以及科普场馆、高等院校、科研院校、科普基地、社团组织等，建立科普产业联盟，聚合科技、信息、资本、市场、政策、人才等要素，搭建合作与交流平台，打通科普产业链上下游资源对接通道，发挥科普产业政、产、学、研、用等相关单位整体优势，加大优质资源的市场化供给、多元的社会投入、新技术的应用，以市场化思维开发，满足多样化、个性化、差异化的公众需求，以高质量、品牌化、成体系、有特色的科普产品与服务，实现更具竞争力的市场供给。充分发挥新兴业态龙头企业的示范带头作用，引领产业发展的趋势和潮流，将个别企业市场经营的自发行为引导为整个产业市场主体的自觉行为。

2. 在优势地区重点打造产业集群

利用广州现有的科技产业园区等，形成科普产业基地，推动企业发

展，带动产业优化升级，实现科创和科普两翼齐飞。发挥特色科普产业园区的示范作用，带动周边各区中小企业逐渐加入，提高科普产品的整体研发和原创能力，做强企业品牌，逐步形成产业集群。

3. 发挥平台化聚合作用

打造广州科普"云"上产业链和虚拟产业园，培育壮大具有生态主导力和核心竞争力的"链主"企业，带动产业链上下游配套协同发展。简单来说，以开发应急科普游戏为例，假定某网络游戏开发公司为链主企业，根据某一突发公共事件，其前端开发团队在云平台上与相关科研机构、高校合作打造科普游戏，后端新媒体、社交媒体平台开展市场宣传，将科普游戏推向市场，链上企业短时间内快速响应市场需求。

（三）深化科普产业实践创新，拓展科普产业新业态

1. 拓展原有科普旅游的内涵和外延

抓住广州打造世界级旅游目的地的发展机遇，立足现有广州科普游、研学经典路线等资源，引导市场消费需求，推动科普小镇游和高新企业游、高校科研院所和重点实验室科学体验游等成为科普旅游发展新的增长极。

2. 引领新的业态发展

从广州新兴优势产业出发，打造广州科普动漫游戏头部企业，培育科普游戏、动漫、电竞、网络、影音等科普产业生态圈；打造科普品牌IP，构建基于品牌IP的网络平台、新媒体矩阵、科普活动、短视频、科普剧等方面的科普产业链，以品牌知识产权提升核心竞争力，以市场需求为导向，引入资本与技术，促进科普消费；应用新一代信息技术、人工智能、5G先进技术、云计算、物联网技术等，开发新的智能科普产品或完善已有科普产品、组织科普活动，丰富科普产品和服务市场。

3. 注重科普产业融入文化产业发展

搭建科普产业与文化产业全方位、多层次、宽领域的实践平台，抓住广州夜间经济新风口，激活科普夜间消费活力，联动广州各大商业综合体推出科普文化集市、科学奇妙夜等商业品牌；繁荣科普文化创作，播撒科学种子，涵养科学精神，举办粤港澳大湾区青少年科幻阅读与创意写作活动等，培育科幻教育产业市场。

（四）增强市场机制的资源配置作用，拓宽资金来源渠道

在优化科普产品（服务）市场供给方面，为满足多样化、个性化、差异化公众需求，培育专业化、市场化的科普机构需求越发凸显，其可提供专业展品研发服务、专业展览策划及布展服务、科普活动策划服务、推文编纂和视频制作服务、展品展项数字化转型技术支持等业务，将广州丰富的科技资源转化为人们需要的科普产品（服务），实现市场价值转化，并吸引更多社会资本的注入。

在拓展科普资金来源方面，要加强政策支持，加大政府投入，吸收社会资金，完善产业投融资渠道，扩大政府购买科普产品（服务）的范围，带动科普企业发展壮大，形成政府、企业、金融机构以及各类社会团体等多元互补的良性科普产业投融资机制。此外，还可以引导和吸引粤港澳大湾区内企业、个人或者外商资金参与联合组建产业基金，丰富资金来源渠道，增强市场机制在科普资源配置中的作用。

参 考 文 献

[1] 陈海涛，张勇军. 用户需求视角下的科普产业盈利模式研究——以武汉科技报社为例 [J]. 新闻前哨，2021（12）：101-104.

[2]［英］大卫·赫斯蒙德夫，张菲娜译. 文化产业（第三版）[M]. 北京：中国人民大学出版社，2016.

［3］广州市人民政府．广州市全民科学素质行动规划纲要实施方案（2022—2025 年）
（穗府〔2022〕4 号），2022–3–29.

［4］科技部，中央宣传部，中国科协．"十四五"国家科学技术普及发展规划（国科发
才〔2022〕212 号），2022–8–4.

［5］劳汉生．我国科普文化产业发展战略（思路和模式）框架研究［J］.科技导报，
2004（4）：55–59.

［6］任福君，张义忠，刘广斌．科普产业概论（修订版）［M］.北京：中国科学技术出
版社，2014.

［7］任福君，张义忠，刘萱．科普产业发展若干问题研究［J］.科普研究，2011，6
（3）：5–13.

［8］王康友，郑念，王丽慧．我国科普产业发展现状研究［J］.科普研究，2018，13
（3）：5–11.

［9］王小明．数字时代的科普产业［J］.科学教育与博物馆，2021，7（1）：1–5.

［10］王小明，张光斌，宋睿玲．科普游戏：科普产业的新业态［J］.科学教育与博物
馆，2020，6（3）：154–159.

［11］中共中央办公厅，国务院办公厅．关于新时代进一步加强科学技术普及工作的意
见，2022–9–4.

［12］周荣庭，潘琳．科普产业园发展及对策研究——以安徽芜湖为例［J］.科普研究，
2012，7（3）：60–63.

［13］Howkins J.Creative Economy：How People Make Money From Idea［M］.London：
Penguin Books，2001.

科学素质与科技文化研究

广州市老年人数字素养现状与提升研究

——基于广州地区老年人抽样实证分析 [*]

陈　晶　张政军 [**]

摘要： 老龄化与数字技能迭代发展形成了数字鸿沟，开展老年人数字素养测评是精准施策的重要依据。本研究通过探索构建老年人数字素养测评框架，以广州402名老年人为样本，以分析广州地区老年人数字素养现状、不同群体差异及影响因素。研究表明，老年人数字素养整体表现一般，广州城乡老年人数字素养不存在显著差异；不同居住情况（与家人共同居住）、不同科普活动参与频次的老年人，在数字素养上存在显著差异；积极的数字意愿和行为能有效提升数字素养，而数字素养对数字获得感产生正向影响。基于上述结论，提出融合"生态构建、社会支持、赋权增能和数字反哺"的多元适老发展路径，关注老年人数字需求，提升老年人数字获得感。

关键词： 老年人；数字素养；实证分析；适老化

数字技术的发展，加速了智能化社会的发展进程，公民科学素质建设方面也面临新的机遇和挑战，以数字素养为核心的能力提升，成为公民科学素质提升的重要内容。目前，我国不断推进数字中国建设，与

---

[*] 该论文被评为2023年科普中国智库论坛暨第三十届全国科普理论研讨会优秀论文。

[**] 作者：陈晶，广州市科学技术发展中心助理研究员、信息系统项目管理师；张政军，广州市科学技术发展中心副主任。

此同时，中国人口老龄化正加速到来。根据第七次全国人口普查，我国 60 岁以上人口已超 2.6 亿，占比达 18.7%，比 2010 年提升 5.44 个百分点[①]。而截至 2020 年 6 月，我国 60 岁及以上的网民仅占 10.6%[②]。老龄化与数字技能迭代发展形成了数字鸿沟。为提升老年人数字素养，《全民科学素质行动规划纲要（2021—2035 年）》《提升全民数字素养与技能行动纲要》等进一步将老年人作为数字科普的重点人群，强调要以提升信息素养和数字技能为重点，提高老年人数字社会适应能力。要弥合数字鸿沟，需要精准施策，探索开展老年人数字素养测评是准确把握老年人数字素养水平现状的重要手段，也是有效制定策略的基础与前提。本研究通过初步探索老年人数字素养测评框架及抽样测评，以期揭示老年人数字素养现状及差异，并以结果作为循证依据提出弥合数字鸿沟的建议策略。

一、数字素养的内涵

科学编制数字素养测评工具，需要明确数字素养内涵及测评维度。国际上开展数字素养内涵及框架研究起步较早，并不断丰富和完善内涵及能力域构成。2017 年，欧盟发布"数字素养框架 2.1 版本"，将数字素养概括为 5 个领域能力，分别是信息与数据素养、交流与合作、数字内容创造、安全、问题解决。这一界定和框架在世界范围得到比较广泛的认可。联合国教科文组织在欧盟数字素养框架的基础上，增加了设备与软件操作、与职业相关的技能两个领域能力，进而形成了完善的《全球数字素养框架》。国内研究中，胡俊平等基于评价目标构建全民数字素养与技能评

---

① 中国互联网络信息中心.第46次《中国互联网络发展状况统计报告》，2020 年 9 月 29 日。

② 国家统计局：《第七次全国人口普查数据》，2021 年 5 月 11 日。

价模型（ASM），包括数字认识、数字技能、数字思维 3 个维度 6 个指标。2021 年，中央网络安全和信息化委员会办公室在《提升全民数字素养与技能行动纲要》中，从政策文件角度对数字素养进行阐述，提出数字素养与技能是数字获取、制作、使用、评价、交互、分享、创新、安全保障、伦理道德等一系列素质与能力的集合。

可见，数字素养是一种综合能力，从早期的信息素质、信息技能到如今更加复杂的信息技术社会所需的多方面能力，包括技术、交流、安全、情感等多维度的能力。

二、老年人数字素养框架探索

从文献看，不同国家、地区都提出相应的数字素养框架及策略，旨在从学校教育和终身教育的层面推动公民数字素养能力提升，数字素养测量、评估与教育实践也因此得到了快速发展。在国内，针对教师、学生的数字素养测评框架和工具相对较多，而针对老年人的较少。本研究综合国内外数字素养相关的核心要素和框架以及胡俊平的全民数字素养与技能评价指标体系，结合老年人特点及研究目标，初步构建老年人数字素养框架，主要侧重以下几点：一是老年人数字素养要侧重对数字信息的认识和理解，只有了解数字技能的重要性和有用性，才能进一步调动素质提升的积极性；二是要侧重老年人使用数字技术提升日常生活便利性及解决实际问题的能力；三是要侧重对网络安全的鉴别和理性判断，老年群体数字素养缺失容易导致其成为网络谣言、网络诈骗的受害者，因此老年人网络安全防范能力，是其可持续利用信息技术的能力之一；四是要侧重理解和操作的可行性，老年人数字素养维度不宜过于复杂，因此对职业相关技能、数字创新等进行删减。通过对老年人数字素养内容的整理，最终形成 3 个维度 6 个指标，分别是数字认知、数字技能、数字安全，具体说明见表 1。

表1 老年人数字素养指标说明

一级指标	二级指标	指标说明
数字认知	数字理解 设备适应	对数字知识掌握及设备适应的能力，如对数字知识有关概念及应用的认知，对智能终端设备、网络的认知和应用能力等
数字技能	信息搜索 交流分享 内容创建 数字应用	掌握的关于数字设备、软件与工具的操作技能，包括基本通用技能，如信息搜索、交流分享、内容创建，及软件、App等的使用
数字安全	安全意识 鉴别意识	个人防护、数字身份保护、数字内容鉴别和理性判断、可持续利用的能力

资料来源：作者根据相关资料整理，以下同。

三、研究设计

（一）研究对象

本研究的主要对象为60岁及以上的老年人，采取随机抽样的方式，于2023年8—9月在广州市11个区开展问卷调查，每个区收集30~40份问卷。基于老年人对问卷理解存在一定难度等特殊性，问卷由专人采用线下形式派发和收集，并进行现场指导填写。本次调查共收回问卷433份，有效问卷402份，有效率为93%。样本数据显示，本次调查研究对象的性别、年龄、学历、区域（11个区）等均占一定比例，调查对象分布较为合理，具体样本基本信息见表2。

表2 样本基本信息

变量	类别	人数	百分比（%）
性别	男	160	39.8
	女	242	60.2

续表

变量	类别	人数	百分比（%）
年龄	60~64 岁	98	24.4
	65~69 岁	102	25.4
	70~74 岁	82	20.4
	75~80 岁	92	22.9
	80 岁以上	28	7.0
学历	无学历	33	8.2
	小学	117	29.1
	初中	154	38.3
	高中（中专、技校）	73	18.2
	大专	20	5.0
	本科及以上	5	1.2
居住地类型	街道社区	324	80.6
	村庄	78	19.4
居住情况	子女还未成家，和子女住在一起	24	6
	子女已成家未育儿，和子女住一起	10	2.5
	子女已成家，和子女孙辈住在一起	83	20.6
	和老伴住在一起	219	54.5
	自己一人独居	58	14.4
	与其他亲属或朋友居住	7	1.7
	其他（和老伴一起住在养老机构）	1	0.2

注：N=402 人。

（二）研究方法

在系统文献调研的基础上，形成了老年人数字素养现状调查问卷，进行预测试后，根据老年人对问卷的理解，修改形成正式问卷。本研究采用 SPSS 26.0 和 AMOS 26.0 软件首先对问卷进行有效性验证，然后针对不同变量下老年人数字素养及各维度存在的差异及相关性，采用 T 检验、方差分析、回归分析等方法进行分析。

（三）研究工具探索

本研究根据老年人数字素养框架及指标，自编形成了老年人数字素养现状调查问卷。该问卷分为三部分，第一部分是基本信息；第二部分是科普需求、数字意愿行为及数字获得感；第三部分是数字素养。其中，数字素养、数字意愿行为、数字获得感采用李克特五级量表题，分别给予 1~5 分评定，分数越高代表正向值越高。

使用 SPSS 26.0 进行可靠性分析，各维度的 Cronbach's α 值在 0.8~0.95 之间，均大于 0.8。同时利用 AMOS 26.0 进行验证性因子分析（见表 3），在信度方面，各变量的组合信度系数（CR）大于 0.8，说明题目具有内部一致性，符合信度标准。在效度方面，平均提取方差（AVE）大于 0.6，具有良好的收敛效度。各变量平均提取方差的平方根均大于各潜在变量之间的相关系数，具有良好的区分效度（见表 4），符合效度标准。且验证性因子分析的模型拟合度良好，$\chi^2/df=1.82$，GFI=0.995，AGFI=0.977，RMSEA=0.045。综上，本量表具有良好的信效度。

表 3　信度和收敛效度分析

维度	题目数	参数估计				收敛效度			
		Unstd.	S.E.	t-value	P	Std.	SMC	CR	AVE
数字认知	3	1				0.897	0.805	0.909	0.769
		0.957	0.039	24.306	***	0.905	0.819		
		0.919	0.043	21.588	***	0.827	0.684		
数字技能	4	1				0.907	0.823	0.923	0.754
		1.066	0.033	32.651	***	0.950	0.903		
		1.019	0.034	29.936	***	0.916	0.839		
		0.802	0.050	16.179	***	0.670	0.449		

续表

维度	题目数	参数估计				收敛效度			
		Unstd.	S.E.	t-value	P	Std.	SMC	CR	AVE
数字安全	3	1				0.963	0.927	0.962	0.895
		1.002	0.024	42.121	***	0.947	0.897		
		1.006	0.026	38.763	***	0.928	0.861		

注：* 表示 p<0.05，** 表示 p<0.01，*** 表示 p<0.001，下同。

表 4　区分效度检验

	AVE	数字安全	数字技能	数字认知
数字安全	0.895	0.946		
数字技能	0.754	0.488	0.868	
数字认知	0.769	0.374	0.742	0.877

注：对角线上的数值为平均提取方差的平方根。

三、研究结果与分析

对数字素养及其三个维度进行项目打包处理，结合研究问题，对不同居住地类型、居住情况、参与科普活动频次的老年人在数字素养及各维度得分进行分析，从而揭示老年人数字素养发展现状及群体差异；并进一步分析老年人数字意愿、态度及行为频次等方面对数字素养的影响，从而找出提升老年人数字素养的侧重点。

（一）老年人数字素养整体表现一般

通过频数分布直方图可知，老年人数字素养基本呈现正态分布，平均值为 3.09，标准差为 0.97，近 66% 的老年人的得分为 2~3.9 分，可见老年人数字素养整体表现一般（见图 1）。在本次调研中，仍有 15.68% 的老年人使用非智能手机或无手机，8.55% 的老年人很少上网或不上网，可见，老年人整体在信息获取、智能应用及数字社会适应方面仍有一定偏差。同时，仍有少部分老人处于基本与互联网、数字化社会完全隔离的状态，需要社会更多的关注。

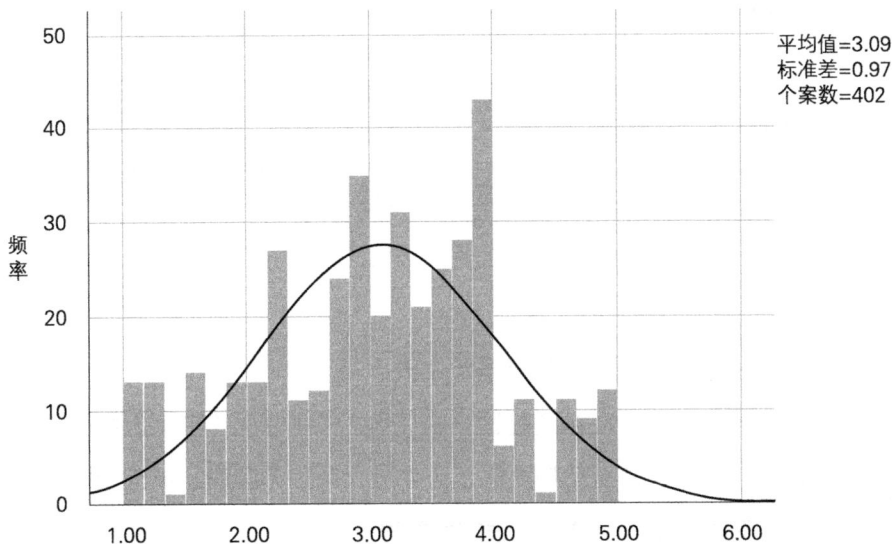

图 1 老年人数字素养直方图

（二）老年人数字认知、数字技能偏低，数字安全表现中等

对老年人数字素养各维度进行分析，老年人在三个维度的表现呈现一般，其中数字认知、数字技能偏低，均值分别为 2.93、2.94，数字安全为 3.41，表现中等（见图 2）。可见，老年人对数字社会、大数据应用发展等认知偏低，在智能设备通用技能及应用软件的使用能力方面仍较弱。在三个维度中，数字安全的得分相对较高，可见老年人在信息安全上有一定警惕性。在调查研究中发现，老年人对网上信息有疑虑时，更愿意主动查看更多主流媒体（54.48%）、查证证据和结论（51.74%）、咨询领域专家（50%），因此，社会需要进一步积极响应老年人数字求证需求，提供正向应急媒体传播和科普咨询服务等。

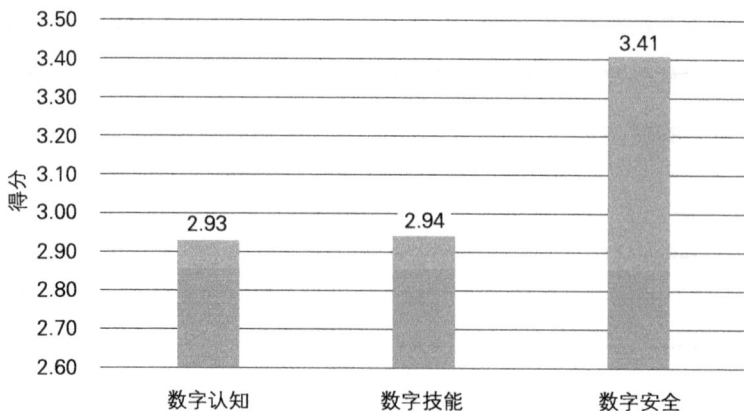

图 2 老年人数字认知、数字技能、数字安全平均值

（三）不同群体的数字素养差异比较

分别以居住地类型（街道社区、村庄）、居住情况（与家人共同居住情况）和参与社区科普活动频次作为自变量，采用 T 检验、单因素方差分析等，了解不同群体数字素养各维度的差异。

1. 广州城乡老人数字素养无显著差异

城乡差异是数字素养关注的重点方向之一。本次调研覆盖广州 11 个区，包含 7 个涉农区，并对增城区、番禺区、南沙区等 5 个村的村民进行了抽样。以居住地类型（街道社区、村庄）为自变量，进行独立样本 T 检验，结果显示，广州城乡老年人在数字素养（T=0.215，P=0.83）及数字认知（T=0.032，P=0.974）、数字技能（T=0.656，P=0.512）、数字安全（T=-0.167，P=0.867）各个维度不存在显著差异（P 大于 0.05）。近年来，广州市不断推进数字化建设，推进"百千万高质量发展工程"全面实施，也为数字乡村发展注入新动能，在推动农村数字资源、服务供给，以及农民数字素养提升等方面发挥一定作用，缩小了城乡差距，因此在老年人数字素养上未体现明显城乡差距。本研究在农村调查样本量稍有局限，后续研究中将考虑选取更多农村区域数据并增加调研样本数量，以更精准地测度农村老年人数字素养的差异及影响因素。

2. 不同居住情况老年人数字素养存在差异，其中与未成家子女或成家子女孙辈同住者数字素养较高

有关研究显示，文化反哺能缩小数字代沟，就家庭因素而言，成员共同居住能创造更便利的反哺条件。本研究以居住情况为自变量，进行单因素方差分析。根据方差齐性检验，不同居住情况老年人在数字素养，及数字技能、数字安全两个维度符合方差齐性，故采用假定方差齐性的 T 检验结果；而数字认知维度方差不齐，采用 Welch 检验，以避免因方差不齐造成的统计误差。根据统计，不同居住情况老年人在数字认知维度不存在显著差异（P>0.05）；在数字素养、数字技能、数字安全存在显著差异（P<0.05），具体如表 5 所示。

总体来说，与未成家子女同住、与成家子女孙辈同住的老年人在数字素养、数字技能、数字安全上均高于独居老人（包括两老独居及自己独居）。造成差异的原因可能是与未成家子女居住的老年人相对年轻，对数字信息和技术的接纳程度较高；而从另一方面也可以间接体现共同居住有利于老年人与子女、孙辈直接交流、互动，创造数字反哺条件，祖孙之间、亲子之间存在多种数字反哺的组合，对老年人数字信息和技术的指导较多，因此显著高于独居老人。在本次调查中，83.3% 老年人表示学习手机上网是通过家人帮忙（83.3%），也验证了家庭数字反哺的存在及重要性。然而调查显示，与子女孙辈同住的老年人还是占少数，大部分老年人是与老伴居住或自己独居，分别占比 54.4%、14.4%，可见代际反哺要进一步增强子女主动沟通的思想认识和行动，缩小距离的障碍。另外需要注意的是，调查显示，同已婚未育子女同住的老年人在数字素养、数字技能、数字安全方面表现均不佳，甚至低于与老伴同居的老年人，值得进一步关注。总体来说，在数字鸿沟研究过程中进一步增加家庭视觉，是老年人数字素养国家视觉和社会视觉的重要补充。

表5　不同居住情况老年人在数字素养及各维度的差异检验

因变量	居住情况	平均值	标准差	F 值	显著性	事后比较
数字素养	1 子女还未成家，和子女住在一起	3.598	1.062	3.647	.003	
	2 子女已成家未育儿，和子女住在一起	2.717	1.166			1>2
	3 子女已成家，和子女孙辈住在一起	3.227	.990			1>4 1>5 3>5
	4 和老伴住在一起	3.089	.933			4>5
	5 自己一人独居	2.754	.926			
	6 与其他亲属或朋友居住	3.444	.557			
数字技能	1 子女还未成家，和子女住在一起	3.531	1.225	4.129	.001	
	2 子女已成家未育儿，和子女住在一起	2.750	1.236			1>4
	3 子女已成家，和子女孙辈住在一起	3.160	1.245			1>5 3>5
	4 和老伴住在一起	2.940	1.163			4>5
	5 自己一人独居	2.422	1.128			
	6. 与其他亲属或朋友居住	3.143	.802			
数字安全	1 子女还未成家，和子女住在一起	3.792	1.318	3.429	.005	
	2 子女已成家未育儿，和子女住在一起	2.833	1.147			1>2 1>5
	3 子女已成家，和子女孙辈住在一起	3.767	1.246			3>2 3>4
	4 和老伴住在一起	3.324	1.106			3>5
	5 自己一人独居	3.138	1.269			
	6 与其他亲属或朋友居住	3.571	.787			

3. 不同科普活动参与频次的老年人数字素养存在差异，其中经常参与者数字素养较高

以社区科普活动参与频次为自变量，进行方差分析。在方差不齐的情况（P<0.05），采用 Welch 检验，结果均为显著差异（P<0.05）并进行事后检验（Games-Howel），结果见表6。整体来看，经常参与社区科普活动的老年人在数字素养及三个维度的表现最好，大部分情况下明显高于其他很少、不愿意参与科普活动的老年人。根据调查，不愿意或很少参与社区科普活动的老年人最主要原因是信息不畅（占42.34%），其次是不感兴趣（27.03%），数字社会的发展、社区更多的信息和服务主要是通过线上发布告知，很少或不参与社区活动的老年人有可能恰恰是因为数字接入和使用能力较低，即整体数字素养较低，因此未能享受到更多的服务。社区科普活动作为重要的社会支持与数字素养是相互影响的，社会支持能够有效推动老年人数字融入，反过来，数字素养提升有利于老年人获取更多的数字信息和技能，享受社会资源和服务。研究表明，通过有效赋权和增能，个体参与权及参与能力得到提升，其掌控自己生活的能力和信心增强。因此，提供更多适老社会支持"赋权"，打破老年人使用信息技术和享受数字化服务的壁垒，能够进一步推进老年人数字素养提升。

表6　不同参与社区科普活动情况老年人在数字素养及各维度的差异检验

因变量	参加社区科普活动的情况	平均值	标准差	统计量	显著性	事后比较
数字素养	1 经常参与	3.401	.866	10.311	.000	1>3 1>4 2>3
	2 偶尔	3.149	.851			
	3 很少	2.717	1.110			
	4 不愿意	2.502	1.086			
数字认知	1 经常参与	3.175	1.124	9.097	.000	1>3 2>3
	2 偶尔	3.101	.998			
	3 很少	2.387	1.314			
	4 不愿意	2.449	1.297			

续表

因变量	参加社区科普活动的情况	平均值	标准差	统计量	显著性	事后比较
数字技能	1 经常参与	3.429	1.081	17.490	.000	1>2
	2 偶尔	3.012	1.019			1>3
	3 很少	2.336	1.360			1>4
						2>3
	4 不愿意	2.174	1.075			2>4
数字安全	1 经常参与	3.597	1.063	2.779	.046	
	2 偶尔	3.333	1.125			
	3 很少	3.429	1.395			
	4 不愿意	2.884	1.270			

（四）正向数字意愿和行为能有效提升数字素养

老年人对互联网及智能应用技术的学习意愿、态度及使用频率对数字素养提升是否重要？本研究将数字素养作为因变量，学习意愿、学习态度、上网频率作为自变量，进行回归分析，结果见表7。在95%的置信水平下，老年人学习意愿、态度和上网频率（行为）对数字素养的解释率（R^2）较高，为0.609（R^2=0.19 small，R^2=0.33 medium，R^2=0.67 large），并对数字素养具有显著影响（$P<0.05$），其中学习态度对数字素养影响最大，其次是学习意愿、上网频率。已有研究表明，老年群体数字素养水平影响因素包括技术、心理、社会、个人、成本、环境和行为等，可见心理及行为因素在提升数字素养上发挥着重要作用。本次调查发现，老年人数字意愿和态度表现一般，数值分别为3.1和3.13，需要进一步注重老年人内生动力"增能"，包括宣传数字有用性和包容性，提升学习意愿；构建适老性和易用性数字环境和设备，提升使用积极性；降低数字接入成本，提高使用的频率等，促使老年人积极、主动地参与和融入数字化社会。

表 7　老年人数字行为意识与数字素养的回归分析结果

模型		未标准化系数		标准化系数	T	显著性	共线性统计		R²	样本独立
		B	标准错误	Beta			容差	VIF		D–W检验
数字素养	（常量）	1.028	.090		11.433	.000			.609	1.322
	学习意愿	.221	.043	.292	5.203	.000	.313	3.197		
	学习态度	.272	.043	.363	6.250	.000	.292	3.425		
	上网频率	.145	.025	.224	5.726	.000	.642	1.558		

（五）数字素养正向影响老年人数字获得感

数字获得感是指公众在数字化转型中产生的实际获得结果的主观感受。有研究表明，数字素养对老年群体数字获得感产生正向影响，而不同水平数字素养对数字获得感的具体调节产生不同影响。本研究从老年人依托数字技术获得的生活便利性、沟通交流提升及情感幸福提升的心理感知来探讨数字获得感。通过回归分析，结果显示老年人数字素养对数字便利 0.53[***]（0.038，0.575）、数字交流 0.498[***]（0.039，0.536）、数字幸福 0.447[***]（0.038，0.511）影响显著。随着老年人信息获取和数字应用能力提升，老年人更容易参与数字空间的表达与行动，通过掌握应用软件在购物、就医、交通等方面提高生活便捷性，通过互联网缩小沟通距离和障碍，提高沟通效率等，从而实现自我价值提升并获得更大幸福感。但值得注意的是，仍有 8% 左右的老年人认为数字社会发展导致生活更加不便捷、沟通减少和幸福感降低。在数字素养效能影响中存在一种"悲观主义"，即"数字鸿沟"无法根除，数字弱势群体在数字社会中的天然弱势将会加剧其相对剥夺感。因此在推进老年人数字素养提升过程中，不可一概而论，要考虑"数字鸿沟"的复杂性及部分人群的难以适应，用"数字包容"理念去丰富数字中国战略新时代尊老孝老的内涵。

四、发展对策和建议

研究表明，消除"数字鸿沟"是一个复杂的社会问题，需要外力"赋权"和激发内力"增能"，应探索融合"生态构建、社会支持、赋权增能和数字反哺"的多元适老发展路径，关注老年人数字需求，提升老年人数字获得感。

（一）构建适老生态，提升银龄数字意愿

从社会发展来看，老年群体数字素养的提升理应被纳入老年人公共服务范畴，体现"共建、适老、包容"的理念。在政策及服务保障上，智慧社区、医疗、文化、科普、交通、养老、网络安全等与老年人息息相关的领域，应完善与本地老年人需求相匹配的、在地化的、与数字问题密切相关的措施与公共服务，实现多领域的共建，塑造适老的数字化发展环境，提升老年人数字意愿，如《浙江省数字经济促进条例》从立法角度推进了数字适老化在智慧康养产业的应用等。与此同时，营造包容的数字社会，充分尊重老年人的意愿，在创造平等机会的同时保留和改进传统服务模式，分类推进，差异化解决问题。

（二）加强社会支持，赋权提升数字参与度

赋权是要让老年人拥有平等运用信息技术、享受数字化服务的资格和权利，社会应为此降低老年人数字接入门槛，使其会用、能用并用得上。一是让产品可触、可及，在产品设计和研发上，考虑老年人的生理机能，鼓励适老化的手机、应用软件、操作界面的开发升级，为老年人提供更便捷、易用的媒介产品。例如，研发手机版老年人模式，对无效及广告信息进行

过滤，减少老人数字接入心理障碍；优先布局健康、社交、公共服务老年人智能技术需求最为迫切的三大领域，推出"长者专版"。二是降低数字成本，让老人用得起、用得频，针对老年人收入不高，推出老年人专属资费优惠套餐，给予一定优惠。三是加大数字科普力度让老人会用、能用，强化老年人数字科普相关内容建设，如设立老年人数字科普专项活动、在群众性科普活动中体现老年人数字应用普及、在科普小镇或社区村庄科普阵地等基层科普能力建设中融入一定的老年人数字建设指标等，依托乡村振兴战略，在数字基础设施建设和活动中保障农村老年群体数字资源的可及性和支持性。

（三）扩大教育供给，激发活力实现增能

鼓励多元化社会力量参与老年人教育，优化教育目标、路径和方式。在活动及内容建设方面，图书馆、老年大学等丰富老年人数字课程内容创作和生产并能适当向社区及农村免费输出；各方在活动策划中加强与信息技术及数字科技相关企业合作，丰富活动体验，如采用 VR、AR 等技术体验，增进老年人对数字社会产品的了解；推动银龄教育志愿服务，包括建立社区银龄科普志愿队，定期开展活动指导老年人数字学习，开发银龄人力资源提倡终身学习，培训低龄老年人并鼓励其去教授及协助其他老年人使用数字产品等，通过扩大教育供给，让老年人有更多机会实现数字能力的提升。

（四）倡导数字反哺，促进代际赋能效应

在弥合老年人数字鸿沟过程中，家庭支持十分重要，要进一步发挥代际反哺与"长幼共融"效用，为老年群体纾困。年轻一代应该关注及鼓励老年人融入数字生活。周裕琼等将数字反哺划分为"器物反哺""技能反哺""素养反哺"。"器物反哺"即子女等家庭成员要能够在智能设备、网

络等方面给予老年人支持与传递;"技能反哺"是要在设备操作、应用软件使用层面给予指导,包括 App 安装,社交通信,满足日常购物、就医、交通等数字需求,要授人以渔避免亲自代为操作;"素养反哺"是重点加强安全意识、真伪辨别、隐私保护及合理上网控制等安全和健康理念的灌输,树立正确的价值导向。对于独居现象,在强调代际反哺的同时,要积极动员社区、志愿者等家庭之外的社会力量辅助,构建代际支持与社会支持的反哺机制。

参 考 文 献

[1] 付秋梅.赋权增能视角下新型职业农民培育长效机制构建研究[J].职业教育研究,2020(10):27-29.

[2] 郭劲光,张瀚元.社会支持理论视角下老年人数字融入的路径研究与实践逻辑——基于模糊集定性比较分析[J].社会保障研究,2023(5):55-66.

[3] 胡俊平,曹金,李红林,等.全民数字素养与技能评价指标体系构建研究[J].科普研究,2022,17(6):25-31+41+109.

[4] 黄晨熹.老年数字鸿沟的现状、挑战及对策[J].人民论坛,2020(29):126-128.

[5] 李红林,胡俊平,曹金,等.数字化转型背景下公民科学素质提升的探讨与思考[J].科普研究,2023,18(4):18-25+105-107.

[6] 刘育猛.数字包容视域下的老年人数字鸿沟协同治理:智慧实践与实践智慧[J].湖湘论坛,2022,35(3):107-119.

[7] 罗强强,郑莉娟,郭文山,等."银发族"的数字化生存:数字素养对老年群体数字获得感的影响机制[J].图书馆论坛,2023,43(5):130-139.

[8] 万丽慧,刘杰,文璇.青少年文化反哺:重新审视家庭场域内的交流与教育——青少年家庭内数字代沟与文化反哺的量化考察[J].浙江传媒学院学报,2018,25(3):45-52.

[9] 张恩铭,盛群力.培育学习者的数字素养——联合国教科文组织《全球数字素养框架》及其评估建议报告的解读与启示[J].开放教育研究,2019(6):58-65.

[10] 中央网络安全和信息化委员会.提升全民数字素养与技能行动纲要,2022-11-5.

［11］周裕琼，丁海琼 . 中国家庭三代数字反哺现状及影响因素研究［J］. 国际新闻界，2020，42（3）：6-31.

［12］European C，oint Research C，Carretero S，et al.Digcomp 2.1：The Digital Competence Framework For Citizens With Eight Proficiency Levels And Examples Of Use［EB/OL］.［2022-08-30］.https：//op.europa.eu/en/publicationdetail/-/publication/3c5e7879-308f-11e7-9412-01aa75ed71a1/language-en/format-PDF/source-search.

科普公共服务平台政府部门需求
与路径优化分析研究

——基于供给侧单位的 1784 份问卷调查 *

郑文丰 ** 张学波 李 雪 王宇婷 刘欣怡 吴佳晴

摘要：本研究创新性地从供给侧单位的需求切入，深入研究其对科普公共服务平台建设与优化的实际需求，探寻实现省域内智慧科普、高效科普的有效途径和方法，为科普公共服务平台路径优化提供有针对性建议。通过对 1784 份问卷调查的统计分析，本研究发现供给侧单位对科普公共服务平台的技术支持、科技资源科普化、专家库服务、科普项目活动管理、原创内容保护等方面存在强烈需求。为此，需从提供有效转化途径、强化专家库及资源库建设、注重科普活动线上化、平台内容生态治理、挖掘平台数据价值等方面综合施策、多端发力。

关键词：科普公共服务平台；科普需求；调查研究

习近平总书记指出，科技创新、科学普及是实现创新发展的两翼，要把科学普及放在与科技创新同等重要的位置。没有全民科学素质普遍

---

* 该论文被评为 2023 年科普中国智库论坛暨第三十届全国科普理论研讨会优秀论文。本文系广东省科技计划重大专项《"粤科普"公共服务平台建设方案研究》（课题编号：20211404）子项目《粤科普公共服务平台建设需求分析》阶段性研究成果之一。

** 作者：郑文丰，高级工程师，现任广东省科学技术协会事业发展中心五级职员，历任广东省科普信息中心、广东省科普中心主任。

提高，就难以建立起宏大的高素质创新大军，难以实现科技成果快速转化。[1]建设科普公共服务平台，是贯彻落实习近平总书记关于科学普及与科技创新同等重要指示精神的重要措施，是实施《全民科学素质行动规划纲要（2021—2035年）》的具体行动，是强化政府公共服务的一项重要内容，是推动公益性科普事业与市场化科普产业"两翼齐飞"的重要力量。

本研究以广东省科普公共服务平台建设为背景，对其科普公共服务平台的内容供给和平台管理方展开调研，包括广东省科普联席会议29个成员单位及其下属地级市成员单位，以充分了解和掌握科普信息供给侧单位对于科普公共服务平台的实际需求及相关意见。

科普信息具有较强的公益属性，而以政府事业单位为代表的科普信息供给单位在科技普及中具有不可或缺的作用，因此调研供给侧单位对于科普公共服务平台的需求有利于优化科普信息的传播渠道，提升科普内容生产、发布、活动管理的效能，为平台建设打下坚实基础。本研究的有关结论与建议也有利于为我国其他科普公共服务平台的建设提供有益启示。

一、相关研究综述

当前研究普遍认为我国科普工作存在有效供给不足、基层基础薄弱等问题。王翔（2016）认为，近年来，中国科普事业得到蓬勃发展，全民科学文化素质显著提高，但是也逐步暴露出服务模式单一、成本偏高、覆盖面小、公众参与度低等问题，传统科普服务难以满足公众日益增长的科学

---

[1] 习近平：《为建设世界科技强国而奋斗——在全国科技创新大会、两院院士大会、中国科协第九次全国代表大会上的讲话》，新华社，2016年5月31日。

文化需求。因此，众包生产开创大众智慧集聚共享新模式，打造科普公共服务平台成为出路之一。

过去十年，不同类型、模式的科普公共服务平台各有千秋，如何整合优势、规避劣势，是国内学者们思考的问题。2015年中国科协与百度公司开展"科普中国＋百度"战略合作，摸索出大数据时代科普公共服务的智慧化供给模式，实现了公共部门、企业与社会力量的合作供给。中国科学技术协会塑造的品牌"科普中国App"，有选题丰富、创作主体多元、把关性强等特点。学者石磊（2020）发现，早期的科普公共服务平台仍存在科普内容传播专业强度太大、科研专家缺乏公众需求主动回应、科普网站的基础条件薄弱等问题；陶贤都（2020）认为这些平台存在爆款内容不够、用户创造力不足、多渠道传播没有充分发挥联动效应等问题。针对以上问题，提出要强化科普服务供给侧结构性改革，建立平台矩阵，实现联动传播等发展策略。

从科普供给侧来看，学者借助多学科理论对科普供给展开分析，从内容、用户、传播主体、传播渠道等角度，探索当前科普供给存在的问题和改革路径。马宇罡（2021）认为从宏观来看，应该增强供给侧的组织领导和条件保障，重点加强顶层设计，营造良好生态，完善资金保障，拓展传播渠道，形成产业集群。高畅（2020）设计了科普供给效率调查问卷，调查结果发现目前中国科普供给存在部分地区科普资源投入不足，科普的地区差异、城乡差异较大和科普供需匹配度低的问题，并从提高科普供给效能、实现科普多元化供给、提高科普供需匹配程度三方面给出了供给侧路径改革建议。从组织视角来看，闫伟娜（2018）利用整合营销理论的4I模型从内容供给、盈利模式、用户管理和品牌定位等方面，满足并引导受众的科普需求。从个体视角来看，Lusito, F.（2021）认为科普工作者应该将科普视作一种"科学调解"，为了向更广泛的公众教授和普及科学，应该多考虑公众的政治和社会背景，通过信息媒体向更广大的公众传播科学。

更多的供给侧研究者信奉"内容为王"，认为供给侧应该保证科普资源稳定、高质量地输出。王亚男（2017）、王熹（2019）以科普期刊的内容重构和学术期刊运营短视频新媒体为例，发现将优质的期刊内容转化为承载内容更丰富、传播度更高的科普短视频，不仅有利于科普工作的供给侧结构性改革，更能够提升期刊的品牌及影响力，进一步促进期刊的发展。龙金晶等（2021）基于SWOT分析方法，系统梳理了我国流动科普项目的发展现状，发现展览资源研发难度大，更新速度难以满足基层多元化需求的问题，需要通过推动供给侧结构性改革，丰富流动资源储备来解决。Sheng, L.（2023）将人工智能技术引入高校科普领域，通过建立高校科普体系，实现主流内容管理，力求解决科普网站数量多而内容不鲜明的实际问题。

综上，过往文献通过考察科普供给侧在政策支持、主体动力、转化渠道、产业融合等领域存在的困境，探讨科普供给侧如何更好地满足公众的科普需求。但这些研究大多从研究者的科普经验出发，对我国的科普现状进行了理论视角的分析，较少展开大规模的量化统计。本文将借助大规模的问卷调查，对参与科普工作的一线供给侧单位进行摸底，为后续科普服务供给侧组织领导、条件保障提供数据支撑。

二、问卷与访谈设计

（一）问卷与访谈的基本情况

本文从供给侧单位的视角出发，以马斯洛需求层次理论作为理论框架设计具体的需求分析框架维度。经过文献调研、焦点小组讨论、专家论证等环节，研究者设计出了包含3个一级维度、5个二级维度的科普公共服务平台需求分析调查框架（见表1），并以此为依据设计了调查问卷和访谈提纲，主要调查供给侧单位的基础功能需求、安全需求和数据分析需求。

表1 科普公共服务平台需求分析调查框架

一级维度	二级维度	三级维度	四级维度	参考来源	问卷题项	访谈题项
基础功能	科普内容传播	科普内容生产	技术支持	任福君（2009）、刘健（2012）、芦笛（2015）、张九庆（2011）、姜联合等（2010）、《上海市促进科技成果转化方案（2021—2023年）》	题9	题1
			人才支持		题8	题12
			科技资源科普化支持		题10	
		科普内容发布	传播渠道	《全民科学素质行动规划纲要（2021—2035年）》、科普中国	题1	
			内容形式		题2	题4
		科普数据资源库管理	科普资源库管理	陆汝铃（2000）及实际调研	题3	
			专家库管理		题4	
	科普项目及活动管理	科普活动类型	科普讲座、科普大赛、科普节日、大型科普活动、科普阅读、科普研学、科普培训、科普活动进社区/乡村/校园	本研究	题5	
					题8	
					题7	
					题11	
					题12	

续表

一级维度	二级维度	三级维度	四级维度	参考来源	问卷题项	访谈题项
基础功能	科普项目及活动管理	活动管理需求	活动宣传	本研究	题13	
			活动协助			
			活动反馈			
		科普项目管理	管理服务需求	本研究	题14	
			AI技术	王黎明等（2021）、刘一鸣（2018）	题15	
安全需求	原创保护		区块链	索煜棋（2019）	题16	
			用户举报			
			原创审核	王子鹏（2021）	题17	
数据分析	数据类型	用户档案信息	学习档案			
		账号流量数据	关注量	张瑞静（2019）	题18	
			浏览量			
			搜索量			
	分析功能	自定义查询、统计、分析系统数据（图表化、H5）		蔡晓玲等（2018）	题18	题5
		数据可视化				

资料来源：作者根据相关资料整理。

（二）科普平台需求的调查情况

在研究数据获取方面，研究者经广东省科学技术协会的协助开展对供给侧单位的问卷调查，由广东省科学技术协会将印有调查问卷二维码的文件函发至供给侧单位，然后由各个单位组织内部人员填写问卷。问卷发放时间为 2022 年 3 月 21 日至 27 日。

此次调查共回收 1784 份有效问卷，问卷主要来自广州、深圳、中山、汕头、湛江、韶关等地市，覆盖粤东、粤西、粤北、珠三角四个地区，其中，珠三角 1271 份，粤东 138 份，粤北 120 份，粤西 255 份。

为了深化对调研单位科普需求的认识，研究者接连走访广东省医学会、广东省科学技术协会、江门市农业农村局、江门市教育局、江门市卫健委、深圳市各个中小学等单位机构，通过座谈会形式进行实地访谈，进一步深入了解调研单位对平台建设的实际需求。

三、科普公共服务平台的需求分析

（一）技术支持需求旺盛，内容生产技术需求尤为突出

关于在科普内容生产中所需要的技术支持，78.42% 的调研对象认为需要科普课程制作工具，73.68% 的调研对象认为需要视频制作工具，70.91% 的调研对象认为需要新媒体发布工具，比例均超过 70%。由此可见，科普公共服务平台供给侧单位的内容生产技术需求尤为突出，且相比于图文制作工具，他们对视频制作工具的需求更大。此外，图文制作工具和科学实践平台等技术需求也均超过 50%（见图 1）。可见，科普公共服务平台供给侧单位在技术方面有着广泛而旺盛的需求。

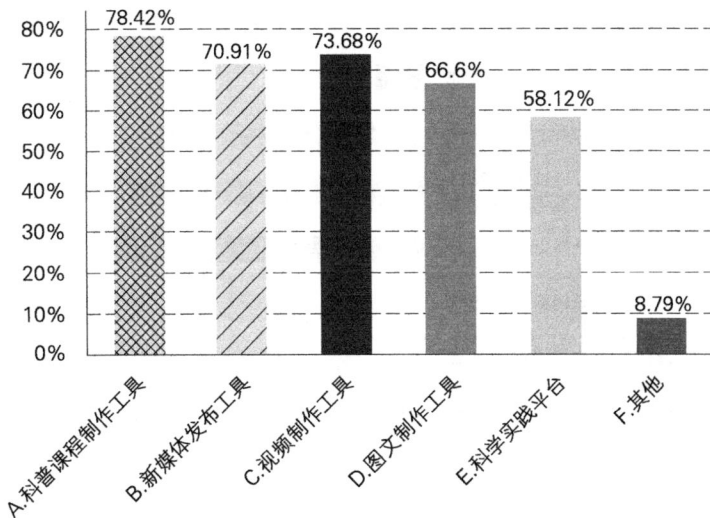

图 1　技术支持需求占比统计图

资料来源：作者根据相关资料整理。

（二）科技资源科普化需求多样，线上转化途径尤受重视

科技资源科普化就是将科技资源转化为科普资源的过程。将科技资源高效转化为科普资源能够让科技成果为更多社会民众所了解，从而拉近科学与受众的距离。《全民科学素质行动规划纲要（2021—2035年）》也明确指出科技资源科普化是"十四五"时期的五个重点工程之一，因此助推科技资源科普化是科普公共服务平台建设的应有之义。

在科技资源科普化所需要的支持方面，73.04%的调研对象希望科普公共服务平台能够通过"建立线上多功能科普展厅"助力科技资源科普化，65%的调研对象则希望通过"开展科普课程建设"来推动科技资源科普化。这说明科普公共服务平台供给侧单位尤为重视科技资源科普化的线上转化途径。同时，各受调研单位对"向公众开放科研单位实验室""依托科技资源生产多种类科普产品""为科研人员提供线上科普培训""开辟政府、社会等多种融资渠道，提供资金支持"等方式也体现出较为旺盛的需求（见图2）。

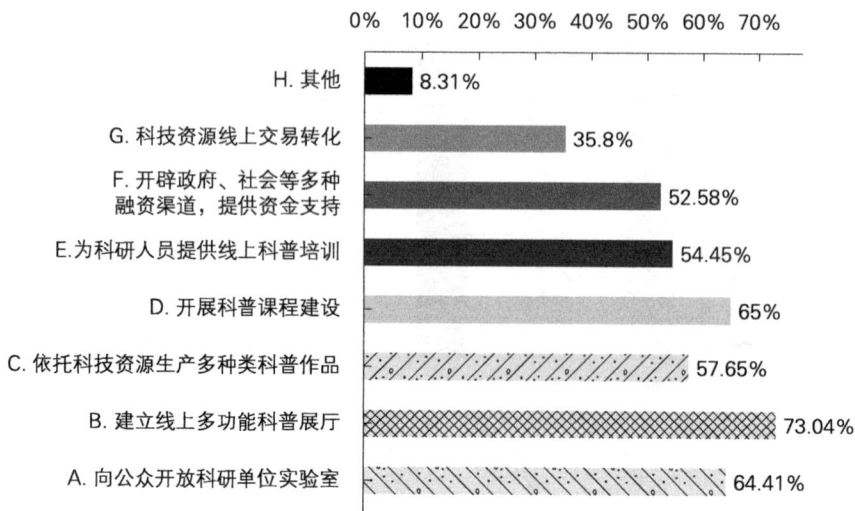

图2 科技资源科普化途径需求占比统计图

资料来源：作者根据相关资料整理。

（三）专家库服务需求突出，呼吁科普资源互通共享

调查结果显示，仅有33.14%和33.94%的受调研单位建设了科普资源库和专家库。已建设资源库和专家库的单位还面临着建设不足、资源有限等问题。因此，供给侧单位对科普公共服务平台提供专家库服务的需求尤为突出。67.82%、65.97%、65.65%的调研对象分别希望平台提供专家准入、专家选取、专家分类等服务，答案呈现均匀分布，但皆超过60%比例（见图3）。这说明未建成专家库的受调研单位对专家库建设整体有着较明显的技术需求。

对于已建成科普资源库和专家库的受调研单位来说，超半数的受调研单位支持科普资源库和专家库互通，但表示科普资源库和专家库互通仍需要进一步论证的受调研单位也均超过1/3。由此可见，大部分受调研单位的资源互通需求较为明显，对资源库和专家库互通共享持肯定态度，但在科普资源互通共享中仍存在技术、机制等方面的问题（见图4、图5）。

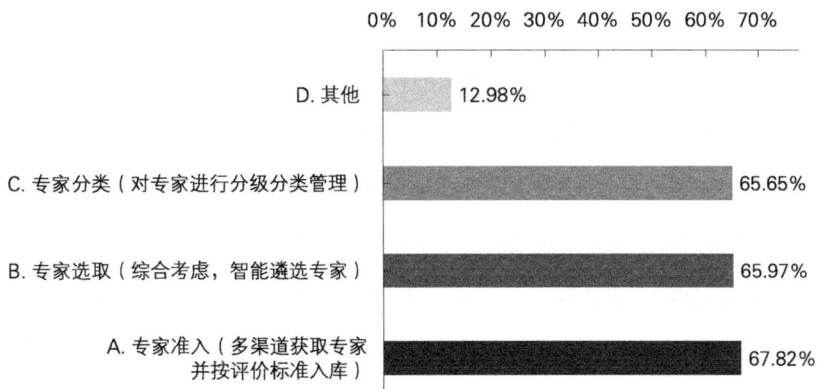

图 3　专家库服务需求统计图

资料来源：作者根据相关资料整理。

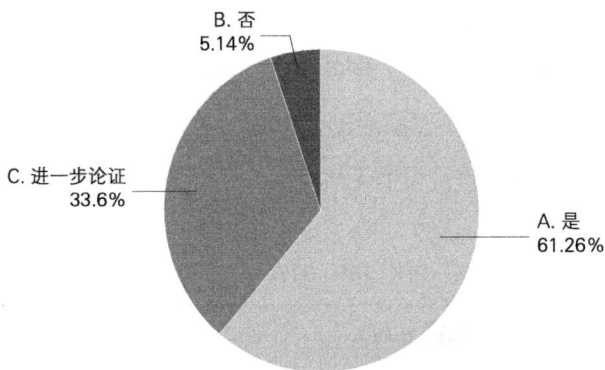

图 4　科普资源库互通意愿统计图

资料来源：作者根据相关资料整理。

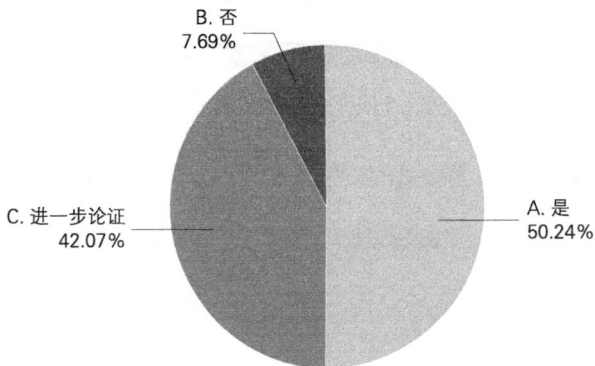

图 5　科普专家库互通意愿统计图

资料来源：作者根据相关资料整理。

（四）科普项目活动管理需求迫切，宣传需求尤为凸显

关于科普活动管理方面的需求，**84.6%** 的受调研单位希望科普公共服务平台为其举办的科普活动提供活动宣传及推荐的服务；各单位也非常希望平台能提供活动作品展示（62.28%）、科普志愿者招募（59.4%）和活动报名或预约（55.25%）等服务（见图6）。这表明各单位希望平台能介入科普活动的各个环节，为科普活动的宣传、报名、志愿者招募、作品展示、评论反馈等提供一系列服务，从而更方便各单位对科普活动进行规范化、科学化、严谨化的管理。此外，值得注意的是，受调研单位在科普活动管理方面的三大需求都属于活动前期宣传的环节。与后期活动反馈相比，受调研单位更希望提高活动的知晓度和参与度。据各单位反映，科普活动举办时常面临"公众参与热情不足""公众不了解活动信息和参与方式"等问题，这也从侧面表明了很多单位原有的宣传渠道无法满足其活动推广的现有要求。

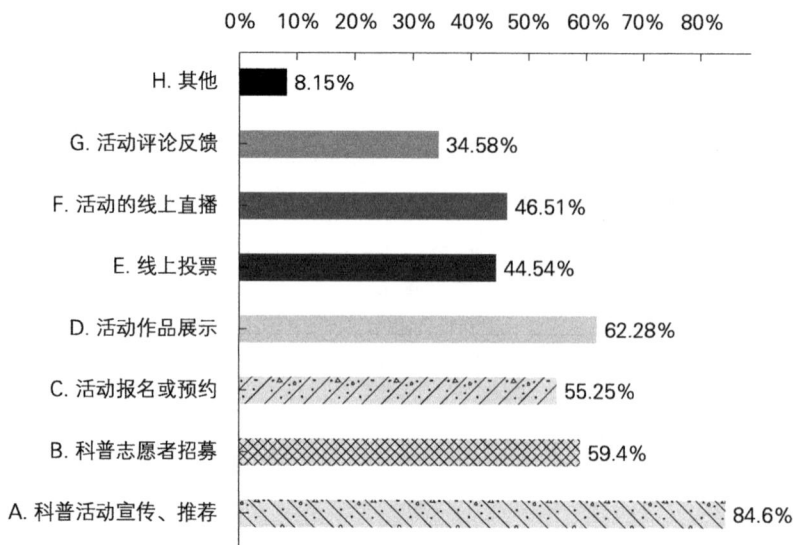

图6 科普活动流程管理需求统计图

资料来源：作者根据相关资料整理。

在科普项目管理需求方面，各受调研单位最希望平台能提供科普供需信息发布与对接服务（74.16%）；同时，在平台建立相关领域的科普资源库（64.36%）、在平台进行科普项目线上申报和审批、公示等服务（60.95%）、使用平台的科普专家库（55.41%）以及使用科普统计功能（54.4%）也符合多数成员单位的期望（见图7）。这说明在建设科普公共服务平台的过程中，要特别关注供给侧单位关于科普供需信息发布与对接方面的需求，挖掘供给侧单位科普项目从申报、审批、评审到公示等各个环节的难点，完善相关功能的设计。

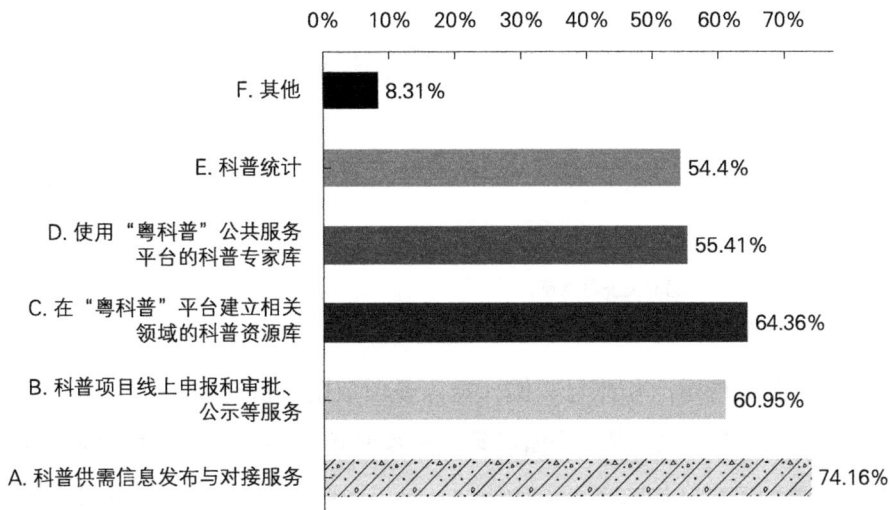

图7　科普项目管理需求统计图

资料来源：作者根据相关资料整理。

（五）科普产权意识提升，技术与机制双重保护原创内容

在原创保护方式的需求方面，表示需要通过 AI 技术保护原创内容的受调研单位占比最高，达到 81.78%，表示需要通过区块链技术保护原创内容的受调研单位占比达到 60.26%，表明各单位较为支持平台引入技术手段进行原创内容保护。此外，平台原创审核占比 65.9%，由此可以看出，各单位希望

平台在原创内容传播前便采取相应保护措施。这体现了各供给侧单位逐渐增强的科普产权意识（见图8）。他们愿意与平台共同努力，保护原创内容。

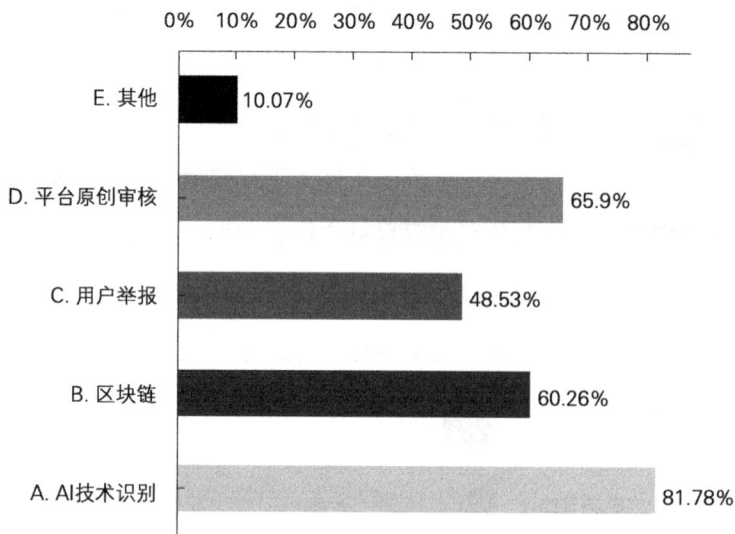

图8 原创保护方式需求统计图

资料来源：作者根据相关资料整理。

（六）重视用户和账号数据，急需多项数据分析功能

大数据时代，数据的价值亟须被挖掘利用起来。调查结果显示，各受调研单位同样认识到了数据的价值，对用户档案信息和账户流量数据的需求都非常高。在数据分析功能方面，各受调研单位也表达了对自定义查询、统计、分析系统数据等多项数据分析功能的需要。对自定义查询、统计、分析系统数据功能的需求占比均达到了60%以上，其中对"自定义查询系统数据功能"的需求占比达到了82.95%，可见受调研单位对数据查询功能的重视程度。在数据可视化方面，对数据图表化展示功能的需求占比达到64.57%，对数据H5展示功能的需求占比为46.46%，可见受调研单位更倾向于通过传统图表的方式来展示各类数据，而不是通过近来热门的H5形式来对数据进行可视化展示（见图9）。

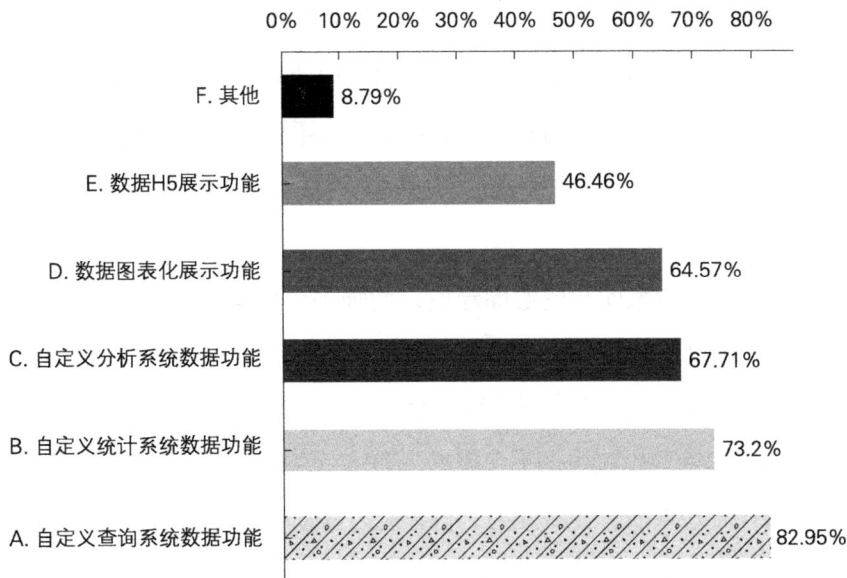

图 9　数据分析功能需求统计表

资料来源：作者根据相关资料整理。

四、对策建议

（一）提供有效转化途径，加速科技资源科普化

科技资源的有效转化途径是影响平台建立长效发展机制的关键因素。一是提供科普内容生产的技术支持，如科普课程制作工具、视频制作工具、新媒体发布工具等，助力其科普内容生产。

二是通过设立线上多功能科普展厅、科技活动日等，为科技资源转化提供展示平台。具体而言，可在日常开放线上多功能科普展厅，激发公众对科普内容的兴趣；在科技活动日动员相关科普单位参与活动，向公众免费开放科技场所和设施，同时开展各类趣味科普活动。

三是为科研人员提供线上科普培训、开辟政府和社会等多种融资渠道、提供资金支持等。通过对供给侧单位的调研发现，人才短缺和资金匮乏给科普工作的可持续发展带来较大困难，在一定程度上阻碍了科技资源科普化。

四是强化激励保障机制，推动相关科普单位积极主动开展日常科普工作。具体而言，对积极进行科普的有关单位，平台可给予流量支持，提高其科普内容曝光率，激励其科普内容创作与科技资源转化。

（二）强化专家库及资源库建设，增强平台资源储备能力

平台需要加强科普资源库和专家库的建设，以最大限度吸纳供给侧单位的数据资源库，壮大平台资源库力量。

一是专家库建设应根据平台需求，细化专家入库的基本标准和具体标准。在设计思想素质、业务能力、科普能力等基本标准的基础上，考虑专家在科普领域科研工作中的工作成效和重要性，参考国别、地域等因素，形成包括科普工作维度、行业维度、专家影响力维度、空间维度等在内的具体标准体系。基于此，有效整合科普领域人才资源，并完善专家库运行模式。

二是资源库建设应紧贴国家发展战略、着眼于满足公众需求，以拓展基层科学文化传播为目标，选取贴近公众、惠及民生的内容开发集成相关资源主题。同时，充分借助专家库人才优势，对科普资源科学性进行论证把关，确保内容权威可信、科学严谨。不断利用资源库推动各供给侧单位资源融合共享，提高科普资源利用效率。

（三）注重科普活动线下化，激发科普平台动态活力

提升供给侧单位和公众的使用体验是科普公共服务平台留存资源和增强活动效应的重要途径。

一是注重整合与呈现科普活动资源，为公众提供了解与参加各类科普活动的窗口。科普活动资源包括自主举办或与供给侧单位合作开展的科普活动。在各项活动的宣传和开展阶段，联合供给侧单位，提供线下科普活动报

名、签到、信息查询、科普商品购买等配套服务。既能强化公众的科技体验，又能增强公众对平台的黏性，促进平台科普主题活动品牌化发展。

二是开发平台一站式服务机制，为供给侧单位提供科普活动宣传和品牌建设服务。具体而言，为科普活动的宣传、报名、志愿者招募、作品展示、评论反馈等提供一系列平台管理服务，从而更方便各单位对科普活动进行规范化、科学化、严谨化的管理，从而进一步助力供给侧单位的科普活动线上化和科技资源科普化。

（四）依托现代信息技术手段，助力平台内容生态治理

伴随信息技术的迅猛发展，为促进平台健康有序运行，争取最大程度提升原创类内容的开发和传播效率。

一是借助现代信息技术，为入驻平台的内容生产者提供版权保护服务，助力内容生产者维权、构建良性发展的版权生态。以往在原创内容版权维权过程中，版权确权、维权存在成本高、周期长、效率低等多个痛点，但通过大数据、云计算、人工智能、区块链等现代信息技术手段，可以实现版权存证、侵权监测、在线取证、发函下架、版权调解、维权诉讼等多项功能，进而有效推动版权保护。

二是将技术升级作为有力抓手，深化技术在平台科普内容生态治理层面的效能。在市场中各类内容分级和过滤技术的基础上，研发符合平台调性的分级过滤技术，形成高效有序的智能监控机制，进行科普内容安全评估，审核通过后方可在平台通行，保证平台传播的科普内容科学权威。高质量内容可通过开展数据共享、流量合作等跨平台经营活动进行正能量信息的传播。

（五）挖掘平台数据价值，高效实现科普目标

挖掘数据背后的有用信息，为平台创造出更多的价值，对建成一个多

功能的科普公共服务平台来说至关重要。

一是平台应开放更多数据功能。为平台内容创作者和传播者提供数据查询、统计、分析、可视化等功能，深化平台定制数据可视化服务，不仅可以提供数据的图形表示，还允许更改表单，省略不需要的内容，用来更深入地浏览以获取更多的详细信息，了解各项科普活动和科普内容的公众参与情况和兴趣程度。

二是平台应不断细化数据服务。可将数据处理分为维度和数值，支持用户对于不同种类图表进行多维度操作显示，给予平台内容创作者和传播者更大的操作自主权，通过图形化的手段呈现相关数据。同时，针对部分数据分析，平台可提供联动功能，方便其对自身的科普工作进行总结和改进，从而实现科普内容高效传播的目标。

参 考 文 献

［1］高畅，高航.科普供给侧问题分析及改革路径探索［J］.科学管理研究，2020，38（3）：19-26.

［2］龙金晶，乐雁，李昱.基于SWOT分析的中国流动科技馆项目发展策略研究［J］.学会，2021（11）：54-58.

［3］马宇罡，苑楠.科技资源科普化配置——科技经济融合的一种路径选择［J］.科技导报，2021，39（4）：36-43.

［4］石磊，王玉超.网络环境下开展大数据科普工作的探索［J］.中国新通信，2020，22（14）：80.

［5］陶贤都，周欢."科普中国"App微视频的传播特色与发展策略［J］.科学教育与博物馆，2020，6（5）：359-364.

［6］王翔.大数据时代科普服务供给侧改革——"科普中国＋百度"的智慧化供给模式［J］.科技导报，2016，34（12）：46-48.

［7］王亚男，俞敏.新媒体环境中科普期刊的内容重构［J］.编辑学报，2017，29（2）：103-107.

［8］王熹.学术期刊运营短视频新媒体助推科普供给侧改革［J］.黄冈师范学院学报，

2019, 39（6）：139–141.

［9］闫伟娜.基于4I模型的科普期刊供给侧改革路径探索［J］.中国出版，2018
（23）：45–49.

［10］Lusito, F.Science Outside Academies：An Italian Case of "Scientific Mediation" —
From Joule's Seminal Experience to Lucio Lombardo Radice's Contemporary
Attempt.2021, Found Sci 26：757–790.

［11］Sheng, L.Popularization of science in colleges and universities in the new network media
environment based on artificial intelligence.2023, Soft Comput 27：10213–10223.

工业遗产在培育和提升公民工程素质中的地位和作用之研究：从途径角度的考察

亢宽盈 *

摘要： 文章首先阐明了工业遗产的内涵、工程的内涵、工程素质的内涵；其次，主要从途径的角度考察和分析了工业遗产在培育和提升公民工程素质中的地位和作用，着重论述了在新时代背景下，工业遗产为培育和提升公民工程素质，提供了重要的途径、形式等，工业遗产在培育和提升公民工程素质方面具有独特的价值和不可替代的功能。

关键词： 工业遗产；公民工程素质；途径；地位和作用

一、引言

近年来，工业遗产的保护和利用越来越受到人们的重视，成为一个重要的研究领域，但是人们往往只重视工业遗产的历史价值、社会价值、建筑价值、艺术价值、审美价值等，而对工业遗产的最根本价值——科学技术及工程的价值重视程度不够，尤其是对工业遗产在培育和提升公民工程素质中的地位和作用方面的研究相对薄弱。

近年来，虽然我国对工业遗产的保护越来越重视，但是仍有很多非常

---

* 亢宽盈，中国科普研究所副研究员，研究方向为科技史、科技政策、科技传播和普及等。

有价值的工业遗产没有得到必要的、应有的保护。大量的工业遗产保护现状堪忧。随着我国城镇化建设、城市改造、城市更新、城市规划的发展，以及工业布局调整、工业化转型、设备和工艺等升级换代脚步的加快，以及在企业改制的拆迁、破产和重组等过程中，许多珍贵的、有重要价值和影响力的工业厂房、机械设备等被大规模拆除，许多稀缺的、不可替代的、有重要价值的产品制造方法和技能、生产工艺和工艺流程、技术规范、操作技能以及数据记录、企业档案等被遗失、丢弃等，造成了无法挽回的损失。在现实生活中，工业遗产遗存保护的速度常常赶不上拆迁、废弃的脚步。而一些幸免于难的工业遗存、遗迹等，虽逃脱了拆除、拆毁、废弃、遗失的厄运，但也变得面目全非了，或者只剩下了个空架子、空壳子。这些都严重影响了我国工业遗产的保护和有效利用，严重地影响了我国工业遗产应有的、本来的价值和功效的发挥，等等。

针对上述几个方面的情况，本文专门研究工业遗产在培育和提升公民工程素质中的地位和作用，对工业遗产在提升公民工程素质中的地位、作用、价值和应用等进行深入的考察和研究。本文的研究一方面可以促进公民工程素质的培育和提升，另一方面可以促进工业遗产的保护和利用，充分发挥工业遗产的功能和价值，等等。

二、工业遗产的内涵

在参照已有文献资料的基础上，尤其是在《关于工业遗产的下塔吉尔宪章》（2003 年 7 月）和《无锡建议——注重经济高速发展时期的工业遗产保护》（2006 年 4 月 18 日）等国内外重要文献资料的基础上，笔者经过进一步的分析和研究，对工业遗产的定义作了进一步的补充、修正和完善，在本文中笔者给出工业遗产的定义为：工业遗产是指具有历史价值的、社会价值的、科学价值的、技术价值的、工业价值的、工程价值的、建筑价值的、文化价值的、审美价值的、环境价值的、景观价值的、经济价值的、情感价值的工业文化遗存。这些遗存主要包括工厂、车间、作坊、磨坊、仓库、店铺等工业建筑物，以及矿山、矿场、相关加工冶炼场地、提炼加工场，能源生产、转化、传输及使用场所，交通、运输和所有相关的基础设施，相关工业设备（机械、机器设备等）及其运行的科学原理、技术原理、工作原理和保养、维护、维修的方法和技能，产品的制造方法和技能、生产工艺和工艺流程、技术规范、操作技能，与工业生产相关的社会活动场所（如职工住房、教育和培训场所、体育活动场所、休闲和娱乐场所等），以及企业档案、数据记录、企业规划和发展战略、企业文化、企业精神、工业文明、企业家精神、工程师精神、工匠精神，以及企业家、工程技术人员、企业管理人员、工人、企业服务人员的品质、意志、毅力、理想、信念、理念、追求和精神等物质和非物质文化遗产。

三、工程的内涵、工程素质的内涵

（一）工程的内涵

18 世纪，欧洲创造了"工程"一词，其本来含义是有关兵器制造、具有军事目的的各项劳作，后扩展到许多领域，如建筑屋宇、制造机器、架桥修路等。

随着人类文明的发展，人们可以建造出比单一产品更大、更复杂的产品，这些产品不再是结构或功能单一的东西，而是各种各样的所谓"人造系统"（比如建筑物、轮船、铁路工程、海上工程、地下工程、航空工程、航天工程等），于是工程概念的范围得到了不断扩展，并且工程逐渐发展成一门独立的学科和技艺。

在现代社会中，"工程"一词有广义和狭义之分。就狭义而言，工程的定义为"以某种设想的目标为依据，应用有关的科学知识和技术手段，通过有组织的一群人将某个（或某些）现有实体（自然的或人造的）转化为具有预期使用价值的人造产品过程"。就广义而言，工程则定义为由一群人（或一个人）为达到某种目的，在一个较长时间周期内进行协作（或单独）活动的过程。

（二）工程素质的内涵

本文给出的工程素质的内涵为：工程素质就是公民对工程知识、工程方法、工程技能、工程思维、工程思想、工程精神、工程文化和文明等的了解、理解、掌握、运用乃至创新和创造的水平和能力。

四、从途径的角度考察和分析工业遗产在培育和提升公民工程素质中的地位和作用

工业遗产为培育和提升公民工程素质提供了重要的、有效的途径、形式、模式等，在培育和提升公民工程素质方面发挥着巨大的功能，具有非常重要的地位和作用。

在新时代背景下，可以充分地、有效地利用工业遗产，大力发挥工业遗产的可持续发展和利用的功能，可以通过工业遗产对公民进行科学技术和工程方面的教育、传播、普及、宣传或者培训等，从而培育和提升公民的工程素质。工业遗产的科技和工程传播为工程教育和工程普及以及为培育和提升公民工程素质，提供了有效的途径、重要的手段及相对廉价便捷而又实用的形式、模式，扩展和丰富了工程传播、工程教育、工程普及以及培育和提升公民工程素质的资源的范围和内容，而且在一定程度上对于缓解我国工程传播、工程教育、工程普及在东部中部西部之间发展不平

衡、在城乡之间的差异、在内地和沿海之间的差异、高质量的工程教育资源不充分等问题具有重要的意义和作用。

在分析研究、归纳总结的基础上，本文得出工业遗产主要在以下几个方面为培育和提升公民工程素质提供了重要的、有效的途径、形式、模式等。

（一）把工业遗产开发为工业（或工程）科学技术博物馆、专题博物馆、科技馆乃至科学中心等

可以根据工业遗产原有产业及产品性质等，充分利用工业遗产的资源，把工业遗产开发为各种门类的、专门的（或包含工业遗产在内的）工业或者工程科学技术博物馆、专题博物馆、科技馆乃至科学中心，或者设立各种门类的厂史展览馆或展示馆、企业纪念馆等；或者把工业遗产开发为科普教育基地等；同时把对工业遗产的保护和利用纳入公共科普服务体系，特别是纳入科普基础设施建设规划等。这样，就可以通过上述的途径、手段、方法等，利用工业遗产对公民进行科学技术和工程方面的教育、传播、普及、宣传或者培训等，从而培育和提升公民工程素质，进而实现和发挥工业遗产在培育和提升公民工程素质方面的重要作用和重要地位。

科学技术工业（或工程）博物馆是我国科技馆未来发展的一个重要方向，可以通过对工业遗产的积极改造和再利用，加快我国专题类科技博物馆的建设，打造城市或城镇的工业文化与科学名片、技术名片、工程名片、工业名片，从而进行工业遗产的科学技术和工程的教育、传播、普及、培训等，培育和提高公民的工程素质，实现和发挥工业遗产的培育和提升公民工程素质的功能。比如，可以把淘汰的或弃用的火车站或厂房、仓库、厂址、场地等建设成为展示火车或铁道的专题类工业或工程博物馆；可以把淘汰的或弃用的纺织厂房建设成为展示古代服饰、民族服装、现代服装和国际时装的专题类服装博物馆，或者改建成展示纺织技术，进行纺织技术传播、教育和普及的博物馆，等等。利用工业遗产建设科技工业（或者工程）博物馆乃至科学中心，一是可以解决中心城区或者中心城镇的科技馆用地困难，二是可以改变目前我国科技工业（或者工程）博物馆弱化的状况，三是有利于解决我国科技馆众馆一面、同质严重的问题，从而实现科技馆、博物馆的差异化和多样性的良性发展。

将工业遗产开发为工业或者工程科技类博物馆、科技馆，那么与普通博物馆、科技馆相比有其特殊的优势：工业遗产的科学技术和工业及工程价值可以通过博物馆、科技馆的形式更加直观、形象和生动地体现出来，这比书本上、档案资料上的东西更有活力，更加吸引公众，这类博物馆、科技馆可以在培育和提升公民工程素质方面发挥更大的功能。

比如，中国铁道博物馆正阳门馆就是目前国内比较典型的由工业遗产改造的工程科技类博物馆。中国铁道博物馆现有三个展馆：正阳门馆、东郊馆、詹天佑纪念馆。正阳门馆是中国铁道博物馆的主馆，位于首都北京天安门广场东南角，是在具有百余年历史的原"京奉铁路正阳门东车站"旧址上改建而成，于 2010 年 10 月开馆。正阳门馆是北京市科普教育基地，北京市爱国主义教育基地。中国铁道博物馆正阳门馆以"中国铁路发展史"为基本陈列内容。馆内运用大量文物和翔实的图片史料，并采用集声、光、电于一体的模拟驾驶舱体验，多媒体触摸、沙盘演示等手段，全面反映中国铁路发展的历史轨迹。正阳门馆内部建设大气恢宏，建筑面积达 9485 平方米，展厅内容分为蹒跚起步、步履维艰、奋发图强、长足进步、科学发展的中国铁路五个部分；涵盖了从清朝末年至今 140 余年的历史；展现了中国铁路从无到有，从弱到强的发展历程。中国铁道博物馆正阳门馆以其特殊的地理位置、厚重的铁路历史、丰富的藏品和展品、丰富的文化内涵等已经成为我国对学生和公众进行"铁道工程""铁路文化"方面的教育、传播、普及与宣传的非常重要的场馆。该博物馆在工程传播和工程教育、普及以及培育和提升公民工程素质方面发挥了重要的作用，对于培育和提升公民工程素质具有重要的地位、作用和意义。

（二）设立工业遗址公园

设立工业遗址公园，对公民进行科学技术和工程方面的教育、传播、普及、宣传或者培训等，可以有效地培育和提升公民工程素质，从而实现和发挥工业遗产在培育和提升公民工程素质方面的功效。

对于大型和特大型工业遗产的保护，设立工业遗址公园可以成功地将旧的工业建筑群保存于原来的、已有的环境之中，从而达到整体保护的目的。这就要对工业遗址公园及其环境进行统一设计和规划，努力创造和设计出既属于现在和未来，同时也记录和体现过去工业成就的空间形态，在传统中融入新的形式和功能，使工业遗址公园充满浓厚的科技和文化气息。工业遗址公园内几乎所有的景观都可以向公众开放，通过引导式通道、视听同步装置、位置图、出版物、光盘、广播、无线 WiFi、用手机扫二维码等方式，逐步对眼前的工业遗产进行讲解和说明，对公众和学生进行工业遗产的科技和工程的教育、传播、普及，从而培育和提高公民的工程素质，实现和发挥工业遗产的培育和提升公民工程素质的功能和价值。比如，传统工业区往往依托天然的地理位置（例如，道路、天然河流或运河、地形和地势、林木、草坪、区域、行政区的划分等）形成规模布局，因此可以结合这些地区的整治或规划，依托其自然资源和人文资源，把厂房、机器设备、生产线、产品、仓库、商铺和其他历史遗存等整体保存下来，形成工业景观与自然风光、城市风光交相辉映的文化景观带，把"锈带"变成"秀带"。

可以将那些具有典型性的工业遗址作为展现科技和工程的发展历程与保留历史记忆的载体，以工业遗产主题公园的形式保留下来，这样不仅有利于工业遗址生态修复、循环利用、可持续利用，还对城市生态与经济的可持续发展有着重要的影响；更重要的是，工业遗产主题公园还可以促进科学技术和工程的教育、传播和科普的开展，促进公民工程素质的培育和提高。公园中废弃的工矿、旧设备、生产线和工业空置建筑是旧的生产方式的标志物，有满足怀旧、深度体验，或者探险等需求的潜力。人们穿梭在旧工业厂房、旧机器、旧生产线中，可以见证工业技术和工程辉煌与变迁或者衰败及再生、重生的历史，完成一段跨越时空的科技与工程之旅，从而促进工业遗产的工程教育、工程传播和工程普及，实现和发挥工业遗产的培育和提升公民工程素质的功能。

　　比如，首钢工业遗址公园就是把首钢集团原先在北京的生产基地整体保留了下来，而在此基础上建造成的工业遗址公园。首钢集团已经在外地重建了新的生产基地。首钢工业遗址公园位于北京石景山永定河的第一大湖——莲石湖。北京石景山区按照永定河的自然流向，由北至南分为三段区域，建设成 3 个主题公园，其中中段区域即首钢地区，建设成总面积 70 万平方米的首钢滨水公园——首钢工业遗址公园。首钢工业遗址公园 2018 年 1 月入选第一批中国工业遗产保护名录。首钢工业遗址公园几乎完整地保留了首钢集团原先在北京的生产基地中的机器设备、生产线、厂房、仓库，等等，比如，完整地保留了炼钢的高炉、转炉、冷却塔、煤气罐、焦炉、料仓；运输廊道、管线，铁路专用线，机车、专用运输车；龙烟别墅；等等。首钢工业遗址公园是"国内保存最完整、面积最大的钢铁工业生产厂区"。首钢工业遗址公园中的高炉、转炉、冷却塔、焦炉、料仓、铁轨、烟囱等标志性工业设施已经成为公园中的炼钢工程特有的景观符号，并形成了独具特色的城市工程景观和人文景观。首钢工业遗址公园内的冷却塔被改建成了首钢滑雪大跳台，成为 2022 年（北京）冬季奥运会滑雪大跳台的场地。这样，旧的工业遗产有了新的形式，有了新的用途、作用和功能，同时又保留了旧有的遗存、旧有的精神。新旧的形式和结构同时存在，承担各自不同的功能和任务，形式和功能的对比是过去与现代的对白、交融及和谐。公众参观首钢工业遗址公园时，穿梭在昔日高大的、雄伟的、粗犷的炼钢高炉、转炉、冷却塔、焦炉、料仓等之间，仰望着它们，给人以视觉上和心灵上深深的震撼和巨大的、强烈的冲击，使人流连忘返。首钢工业遗址公园在向公众进行炼钢工业和工程的教育、传播和普及方面，以及在培育和提高公民工程素质方面发挥了很好的作用。

（三）把工业遗产开发成文化创意产业园区

针对工业遗产建筑所特有的历史底蕴、想象空间、科技和文化内涵等，把它改造成为激发创意灵感、吸引创意人才、集聚创意产业的文化创意产业园区，开展产品研发设计、科学技术和工程的教育和普及、艺术创作、休闲娱乐等，从而对公众进行科学技术和工程的教育、传播、普及、宣传等。这样既体现了工业遗产的特色，实现和发挥了工业遗产的培育和提升公众工程素质的功能，又使公众得到了游憩、观赏和娱乐等。

比如，位于北京市的"718联合厂（华北无线电联合器材厂）（798艺术区）"就是把工业遗产改造成了文化创意产业园区。2018年1月27日，"718联合厂（华北无线电联合器材厂）（798艺术区）"入选"中国工业遗产保护名录"。

20世纪50年代初，苏联对中国实施一项援助，建造"718联合厂"，又称华北无线电零部件厂。718联合厂下分718、798、706、707、797、751厂和11研究所。当年建设718联合厂的款项来自民主德国对苏联的战争赔款，设计者也来自民主德国。718联合厂集当时全东德的电子工业力量，包括技术、专家、设备生产线，完成了这项带有乌托邦理想的盛大工程，718联合厂116.19万平方米的总面积及其建筑工艺在当时的亚洲首屈一指，它的为数众多的包豪斯风格厂房世界罕见。718联合厂是新中国建设的第一个大型现代化元件厂，于1951年建成。718联合厂的开工生产标志着中国终于有了自己的电子元件工业；它是我国半导体材料、半导体器件、人工水晶最早投入工业生产的厂家之一；它产量最高时元件产量占全国总产量的 1/4，军品的 1/2。中国第一颗原子弹的许多关键元件和第一颗人造卫星的许多重要零部件均产于 718 联合厂。许多老北京人都记得，这是一个"进厂必须查三代"的神秘工厂。

718 联合厂的衰落始于 20 世纪 80 年代末 90 年代初。到 21 世纪初，这个企业基本处于停产、半停产状态，70% 以上的车间停止运行，职工从 2 万人递减至不足 4000 人。

718、798、706、707、797 厂已合并为北京七星华电科技集团有限责任公司；751 厂独立经营；11 所于 1960 年分出，现为华北光电技术研究所。这三家企业直属于原电子工业部，是 798 艺术区的产权方。

718 联合厂是"中国工业遗产改造为艺术区的典范"。718 联合厂在对公众进行无线电工业和工程的教育、传播和普及方面发挥了一定的作用。718 联合厂的主要遗存有：包豪斯风格厂房，仓库，轨道、蒸汽机车，煤气发生器，东德制机器设备、精密仪器、办公设备等，以及大量文献、影像资料等。但是，由于 718 联合厂主要保留了当时的厂房、仓库、管道等，而保留的机器设备和精密仪器并不多，现在遗留下来的绝大多数的厂房、仓库里面并没有当时的机器设备和精密仪器，这极大地限制了 718 联合厂在对公众进行无线电工业和工程的教育、传播和普及方面本来应有的作用和功能的发挥。718 联合厂虽然是"中国工业遗产改造为艺术区的典范"，在艺术的传播和发展方面取得了很大的成功，但是它在科学技术和工程、工业的教育、传播和普及方面却不算是成功的案例。以后，当把工业遗产改造成文化创意产业园区时，应该吸取 718 联合厂的教训，尽可能多地保留有价值的、重要的机器设备、生产线、精密仪器、生产工艺等，而不能只保留厂房、仓库。

总之，可以通过许多途径、手段、方法等，利用工业遗产向公民进行科学技术和工程的教育、传播、普及，培育和提升公民的工程素质，实现和发挥工业遗产在培育和提升公民工程素质方面的重要作用，提高工业遗产在培育和提升公民工程素质方面应有的地位。

五、结语

工业遗产是文化遗产中重要的、不可或缺的组成部分和内容，是工业文化和文明、工程文化和文明的载体，是科学技术物化的成果，是科学技术和工程发展的物证，是人类科学发现、科学进步、技术发明、技术创新、工程设计、工程建造、工程运营等的重要见证，它记录了科学发展、技术创新、工程变迁和发展的轨迹，见证了科学技术发明、工业活动、工程建设对历史和今天所产生的深刻影响。工业遗产是工业文化和文明、工程文化和文明的历史体现，是记录一个时代科学技术进步，工程技术、产业水平，经济、社会的发展等方面的文化载体，承载着宝贵的物质价值和精神价值。在新时代背景下，工业遗产为工程的教育、传播、普及，提供了重要的、有效的途径、形式、模式等，工业遗产具有极其重要的、丰富的、独特的、不可替代的工程教育、传播和普及的功能、价值和意义，它对于培育和提升公民的工程素质发挥着重要的、独特的、不可替代的作用和功能，在培育和提升公民工程素质方面具有极其重要的地位，值得人们关注和更进一步地深入研究。

参 考 文 献

［1］工业遗产之下塔吉尔宪章［J］.建筑创作，2006（8）：21-26.

［2］无锡建议——注重经济高速发展时期的工业遗产保护［J］.建筑创作，2006（8）：19-20.

［3］单霁翔. 关注新型文化遗产——工业遗产的保护［J］. 中国文化遗产，2006（4）：
　　　11–15. 30–33. 41–45.

［4］寇怀云. 工业遗产技术价值保护研究［D/OL］. 复旦大学博士论文，2007.

［5］陈凡，吕正春，陈红兵. 工业遗产价值向度探析［J］. 科学技术哲学研究，2013
　　　（5）：75.

［6］刘翔. 文化遗产的价值及其评估体系——以工业遗产为例［D］. 吉林大学硕士论
　　　文，2009.

［7］叶晓颖，韩福文. 中国工业遗产保护与普及教育探析［J］. 经济研究导刊，2009
　　　（13）：200.

［8］季宏，徐苏斌，青木信夫. 工业遗产科技价值认定与分类初探——以天津近代工业
　　　遗产为例［J］. 新建筑，2012（2）：28–33.

［9］陈康衡. 历史教学要重视保护工业遗产的教育［J］，历史教学（上半月刊），2014
　　　（7）：69–72.

1995年科普主题季谈会及其影响

李 磊[*]

摘要： 本文以1995年"进一步加强北京市科学技术普及工作"为主题的第八次季谈会发言材料汇编为基础，从季谈会召开时的科普工作状况出发，系统梳理了专家们提出的科普具有重要的社会功能、学习借鉴国外先进科普理念、提高科普工作者社会地位、发挥大众传播媒介科普功能、顺应市场经济普及新技术等方面的主要观点，归纳总结了推进全市科普工作法治化、建立有效科普网络、加强科普基础设施建设、加强重点人群科学普及、评选表彰优秀科普工作者等专家建议，并根据市领导在季谈会上的讲话，对照北京市贯彻实施意见及随后的科普工作进展，特别是实现人的现代化的内在本质要求，分析阐述了此次季谈会在当时的重要价值和对当前全民科学素质建设工作的启示意义。

关键词： 科普；季谈会；中国式现代化；全民科学素质

1994年12月，中共中央、国务院发布了《关于加强科学技术普及工作的若干意见》，这是我国科普事业发展历程中的一份纲领性文件，从指导思想、组织机构、范围、内容、手段、重点等13个方面对进一步加强科普工作进行了全面部署，并明确要求各级党委和政府研究制定具体实施办法。北京作为首善之区，科普工作理应走在全国前列，如何贯彻落实好党中央、国务院的文件精神，因地制宜提出创新性举措，是值得关注和研

---

    * 作者：李磊，北京市科协宣传文化部二级调研员。

究的重要课题。

2023 年是北京市科学技术协会（简称"北京市科协"）成立 60 周年，在筹备 60 周年主题展、查阅北京市科协档案资料时，笔者发现了一份 1995 年 5 月召开的以"进一步加强北京市科学技术普及工作"为主题的第八次季谈会发言材料汇编。季谈会是"科学技术专家季谈会"的简称，是北京市科协组织高层次专家学者与市领导面对面沟通，直接提出意见建议的重要形式。举办科普主题的季谈会，充分体现了党和政府、社会各界对加强科普工作的高度重视，对这次季谈会的专家发言内容进行研究和解读，不仅有助于了解当时科普工作面临的机遇和挑战，而且对当前全民科学素质建设工作具有借鉴意义。

一、季谈会召开背景

1994 年，党中央、国务院为"把经济建设真正转移到依靠科技进步和提高劳动者素质的轨道上来"，建设社会主义物质文明和精神文明，印发《关于加强科学技术普及工作的若干意见》。北京市科协组织了部分科学家进行座谈，并召开了市科协主席办公会。大家认为，在市委、市政府领导的关心支持和广大科技人员的辛勤努力下，北京市科普工作取得了令人瞩目的成就，科普事业有了长足的发展。但是，与首都作为政治中心、文化中心的特殊地位和经济、社会发展的需求相比，仍有较大的差距，主要反映在各级领导对科普工作的重视程度有所下降；科普阵地、科普队伍日渐萎缩；反科学、伪科学活动频频发生；迷信、愚昧活动有所抬头，在一些地区日趋泛滥。为改变这种现状，北京市科协制定了"关于加强科学技术普及工作的决定"，于市科协四届四次全委会通过。同时，在科学家们的建议下，组织筹备了以"进一步加强北京市科学技术普及工作"为主题的科学技术季谈会。

1995 年 5 月 10 日下午，在北京科技活动中心召开了第八次科学技术季谈会，张开逊等 9 位科普专家与胡昭广副市长及市政府有关部门的领导进行了座谈。这是一次在关键时间节点组织召开的高层次的专家座谈会。第一，这次季谈会是在中共中央、国务院《关于加强科学技术普及工作的若干意见》刚刚发布，北京市的贯彻实施方案正在研究讨论、酝酿拟定的时间召开的，可谓恰逢其时；第二，季谈会是专家学者与市领导面对面沟通，是全市最高层级的专家建言献策方式，意见建议能够直接服务领导决策；第三，这次季谈会由市科协精心组织，专家来自中央和市属高校、科研院所、新闻媒体、社会组织，专业涵盖计算机、自动化、天文学、农学、科普理论研究等多个领域（见表 1），可以说代表了首都科技界的智慧和心声。

表 1　第八次季谈会发言专家情况一览表

序号	专家	简介
1	张开逊	原机械工业部自动化研究所研究员、中国发明协会副会长、北京市科协副主席
2	袁正光	中国科普研究所所长、中国科学技术与社会发展研究中心主任、中国科学技术讲学团教授
3	卞毓麟	中国科学院北京天文台天体物理学家、中国天文学会常务理事、北京天文学会学术委员会主任
4	谭浩强	全国高等学校计算机基础教育研究会理事长、北京自动化学院原院长、教授
5	冯长根	北京理工大学力学工程系教授、中国科协常委、北京市科协副主席、中国青年科技工作者协会副会长
6	黄寿年	中国科普作协副秘书长、北京科普作协副理事长兼秘书长、北京市科协原科普部部长
7	曾晓光	北京市农工商总公司副总农艺师、北京农学会副理事长、北京农业工程学会副理事长
8	杨思谅	北京自然博物馆副馆长、研究员，北京动物学会秘书长
9	陈祖甲	人民日报主任记者、北京科普记者编辑协会副理事长兼秘书长

资料来源：作者根据相关资料整理。

二、专家主要观点

季谈会九位专家围绕加强科普工作主题，从进一步认识科学普及的社会功能、发达国家科技发展与科普工作状况、发挥科普工作者重要作用、大众传播媒介科普功能、社会主义市场经济条件下如何开展科普工作等诸多方面进行了阐述。虽然他们来自不同单位，专业领域各异，但许多观点相近，能够相互补充印证，归结起来分为以下几个方面。

（一）科普具有重要的社会功能

专家在发言中，首先对科学普及进行阐释，对其社会功能进行分析。黄寿年认为，科学普及是科学技术通向人类社会的桥梁，是科学技术与人类社会相互作用的产物。如果把科学普及看作一种社会现象的话，科学普及便是以时代为背景、以社会为舞台、以人为主角、以科技为内容的一台"现代文明戏"。袁正光（1995）认为，科学普及是科学技术自身发展以及科学技术转化为生产力的关键环节，有其自身的规律和机制。一项新的科学发现或技术发明，一经诞生就有两个强烈的趋势，一是普及传播，二是渗透。

卞毓麟（1995）以 1994 年彗木碰撞事件的宣传、普及为例来说明如果能够科学预判、措施得力，不仅能够避免迷信和恐慌现象，而且能够进一步取得公众的理解和支持；反之，像 1995 年"闰八月"事件，科普工作不及时，就会出现"闰八月"谣传，影响社会安定。张开逊（1995）认为，科学普及对社会发展有四个方面的影响：第一，科学普及直接关系劳动者的素质；第二，科学普及影响各个领域、各个层次领导者的决策；第三，科学本身是引导人们进取向上、使社会安定的一个非常积极并具有强大凝聚力的因素，同时，它又在很深的层次上影响法制和道德，是精神文明的重要内容；第四，科学普及能够使人们更安全更健康更文明地生活，更有效地抵制愚昧、迷信和伪科学。

（二）学习借鉴国外先进科普理念

科技发展与科普工作比较先进的国家和地区，是我们学习追赶的对象，得到了专家们的高度关注。美国旧金山科学宫、法国巴黎科学宫举世闻名，不仅在促进基础教育、国民教育上起到了积极作用，同时也成为著名旅游胜地，是国家科学形象的重要象征。自然科学类博物馆在社会发展中具有重要作用，1960 年到 1963 年，美国每隔约 3 天就有一座新的博物馆诞生。1951 年至 1971 年，日本博物馆的数目增加了一倍，到 1988 年已达 1500 多家。英国仅环境部每年花在兴建各类博物馆上的金额就有 1 亿英镑之多。不少国家的首脑和政府领导人往往兼任博物馆董事会的最高荣誉职务并亲自参加博物馆的重大活动。

专家举例介绍了西方国家比较先进的科普理念。比如，德国有一家冰棒厂，冰棒包装纸上可以看到一个有趣的问题，吃完可以看到答案，其效益远远超出其他冰棒厂。再如，美国影片《蓝色霹雳号》在边讲故事边表演的过程中把最先进的多媒体技术展现给了观众，有人把这一现象称为"美国科普方式"。在美国有专门的机构组织学校、研究所、新闻界共同研究如何写好科普文章。国外许多科研机关和高等院校将每年的科研项目提要印出来，提前供给报纸、电台，不仅新闻界有推广科普的责任，政府也设立专门机构具体负责。

（三）提高科普工作者社会地位

专家提出，科普工作是直接影响全民族的科学文化素质的大问题，它既影响精神文明建设，也影响物质文明建设，需要大声疾呼。要真正祛除"科普工作水平低、不能登大雅之堂""科普工作只见投入不见产出""科普工作是软任务，无指标、无期限"等错误观念，为科普工作和科普工作者"正名"。

卞毓麟（1995）以自己在艰难条件下仍在倾心科普事业为例，希望把加强科普工作落到实处，要了解科普工作者的甘苦，努力为他们创造工作环境和工作条件。要把"科普人物"的宣传搞好搞活，搞出水平、搞出特色、搞出成绩、搞出影响来，帮助他们实现为国家、为社会作出更大贡献的夙愿。

（四）发挥大众传播媒介科普功能

专家认为，大众传播媒介应该在科学普及工作中承担重要角色。北京的科研单位、高校很多，要形成一种机制，形成一种宣传科研项目的风气，要向大众和全社会推广、传播科学技术。建议新闻传播媒体每天、每周都要刊登科普文章，科技工作者也应当责无旁贷地帮助新闻工作者搞好科普宣传，可以适当组织在校中学生、大学生利用寒暑假深入到新闻单位，了解科普宣传的需求，把科普文章写出来。

要关心重视科技编辑记者。北京科普记者编辑协会有 400 多名会员，包括中央和北京市报纸、杂志、电视、广播等工作人员，报道科技新闻、创作科普作品，同科技记者、编辑息息相关，能让这支队伍充分发挥作用，可以有力地促进科普工作。

（五）顺应市场经济普及新技术

20 世纪末，我国正在加快建设社会主义市场经济。专家认为，这正是科普工作求之不得的传播渠道和理想的运作方式。80 年代初，北京市科协倡导搞"科普一条街"，就是把商店里的商品宣传知识化、科普化，比如开辟橱窗介绍商品相关的科技知识，不仅可以提高附加值，还可以进一步刺激市场、形成良性循环，促进商品的增值效应，一个宏大的、富有生机、社会化的大科普，便会蓬勃地开展起来。

科普工作要有声势、有目标、有重点，当前要突出抓好计算机的普及。计算机知识是人类"第二文化"的观点已为大多数人所接受。要和国际接轨，必须解决计算机管理问题，现在计算机是作为"文化"来普及，作为工具来使用的。通过农业推广新的技术基础是农业信息系统和传播媒介，信息革命已为农业推广开辟了巨大的应用前景。农业试验站是普及先进农业科学技术的主要阵地，计算机系统加上遥感技术和电化教育，可以形成一个完整的信息系统，通过联网服务，能够向农村用户提供科技成果、专家咨询、土壤肥料、病虫防治、产量预测及市场状况等全方位服务。

三、建议与回应

季谈会上，专家面对面地向市领导提出意见建议，直接服务科学决策。专家们都充分意识到这是个难得的建言献策的机会，深入浅出、旁征博引地论述自己的观点，就是为了把自己的建议能够建立在扎实的基础之上，更具说服力。特别是不同领域专家的一些建议殊途同归，就更体现出加强科普工作的必要性和紧迫性。

一是推进科普工作制度化、法制化，建立有效的科普网络，所有的机构和工作部门都要把科学普及作为自己的职责和义务。二是制定相应政策制度，鼓励科学家直接参与科技传播媒介工作。鼓励企业赞助社会公益性科普事业，对赞助单位适当减免税收。三是系统地研究首都的科普基础设施问题。支持群众团体组织各种科技周、科技月活动，结合重大专题、重大事件，有计划地组织影响深远的科普活动。四是面向领导干部、青少年、农民等重点群体加强科学普及。编写通俗易懂的计算机普及教材，有计划分期分批进行计算机培训。推动教育体制改革，进一步加强青少年科普教育。将农业试验站（场）建设纳入首都城市建设规划，建立农业推广信息系统。五是评选、表彰、宣传北京市优秀科普工作者，设立常规性奖项。积极筹措"北京市科学技术普及基金"，设置"科普创作基金"，繁荣科普创作。

胡昭广副市长在季谈会上对专家建议给予积极回应：应该把科学普及工作提到一个更高的层次上去认识，我国经济第二次转移就是要把经济建设工作转移到依靠科学技术进步和提高劳动者素质的轨道上来，要靠教育，靠科学技术的普及。针对北京市的具体情况，像天文馆、自然博物馆、农业试验站的扩建、重建和设置问题，看看哪些问题需要专题研究，并加以解决或改善。新闻界是一支极为重要的力量，应该把新闻界的朋友们充分组织起来。今年（1995 年）就可以着手实施对先进科普工作者或优秀科普作品进行表彰，在社会上要有影响。要把专家们的意见系统地集中起来，争取在每一次季谈会之后都能产生实实在在的效果。

1995 年 7 月 21 日，《中共北京市委、北京市人民政府关于贯彻〈中共中央、国务院关于加强科学技术普及工作的若干意见〉的通知》发布，提出了全面加强北京市科学普及工作的十二条措施，仔细研读都能看到季谈会专家们的建议或观点。例如，建立科普联席会议制度；增加科普资金投入；每年 5 月举办"北京科技周"活动；各新闻、出版、音像制作等部门要增加科普宣传内容；设立"北京科学普及奖"；办好"农村致富技术学校"和"农业技术推广站"，对优秀科普工作者予以表彰和奖励；等等。1999 年 1 月，《北京市科学技术普及条例》正式施行，北京市科普工作进一步驶入法制化、制度化的轨道。

四、意义与影响

从 1992 年到 2009 年，北京市科协共组织召开了 34 次季谈会，内容主要围绕城市规划、中关村发展、工业、农业、能源、水资源、环境保护、安全减灾等首都经济社会发展的重要方面，共有64位（次）市级领导和260多位（次）高层次专家出席，是北京市政府工作报告中多次提及的高层次、高水平的科协系统决策咨询活动品牌。科普主题季谈会上的专家建议，不仅在北京市的贯彻实施意见和随后的科普工作中得到了充分体现和落实，而且对当前全民科学素质建设工作也有借鉴和启示意义。这既是专家学者对科普发展规律的洞察，也是我国科普事业蒸蒸日上的发展形势使然。

（一）科普是提高全民族科学文化素质，实现人的现代化的必然要求

季谈会上专家们一再呼吁，科普工作是全方位、多层次的工作，是面向一切人群的工作，对社会发展、社会稳定具有重要影响。"如果有一个人，他不懂计算机，不会使用计算机，应当说他还不是一个现代知识分子"。科普工作是分层次的，既包含许多基础性的普及工作，也包括许多较高水平的普及工作，既影响精神文明建设，也影响物质文明建设。如果说在20世纪90年代，不掌握计算机就不算现代知识分子的话，随着科学技术迅猛发展，创新创造日新月异，科技无处不在，具备基本科学素质已经成为一个人在现代社会生存发展的基本要求。党的二十大提出，以中国式现代化全面推进中华民族伟大复兴。中国式现代化是物质文明和精神文明相协调的现代化，归根到底是人的现代化。通过提升人的科学素质，促进人的全面发展，进而助力实现人的现代化，这是新时代的必然要求，是对中国式现代化特征的准确把握和开拓实践，也是新时代科普工作的光荣使命和神圣职责。

（二）树立"大科普"理念，构建全社会共同参与、协同推进的社会化科普发展新格局

季谈会上专家们从不同层面多次提出，科普工作应该制度化、法制

化，所有的机构和工作部门都要把科学普及作为自己的职责和义务，鼓励企业赞助社会公益性科普事业。应该建立有效的科普网络，使科普工作进入每一个部门，一直达到基层。正如季谈会专家们所希望的，全民科学素质建设受到党和国家高度重视。2002 年，世界上第一部规范科普工作的专门法律《中华人民共和国科学技术普及法》颁布；2006 年《全民科学素质行动计划纲要（2006—2010—2020 年）》和 2021 年《全民科学素质行动规划纲要（2021—2035 年）》相继发布，充分展示出科学素质建设"一张蓝图绘到底"，科普工作已经融入经济社会发展的各领域、各环节，已经形成了"党的领导、政府推动、全民参与、社会协同、开放合作"的"大科普"工作机制。

（三）科学普及与科技创新两翼齐飞，将新技术应用作为科学普及的重要外延

科学普及是科学技术通向人类社会的桥梁，是科技创新的土壤。科技进步为科学普及提供新的生长点，使科普工作具有鲜活的生命力和浓厚的社会性、时代性。季谈会上专家们强调，科普工作要有声势、有目标、有重点，当前要突出抓好计算机的普及，推进农业信息系统建设。专家们的观点当然具有时代的烙印，但他们提出的科学普及和科学技术相辅相成，科学普及要把新技术应用作为重点仍具有重要意义。2022 年 9 月，中共中央办公厅、国务院办公厅印发《关于新时代进一步加强科学技术普及工作的意见》，这是对习近平总书记"要把科学普及放在与科技创新同等重要的位置"[1] 重要论述的贯彻落实，对新时代科普工作进行了全面部署，体现了推进中国式现代化对科普的时代要求和战略谋划。2023 年 5 月，中国科

---

[1] 习近平：《为建设世界科技强国而奋斗——在全国科技创新大会、两院院士大会、中国科协第九次全国代表大会上的讲话》，新华社，2016 年 5 月 31 日。

协推出"智慧科协 2.0"平台，努力建设智慧便捷、泛在可及、公平普惠的数字化智能化科技工作者之家。北京市科协作为"智慧科协 2.0"的首批试点单位，把数字化转型作为贯彻新发展理念、推动高质量发展的战略性基础工程，提升科协组织力，释放科协新动能，把科协组织倾力打造成数字赋能融通、满足科技工作者需求的资源平台。

（四）搭建决策咨询高端平台，充分凝聚展示科技界的集体智慧

1995 年 5 月，能够以科普为主题召开一次季谈会，既充分体现了北京市委、市政府对加强科普工作的高度重视，也集中展示了首都科技界紧抓科普发展历史机遇的集体智慧。为筹备好此次座谈会，北京市科协开展座谈、调研，精心组织不同专业领域的专家，为市领导科学决策提供了高质量咨询服务，是加强科普工作建言献策的典型案例，其意义重大、影响深远。2022 年，科技部启动《中华人民共和国科学技术普及法》修订工作，面向社会公开征求意见。2023 年，北京市启动《北京市科学技术普及条例》修订工作，进一步提升北京市科普工作法治化水平。抓住这又一个历史发展机遇，学习借鉴季谈会的决策咨询方式，凝聚展示科技界集体智慧，真正构建起社会化协同、数字化传播、规范化建设、国际化合作的新时代科普生态，是全社会共同的责任，更是科技界义不容辞的职责。

在科普事业迈入新时代的历史时刻，回望 1995 年科普主题的季谈会，仍然会为专家们的一腔热血和真知灼见所感动、所震撼。因此直到今天，这次季谈会仍然值得我们研究解读，依然具有重要启示意义。

参 考 文 献

[1] 北京市科学技术协会. 关于召开第八次"季谈会"的请示 [Z]. 北京科协年鉴 1995：195.

［2］卞毓麟．"科学普及与社会安定"及其他［G］．"季谈会"发言材料汇编（第八辑 进一步加强北京市科学技术普及工作），1995：10-15.

［3］陈祖甲．关于科普的断想——在科学技术"季谈会"上的发言［G］．"季谈会"发言材料汇编（第八辑 进一步加强北京市科学技术普及工作），1995：32-35.

［4］冯长根．发挥大众传播媒介在科普工作中的作用［G］．"季谈会"发言材料汇编（第八辑 进一步加强北京市科学技术普及工作），1995：19-21.

［5］胡昭广．胡昭广副市长在第八次"季谈会"上的讲话［G］．"季谈会"发言材料汇编（第八辑 进一步加强北京市科学技术普及工作），1995：1-2.

［6］黄寿年．在社会主义市场经济条件下对科普工作的几点思考［G］．"季谈会"发言材料汇编（第八辑 进一步加强北京市科学技术普及工作），1995：21-24.

［7］谭浩强．要把科普工作当作提高全民族文化素质的大事来抓［G］．"季谈会"发言材料汇编（第八辑 进一步加强北京市科学技术普及工作），1995：15-19.

［8］杨思谅．加强自然科学类博物馆的建设是发展科普事业的必要措施［G］．"季谈会"发言材料汇编（第八辑 进一步加强北京市科学技术普及工作），1995：29-32.

［9］袁正光．科学普及是科技发展以及科技转化为生产力的关键环节［G］．"季谈会"发言材料汇编（第八辑 进一步加强北京市科学技术普及工作），1995：6-10.

［10］曾晓光．强化农业推广加速郊区农村现代化发展［G］．"季谈会"发言材料汇编（第八辑 进一步加强北京市科学技术普及工作），1995：24-29.

［11］张开逊．科学普及工作对社会发展的影响［G］．"季谈会"发言材料汇编（第八辑 进一步加强北京市科学技术普及工作），1995：3-6.

挖潜高校实验室借力物理诺奖服务社会

——广州大学物理实验室开展科普活动的研究实践 *

马　颖 **

摘要： 大学校园里拥有丰富的科技资源，高校实验室是教学和科研工作的基础，拥有较为充足的实验场地、先进的仪器设备和良好的师资条件，具备开展优质科普工作的巨大潜力。师范类学生的培养工作不应仅仅局限于课堂，学生的主要就业方向是物理教师等基层教师岗位，向大众进行科学知识特别是物理知识的普及是学生必须具备的能力。借助专业内涵的优势，把获诺贝尔物理学奖的内容优化精简后作为科普载体，开展互动体验良好的科普活动，是科普理念和实践的创新。广州大学物理实验室科普团队师生开展以"亲自动手操作诺奖物理实验"为主题的科普活动，研究并实践了利用高校实验室现有资源开展科普活动的优势和形式，以期为利用高校实验室服务社会的实践提供借鉴。

关键词： 科学普及；人才培养；物理诺奖；大学实验室

随着科学技术的迅猛发展，人类社会生活中的科技含量越来越高。面对建设创新型国家的目标任务，国务院在《全民科学素质行动规划纲要（2021—2035年）》中明确提出实施"科技资源科普化工程"，该工程的提出是落实习近平总书记关于"科技创新、科学普及是实现创新发展的两

---

* 本文为中国科协 2022 年度研究生科普能力提升项目（编号：KXYJS2022030）。

** 作者：马颖，女，广州大学物理与材料科学学院副教授。

翼""要把科学普及放在与科技创新同等重要的位置"[1] 等重要论述的战略性举措，把科普教育提高到前所未有的地位，为科普工作的发展注入了强大动力。

作为公办高等学校，肩负着向公众传播科学，提高国民素质的责任，高校的实验室是优秀的科技资源，如何将其合理地用于面向普通大众的科普教育是每一位科学工作者和教育工作者必须认真思考和面对的问题。广州大学物理实验室科普团队，作为"广州市科普游"活动的承担单位之一，在广州市科学技术协会的帮助和支持下，以"亲自动手操作一个诺奖物理实验"为主题，利用周末、节假日开展面向市民的科普活动，十多年来，已经开展了数十场科普活动，接待了参加科普活动的市民数千人次。

以下介绍团队利用高校实验室现有资源，开展高水平科普活动的研究和实践经验，希望能够为高校实验室服务社会的工作提供借鉴。

一、挖潜高校实验室利用现有资源开展科普活动

高等学校肩负着人才培养、科学研究、社会服务、文化传承创新和国际交流合作的重要职能，拥有着强大的师资力量和丰富的科技资源，有责任履行服务社会的义务，主动积极提供社会服务、开展科学普及活动。目前，我国越来越多的高校都积极参与科普工作中，以学校自身的专业特点和优势，创办了形式各样的科普教育活动。广州大学物理实验室是广州地区一个优质科普资源，以物理学科的独特优势，积极投入到高校实验室科普服务工作当中。

科普团队由长期工作在教学一线的教师、实验师、理工专业的研究生、本科生组成，专业能力强，乐意利用周末及节假日开展公益活动，可以

---

[1] 习近平：《为建设世界科技强国而奋斗——在全国科技创新大会、两院院士大会、中国科协第九次全国代表大会上的讲话》，新华社，2016 年 5 月 31 日。

针对不同教育背景、不同年龄段的参与者，深入浅出地进行科普活动辅导。

科普活动中，良好的互动和体验可有效激发参与者对科学知识的兴趣，笔者带领的科普团队，借助广州大学物理实验室的优质资源，有针对性地设计了科普活动流程，使参与者在团队导师及志愿者指导下，通过亲自动手操作，体验科学实验的全过程：理解原理，操作仪器，测量并记录数据，处理数据并得出实验结果，了解相关技术应用等。由于本团队所选择的科普内容包括曾获得诺贝尔物理学奖的实验项目，大大激发了参与者的兴趣和热情，科普效果好。

高校实验室是优秀的科普资源，拥有宽敞的实验室，仪器设备数量充足、种类多样，但实验难度不大，仪器使用安全，非常适合开展既专业深入又与日常生活较为贴近的科普活动（见图1）。团队选择了几项大学物理实验课程的必做实验，设备套数多，场地面积大，仪器操作较为简便安全，只需要投入少量消耗物品，经过精心的组织策划，就可以完成活动。参与者能亲自动手操作较为专业的实验仪器，体验一下当"物理研究者"的感觉，有效地调动了参与者对高科技的学习研究热情，这在科普活动层

图 1　实验室实景 1

资料来源：作者根据相关资料整理。

面上属于首创，较好地达到科普目的。

特别要说明的是，团队组织的科普活动安排在周末或节假日的时间，挖掘高校实验室潜力，充分利用学校的科技资源，在既不影响物理实验室的正常教学工作，也不影响学生的常规学业课程的前提下，实现了高校服务社会的职能（见图2）。团队负责人带领学科教学（物理）专业的教育学硕士研究生，近年来坚持使学业学习与科普实践共同拓展进步同步进行，取得优异成绩，2023年获得广州大学研究生教学成果二等奖。

图2 实验室实景2

资料来源：作者根据相关资料整理。

二、借力诺贝尔物理学奖激发参加科普活动的兴趣和热情

经团队探讨研究，选择了几个获诺贝尔物理学奖的实验作为科普活动的载体。诺贝尔物理学奖的巨大社会声誉在一定程度上助力了团队科普活动的开展。物理学的理论和研究应用一直引领着人类认知的进步，物理学研究成果是所有高科技的基础，在普通公众概念里物理学高深、神秘、难以理解、远离日常生活，实际上物理学研究成果已经渗透到人们日常生活的方方面面，越来越多的人希望了解高科技的原理，国家建设也需要掌握较多理工知识的人才。物理实验可以直观形象地展示物理原理与应用，通过对实验现象的观察和操作，可以大大提高参与者对科学知识的兴趣，加深对相

关技术应用的理解。以下几项是获得过诺贝尔物理学奖的实验，经整合优化后提供给参加者动手操作，大大激发他们的兴趣和热情，效果较好（见图3）。

图3　实验室实景3

资料来源：作者根据相关资料整理。

（一）以"光电效应"为主题的科普项目

有关光电效应的技术应用已经渗透到我们生活的方方面面，教师先是通过讲座的方式，进行理论讲解，通过现实生活中电梯自动识别是否有人、流水线光电传感器计数等应用实例引入活动的探究主题。紧接着还介绍光的本质是一种电磁波，讲解了光电效应的原理：光电效应是一种神奇且重要的现象，当光照射到金属表面时，其内部电子会逸出金属表面，利用实验设备可以观察到逸出的光电子形成的光电流。

在教师和学生志愿者的指导下，参加活动的市民自己操作实验仪器，能直观地观察到入射光照射到光电管阴极产生光电流的现象，对不同波长的可见光与颜色的关系，有了直观认识，并通过调节光电管两端电压大小获得不同的光电流强度，记录数据，作图表示光电流随电压的变化曲线。光电效应是物理学中一个重要而神奇的现象，在光的照射下，某些物质内部的电子会被光子激发出来而形成电流，即光生电。光电现象由德国物理学家赫兹于 1887 年发现，而正确的解释为爱因斯坦所提出，科学家们对光电效应的深入研究对发展量子理论起了根本性的作用。爱因斯坦因为"对理论物理学的成就，特别是光电效应定律的发现"荣获 1921 年诺贝尔物理学奖。

抽象的物理概念，在自己动手操作控制过程中，通过观察表现出来的直观现象，变得容易理解了，市民朋友对科普活动较为满意和认可。

（二）以"密立根油滴实验"为主题的科普项目

2014 年以来，广州大学物理实验室一直在广州市科普开放日，开设这个绝大多数人比较陌生的实验——获得 1923 年诺贝尔物理学奖的"密立根油滴实验"，这是量子物理的奠基实验，旨在通过通俗易懂的方式一定程度上让市民理解"量子"的基本概念。科普活动中会由导师解释"量子"概念的本质是微观粒子间能量交换不连续，增减都是某个基本量值的整数倍，自然界的任何带电体所带电荷量是基本电荷量的整数倍等概念。此外，还向市民普及量子科技与日常生活的紧密联系，比如我们平时用的手机电脑里面的处理器都与量子科技有关。

每次科普过程最重要的是实验的操作流程，由资深一线教师一边讲解原理一边引导市民操作，市民在导师和志愿者们的帮助下动手操作仪器、测量并记录实验数据、处理数据，得出实验结果，由生涩到自信，一些带孩子来参加活动的家长说：两个多小时的科普活动，孩子比在学校上课还要专注认真。

（三）以"迈克尔逊干涉仪测光波长"实验为主题的科普项目

1907 年的诺奖项目"迈克尔逊干涉仪"，是测量两垂直光的光速差值的仪器。用它证明光速在不同惯性系和不同方向上都是相同的，由此确定了光速不变原理，从而动摇了经典物理学基础，成为近代物理学的一个发端，在物理学发展史上占有十分重要的地位。由于创制了精密的光学仪器并利用这些仪器完成了光谱学和基本度量学研究，迈克尔逊于 1907 年获诺贝尔物理学奖。

2016 年获得诺奖的测量引力波实验装置 LIGO 的基本设计原理，仍然是迈克尔逊的原理，体现了物理学原理强大的生命力。在科普活动过程中，当看到自己亲手操作获得的干涉图样，参加者都感到收获巨大。他们在一定程度上理解了微小尺寸测量的科学原理，表达出继续求知探索的愿望。

（四）以"空气中超声波传播速度的测量"为主题的科普项目

声音传播有速度是基本常识，在活动时借助专业仪器设备进行测量。实验中会使用诺奖获得者设计的示波器等专业仪器，需要手脑协调合作，非常适合亲子活动（见图 4）。

图 4　科普活动现场实景

资料来源：作者根据相关资料整理。

三、服务社会的良好效果

（一）用高品质内涵扩大科普活动的影响力

广州大学物理实验室科普活动充分利用了大学现有设备场地、师资等资源，开展拥有沉浸式体验的科普活动，互动性好。活动过程中，指导教师手把手指导实验操作，参加市民体会到科学研究的严谨、逻辑、理性等，许多市民向教师谈起对本项目科普活动的感受，都认为这是一个提高市民科学素养的好方式，是十分有意义的。由于本项目的科普内容内涵丰富，知识技能信息量大，实验操作有一定难度，参与者常常感觉意犹未尽，一些市民抱着强烈的求知欲望，重复报名参加同一个实验项目，每次都有新的认识和提高。

利用高校教学资源优势开展科普活动，既能发挥高校社会服务的职能，又能为地方人民提高科学文化素质提供有力支撑。广州大学物理实验室开展的科普活动，致力推动高校实验室科普服务工作，形成了自己的特色，十多年的坚持使得我们的科普活动获得了良好的社会声誉，在广州市科协系列科普活动中受到市民热烈追捧，市民口口相传。每期开放日的报名人数远超实际能够接待的人数，受实验室场地、设备等条件限制，每期只能接待 50 人，报名人数逾千人。图 5 是广州市科协科普活动系统上部分活动报名人数情况截图。

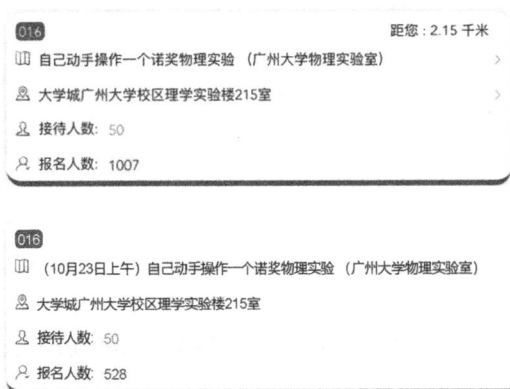

图 5　广州市科协科普活动系统上部分活动报名人数情况

资料来源：作者根据相关资料整理。

（二）社会的关注和反馈

这一基于专业实验设备开展的沉浸式科普活动与传统的展示式科普活动有着巨大差别，受到市民青睐的同时也吸引了媒体的关注。

团队坚持基于高校物理实验室的高品质科普活动在人才培养中发挥重要作用的原则，既提升了研究生的学业能力，又产生了良好的社会效益。项目组受邀参加每年的广州市全国科普日主会场活动，团队老师带领研究生们义务在活动现场开展科普咨询，现场互动，吸引了大量市民。广州地区的主流媒体广州日报、羊城晚报、广州电视台、大洋网等多次对我们的科普活动做过多种形式的报道。羊城晚报 2022 年 9 月 17 日的相关报道，盛赞本团队的科普项目是此次活动的"天花板"（见图 6）。

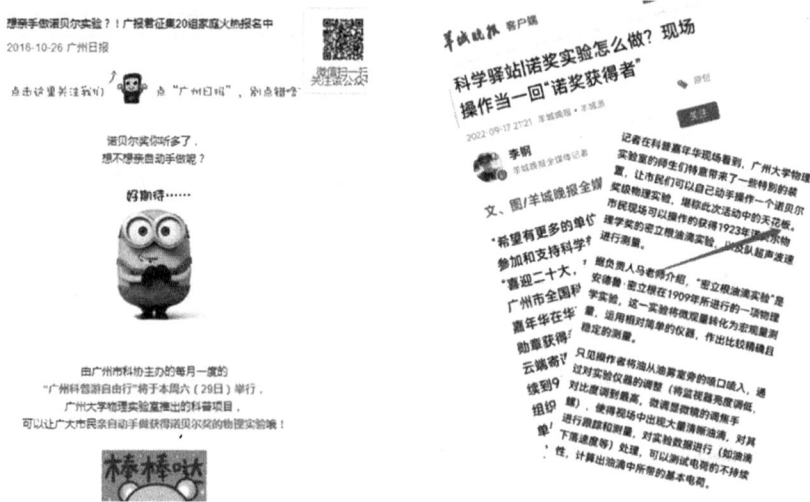

图 6　媒体部分报道

资料来源：《广州日报》，2016 年 10 月 26 日；《羊城晚报》，2022 年 9 月 17 日。

2022 年，由项目负责人马颖撰写的"诺贝尔奖物理实验的魅力引来市民追捧"入选了《广州市科协建设发展报告（2022）》之典型案例篇，广州大学官网对此进行了报道（见图 7）。

图 7　图书内容及学校网站的报道

资料来源：广州大学官网。

四、结语

沉浸高科技，科普向未来。参加广州大学物理实验室科普活动的市民表现得十分积极，充分体验自己动手操作实验的乐趣，在一定程度上理解了以往总是认为"高难"的物理知识，感受科学的神奇魅力。参与者在动手操作科学实验的过程中，会激发和坚定深入学习科学知识，投身国家科技建设的远大志向。团队师生在开展此项科普活动过程中，能够用自己的专业特长，体会到服务社会的责任感和荣誉感，也会更加努力提高专业修养和职业能力。

大学在推动人类文明进步的过程中，有义务将开展科普活动纳入日常工作范围，为科普活动提供相应的制度和资源保障。通过组织调研具备科普条件并能向公众开放的科技实验室资源，如一些富有经验的科普组织者和科普导师成立科普团队，优化整合合适内容作为开展科普项目的主题，鼓励相关专业本科生、研究生发挥专业优势，学以致用，以志愿者身份参与科普活动，是利国利民的好事。

参 考 文 献

[1] 敖妮花. 科研机构推动科技资源科普化的思考——以中国科学院"高端科研资源科普化"计划为例 [J]. 科普研究，2022，17（3）：100–104.

[2] 高鸿钧，深入理解"两翼理论"对"三新一高"的重要意义 [N]. 人民政协报，2023–9–7.

[3] 国务院.《全民科学素质行动规划纲要（2021—2035年）》[S]，国发〔2021〕9号.

[4] 广州市科学技术协会.《广州市科协建设发展报告（2022）》[M]，广州：广东人民出版社，2022.

[5] 马颖. 大学物理实验教程（第3版）[M]. 北京：清华大学出版社，2022.

广州市老年人科学素质提升实践现状及发展策略

——基于社区银龄科普学堂的实证探析

苏华丽　吴珺悦　郑清艳　洪宝珊[*]

摘要： 提升老年人科学素质水平与积极应对人口老龄化的国家战略密切相关。本研究以广州市的社区银龄科普学堂实践案例发现的潜在供需平衡问题为切入口，深入调查不同性别、受教育程度、地区、居住方式的老年人在科普内容、方式、渠道等方面的需求及偏好，比较分析老年人及基层组织对科普供给现状认知和态度的差异，深刻剖析基层组织提升老年人科普能力建设面临的突出问题，揭示基层银龄科普的趋同性、真实性和普适性，进而提出精准聚焦老年人科普供需平衡、建立完善老年人长效科普参与机制、推动基层组织适老化科普服务能力转型升级等方面的发展对策建议。

关键词： 老年人；科普需求；基层组织；供需平衡

老年人科学素质水平的高低，直接关乎我国积极应对人口老龄化国家战略的实施。2022 年末，国家统计局数据显示，我国 60 岁及以上人口达到 2.8 亿，占总人口的 19.8%。2022 年中国公民科学素质抽样调查结果显示，老年人科学素质水平长期处于低水平低增长的状态。《全民科学素质

---

　* 作者：苏华丽，广州市科学技术发展中心研究发展部部长、信息系统项目管理师；吴珺悦，广州市科学技术发展中心专业技术十一级；郑清艳，广州市科学技术发展中心科学传播部副部长；洪宝珊，广州市红十字会医院全科医学科一区护士长、主管护师。

行动规划纲要（2021—2035 年）》明确了老年人作为全民科学素质建设的重点人群之一，明确要以提升信息素养和健康素养为重点，提高老年人适应社会发展能力。如何补齐老年人科学素质水平低下的短板，老年人科普需求呈现出什么样的特点和动机，老年人实际科普需求与现实供给状况如何，老年人科普实践中有何发展策略，这些问题的研究和探析，对精准服务老年人科普需求，高质量提升老年人科普实践成效，具有积极作用和重要意义。本研究将结合广州市的社区银龄科普学堂项目的实践情况，围绕上述问题进行深入探析，以期为高质量提升老年人科学素质水平的科普理论和科普实践提供参考与借鉴。

一、实践情况及问题提出

（一）社区银龄科普学堂实践情况

为了更好地践行老年人民生科普工作，提升老年人科学素质，广州市科协坚持党建引领，探索多方参与共建共享银龄科普模式，实施社区银龄科普学堂项目，把科普送到老人家门口，为积极应对人口老龄化探索出一条科普新路子，为提升老年人科学素质注入民生"强心剂"。

1. 坚持党建引领，助力城中村综合治理

充分发挥科协群团组织的政治性、群众性和先进性，在白云区石井街设立"社区银龄科普学堂"城中村示范点，让科普进村、护理入户，助力优化医疗、养老等公共服务，为城中村老年人的卫生健康、疾病护理、安全应急等提供科普助力服务。为困难党员群众家庭的老年人，上门送上饮食指导、肢体功能锻炼、防跌倒防压疮防误吸、中风后二级预防、股骨术后基础护理、脑血管病一级预防等护理指导服务。

2. 精准对接需求，把科普送到老人家门口

以老年人最关注的健康素养方面的科普需求为切入点，整合市、区、

街道、社区、村委会资源，精准开展既生动又实用的老年人科普讲座，组织老年人翘首以盼的中频脉冲治疗、耳穴治疗、拔火罐等特色中医康复理疗服务，与学堂所在社区、村委会及时沟通摸底情况，为患有白内障，泌尿系统、消化系统疾病的老年患者开展精准专业医疗诊疗服务。

3. 探索多方参与共建共享银龄科普模式

发挥科协的组织优势和资源优势，联合广州护理学会，发动广州市红十字会医院、广州市第一人民医院等 13 家医疗单位，以街道、社区、村为依托，覆盖全市 11 个区设立 39 个银龄科普学堂，以"互联网＋护理服务"为特色，全年开展 60 多场形式多样、内容丰富、精准有效的科普活动和科普服务，推动银龄科普进社区、进村、进家庭，探索建立"区域联动、多方参与、关爱银龄、科普先行"的高质量银龄科普活动品牌，助力老年人科学素质提升。

（二）问题提出

我国老龄问题正在由个体问题向群体问题、家庭问题向社会问题转变，由隐性问题向显性问题转变，由相对单一的社会领域问题向经济、政治、社会、文化、生态等多领域问题转变。随着老龄问题性质的转变，给社会各领域带来了新矛盾和新压力，政府、社区、家庭等都面临着错综复杂的问题，应对的任务也更加繁重。在社区银龄科普学堂项目的实践中发现，基层组织老年人科普存在供需不平衡的潜在问题。精准聚焦老年人科普需求，提升针对老年人的科普供给能力，建立完善长效科普参与机制，推动基层适老化科普服务转型，建立多领域供需平衡关系，有利于提高老年人健康素养和信息素养，有利于灵活有效地应对和处理综合复杂的老龄化问题。对老年人实际科普需求与基层实际科普供给现状的研究，成为首要任务和关键切口。

二、调查情况

研究设计上，以老年人、有入院史老年人、社区和村委会等基层组织为调查对象，围绕老年人实际科普需求、基层组织在老年人科普实践方面的实际供给现状、老年人和基层组织对科普供需现状的认知和态度、有入院史老年人对科普供需的认知和态度等研究内容，对关联方进行单方精准调查、双方比较分析、三方关联验证等多维度、多角度、多方法的研究分析，从而深刻揭示基层组织在老年人科普方面的趋同性、真实性和普适性，进而提出具有实践意义、可供参考借鉴的发展策略建议，以利于在大科普格局下，广泛发动社会化科普力量，为共同提升老年人科学素质的科普工程，提供科学决策和实践的信息支撑和参考依据。

调查抽样上，在调查老年人实际科普需求方面，综合考虑受访老年人的知识、技能、生理等方面的能力和特点，采取实地半结构式访谈的方式，对广州市 11 个区进行抽样调查，每个区的样本数量在 30~40 个，共有 402 名 60 岁以上的老年人参与调查。在调查基层组织实际科普供需现状方面，主要依托开展银龄科普学堂的 39 个社区、村委会，采取电子问卷的方式，抽取 19 个开展调查。在调查有入院史老年人对科普供需的认知和态度方面，主要依托广州护理学会牵头的 13 家"互联网＋护理服务"专委医院，对近 1 年来有过 1 次及以上入院史的老年人进行抽样调查，有效回收样本 87 份。在调查过程中，老年人调查问卷由老年人自行填写，老年人不能独立完成的，则由调查员面对面进行询问和访谈调查。

统计分析上，主要采用分维度描述统计分析法和重要性排序分析法。其中，分维度描述统计分析主要用于对不同分类老年人群体的不同科普需求进行分析。重要性排序分析，是将所有受访者对选项的排序情况进行统计，得分越高表示重要性越高，主要用于老年人对科普内容、科普方式和

科普信息获取渠道的偏好分析。选项平均综合得分 = (Σ 频数 × 权值) /
本题填写人次。权值由选项被排列的位置决定。当有 5 个选项参与排序，
那排在第一个位置的权值为 5，第二个位置权值为 4，第三个位置权值为
3，第四个位置权值为 2，第五个位置权值为 1。

三、调查结果

(一) 老年人主观上更偏向健康素养方面的科普内容需求

调查结果显示，老年人群体在科普内容的需求方面，主观上更偏向
于健康素养方面的需求。老年人最关注的前 5 项科普内容分别为：疾病预
防、健康保健、食品安全、中医养生、生活百科 (见图 1)。最喜欢的前
5 种科普方式分别是：现场咨询或义诊、专家讲座、观看视频、户外参观
实践、设立老人科普专区。了解科普信息或资讯的主要渠道为电视和智能
手机，其次为报纸、社区科普活动、亲戚朋友、广播等。不同性别、受教
育程度、地区、居住方式的老年人，对内容、方式、渠道等科普需求又分
别呈现出不同偏好。

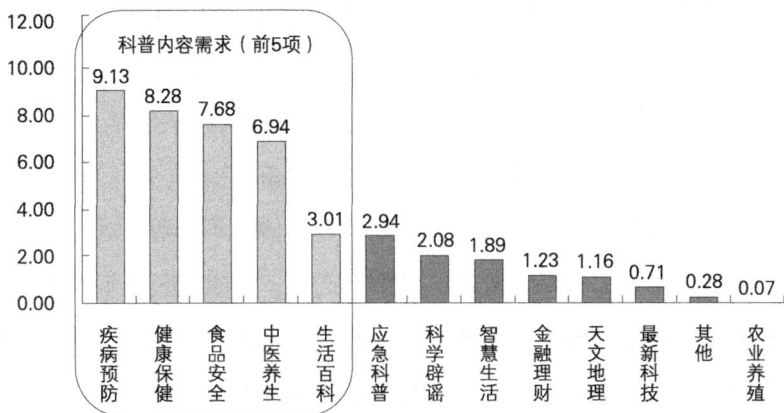

图 1　老年人对科普内容需求的偏好情况

资料来源：作者自制，以下同。

（二）不同分类老年人群体对科普需求呈现不同偏好

1. 不同性别老年人的科普需求呈现不同特征

调查显示，在科普内容需求方面，疾病预防、健康保健、食品安全、中医养生均为老年男性和老年女性最为关注的前四项需求，但老年男性最为关注的第五项是科学辟谣，而老年女性则为生活百科。在科普方式上，不同性别老年人略有不同，老年男性最喜爱的为现场咨询或义诊，其次为专家讲座；而老年女性则相反。在科普信息或资讯的了解渠道上，老年男性了解的第一渠道为电视，其次为智能手机；而老年女性则相反。综上可见，老年男性更偏向交互式的科普内容，老年女性更偏向输入型的科普内容。老年男性和老年女性在最喜欢的科普方式、了解科普信息或资讯的首选渠道上，偏好正好相反。

2. 不同受教育程度老年人的首选科普需求有较大差异

在科普内容需求方面，无学历老年人最需要的是中医养生，小学及初中文化老年人的主要需求为疾病预防，高中文化老年人的主要需求为食品安全和疾病预防，而大专、本科文化老年人的主要需求则为健康保健。在科普方式上，初中和本科文化老年人最喜好的是专家讲座，其余文化水平的老年人则为现场咨询或义诊。在科普信息或资讯的了解渠道上，初中、大专、本科文化的老年人习惯的第一渠道是智能手机，其余文化水平的老年人则为电视。

3. 不同地区老年人的科普需求偏好特征显著

在科普内容需求方面，不同地区老年人的偏好不一致。对比分析街道社区、乡村老年人的偏好，发现在科普方式上，街道社区老年人最喜好的为专家讲座，其次为现场咨询或义诊，而乡村老年人则正好相反。在科普信息或资讯的了解渠道上，电视和智能手机都是老年人的首选，但是乡村老年人对电视的偏好更高；其他渠道上，相较于街道社区老年人对社区科普活动的偏好，乡村老年人更偏向于亲戚朋友和广播（见图2）。

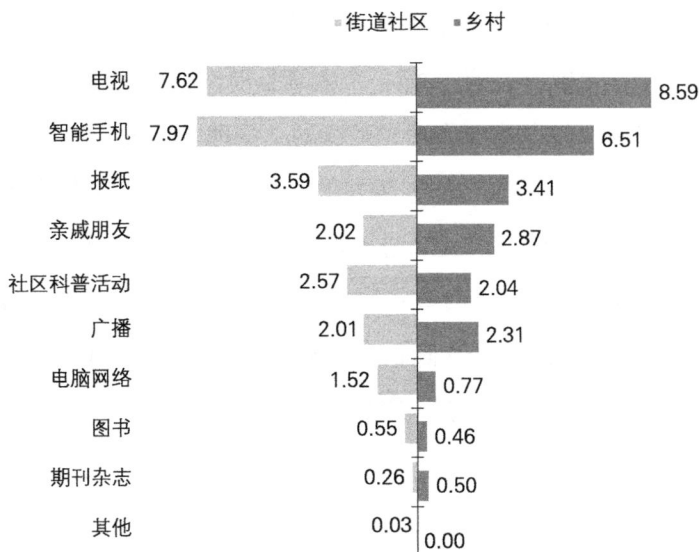

图2 街道社区和乡村老年人对科普信息或资讯的了解渠道的偏好情况

4. 不同居住方式老年人的科普需求差异显著

在科普内容需求方面，与未成家子女居住、与其他亲属或朋友居住的老年人，对智慧生活的科普需求跻身第五位；与老伴居住、独居的老年人，对应急科普的需求，明显高于其他老年人。在科普方式上，与未成家子女居住、与其他亲属或朋友居住的老年人，对现场技能培训的偏好高于其他老年人；与老伴居住、独居的老年人，对图片展览的科普方式较青睐，跻身前5位。在科普信息或资讯的了解渠道上，独居老年人基本不用智能手机，报纸为首选，其次为电视。

（三）有入院史的老年人对健康素养的期许更为热切

调查发现，有入院史老年人在科普内容的需求上，与其他老年人略有不同，前3项排序分别为：食品安全、急救知识、日常健康保健常识。可见，科普需求的变化与老年人生理功能的变化紧密关联。愿意选择护士进行上门护理服务的占比 **56.32%**。谈及对参与"互联网＋护理上门服务"

的顾虑，54.02% 的老年人担心服务费用较高、45.98% 的老年人担心护理操作风险大、44.83% 的老年人担心个人隐私泄露、31.03% 的老年人担心人身安全性不高。这与老年人对"互联网 + 护理上门服务"的认知有关，调查显示，体验过上门服务的老年人仅占 12.64%，不了解的老年人还有31.03%，56.32% 的老年人只是听过或查阅过。总体来看，有入院史的老年人对提升健康素养、身体康复有热切期盼，但受经济条件影响，较为担心服务费用，对安全风险和个人隐私也有顾虑，除需加强健康素养方面的科普知识以外，相应的信息素养也需加强。

（四）老年人对基层科普能力提升有较高期盼

调查显示，老年人认为基层组织开展科普活动的频次不高，其中，认为经常开展的老年人仅占比 24.38%，认为偶尔开展的老年人占比 49.75%，认为很少开展的老年人占比 18.91%。老年人认为自己较少参加基层科普活动的主要原因是"信息不顺畅""不知道有活动"，占比为 42.34%；其次是"不感兴趣""不是老年人主题相关的"，占比分别为27.03%、21.62%。超过五成的老年人希望基层组织能定时举办老年人科普讲座、组织开展现场咨询和义诊活动、组织志愿者上门开展科普宣传。近五成老年人期望增加基层组织科普设施和条件。对 11 个不同的区，包括越秀区、天河区、荔湾区、海珠区等非涉农区，花都区、增城区、番禺区、黄埔区、白云区、从化区、南沙区等涉农区的多维度调查对比分析发现，老年人对基层科普现状的认知和态度不尽相同。

1. 老年人普遍认为基层组织开展科普活动频次过低

调查显示，11 个区中，花都区的老年人认为经常开展科普活动的占比最高，但也仅为 46.67%；其次为荔湾区，占比 34.29%；最低为黄埔区，占比仅为 10%。此外，对比非涉农区和涉农区，老年人认为基层组织经常开展科普活动的占比也不高，分别为 25.03% 和 24.87%。由此可见，在老年人看来，基层组织开展针对老年人的科普活动的频次均较低，远未能满足老年人的科普需求。

2. 老年人不愿意或很少参加科普活动的原因既较为集中又有所不同

对比分析非涉农区和涉农区老年人不愿意或很少参加科普活动的原因，值得注意的是，涉农区中因为不是老人相关主题的原因占比远高于非涉农区；因"身体不适、行动不方便"的原因占比也高出非涉农区近一倍（见图3）。由此可见，如何畅通科普活动信息渠道，如何策划开展老年人感兴趣的相关科普主题活动，是提高老年人科普活动参与度的重要问题。在涉农区开展老年人科普活动，要注意避免无效科普主题，同时，要充分考虑适宜身体不适或行动不便的老年人的科普内容和科普方式。

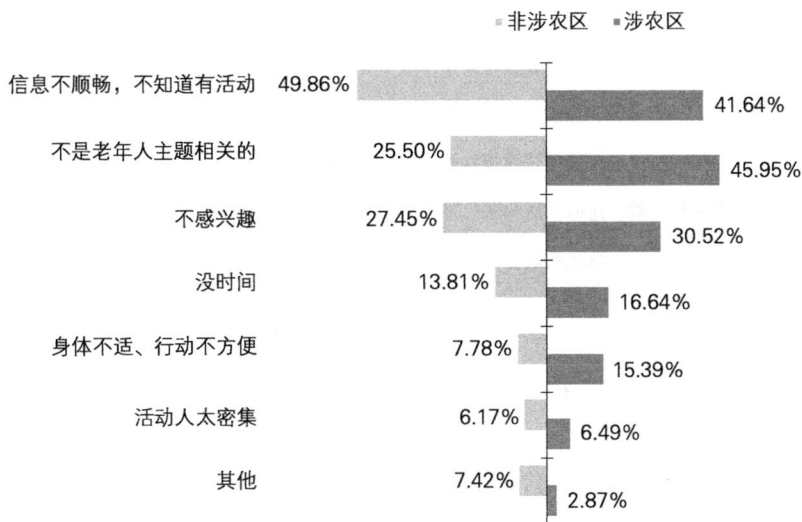

非涉农区 涉农区

原因	非涉农区	涉农区
信息不顺畅，不知道有活动	49.86%	41.64%
不是老年人主题相关的	25.50%	45.95%
不感兴趣	27.45%	30.52%
没时间	13.81%	16.64%
身体不适、行动不方便	7.78%	15.39%
活动人太密集	6.17%	6.49%
其他	7.42%	2.87%

图3 非涉农区和涉农区老年人不愿意或很少参加科普活动的原因

3. 涉农区老年人对基层科普期许的整体强烈程度显著高于非涉农区

调查显示，涉农区和非涉农区老年人的期许内容偏好基本一致，但是在期许的整体强烈程度上，涉农区明显高于非涉农区（见图4）。值得注意的是，涉农区和非涉农区老年人对增加基层科普设施和条件的期许均很高。非涉农区老年人对建立老人科普活动群并定时发送科普信息的期盼较高，占比 25.28%，与前述调查发现的很少参加科普活动的首要原因相呼应，反映出非涉农区老年人对畅通科普活动信息渠道的强烈期盼。老年人对基层组织科普的期许内容，折射凸显出基层组织在科普人力资源供给上的极大潜在缺口，主要体现在对参与科普讲座、健康咨询、义诊活动、科普宣传的专家和志愿者的需求量方面。增强对基层组织科普设施和条件等建设能力的投入，是满足老年人对基层组织科普期许的重要保障。

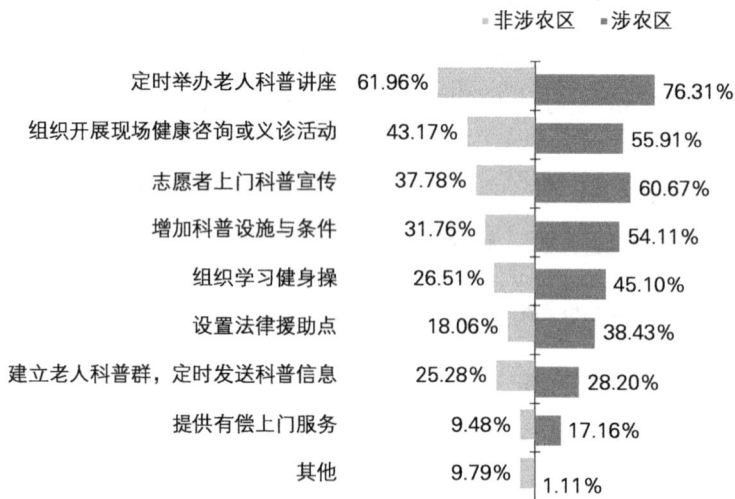

图 4 非涉农区和涉农区老年人对基层科普活动的期许

（五）基层组织对科普现状的认知和态度与老年人存在较大差异

调查显示，84.21% 的基层组织均认为老年人参与基层科普活动的意愿较高，15.79% 的则表示不清楚。对于老年人参加科普活动的主要困难，基层组织与老年人的认知和态度存在较大差异，仅 21.05% 的基层组织认为是信息不顺畅、难以通知到位，73.68% 则认为是老年人身体不适、行动不方便，68.42% 认为是没有时间，42.11% 认为是没有赠品、难以吸引老年人参与活动。认知和态度差异较大的主要原因在于基层组织对所辖老年人的情况了解得不够全面。调查显示,基层组织对老年人人口情况有摸查且定时更新的仅占比 78.95%,仍有近 20% 的基层组织对所辖老年人人口情况不清楚或无摸查。基层组织对所辖老年人人口情况、参与科普活动的意愿、存在困难的全面摸查,是精准实现老年人科普供需平衡的先决条件。如何吸引老年人参与科普活动也是基层组织面临的重要问题。

(六)基层组织面临的老年人科普能力建设问题较为集中和突出

基层组织为老年人提供的科普方式和渠道,与老年人的喜好和习惯的紧密性不够强、匹配度不够高。调查显示,基层组织为老年人提供的主要科普活动场地为文明实践中心、科普活动室;主要科普设施为科普宣传栏,占比 94.74%,科普电子屏、科普 e 站等新媒体科普设施的占比较低,分别为 52.63%、21.05%。

对于开展老年人科普活动的主要困难,78.95% 的基层组织认为是活动经费不足,68.42% 认为是没有专职科普工作人员且人手不足,63.16% 认为是科普资源较少导致开展活动内容有限,还有 42.11% 认为是老年人兴趣不大以致活动效果一般。可见,人手不足问题高居第二,与前述老年人对基层组织科普期许内容的分析结果相呼应,成为基层组织实现科普供需平衡的重要考验之一。调查发现,与外部资源单位或企业合作,是基层组织应对老年人科普困境的主要做法,但是也仅有六成左右有过单次合作或建立长期合作,仍有 10.53% 没有合作过。

调查显示,基层组织的科普志愿者主要来源是社工、党员下社区、i 志愿,占比分别为 84.21%、78.95%、63.16%。老年人志愿者占比最低,仅为 21.05%(见图 5)。调查发现,基层组织科普志愿工作中存在的问题,主要集中在参与人数难以保障、缺乏专业科普志愿者、经费不足、吸引参与度不高等方面。如何解决数量、专业、保障等方面的问题,是基层组织科普志愿工作急需摆脱的首要困境。

```
        0.00%  20.00% 40.00% 60.00% 80.00% 100.00%
```

社工 ████████████████ 84.21%

党员下社区 ██████████████ 78.95%

i志愿 ███████████ 63.16%

合作资源单位或企业人员 █████ 31.58%

青少年志愿者 ████ 26.32%

老年人志愿者 ███ 21.05%

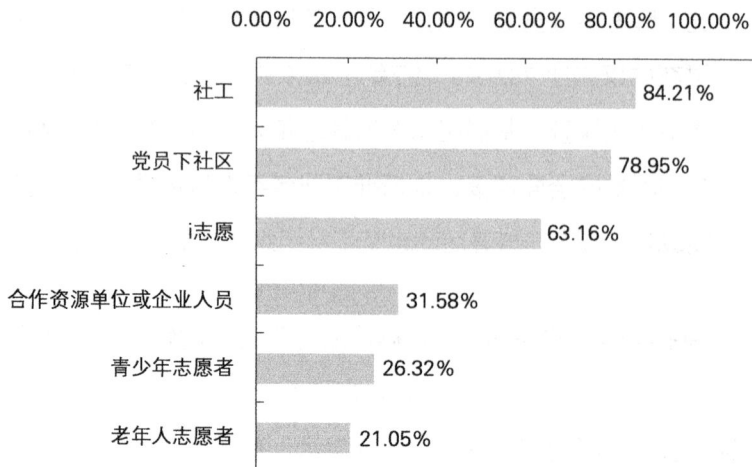

图 5　基层科普志愿者主要来源情况

四、发展策略探析

（一）强化针对老年人的科普供给能力，全面提升老年人科学素质水平

提升老年人科学素质，要充分考虑老年人的首要需求，重点提升健康素养和信息素养。科普供给方一方面应该充分了解和尊重老年人的科普偏好，精准提供不同内容、方式、渠道的科普资源，最大限度满足不同性别、受教育程度、地区、居住方式的老年人的科普需求。另一方面，科普供给方要提高站位意识，加强引领能力，紧密围绕科学知识、科学方法、科学精神与思想、解决问题的能力等科学素质相关维度，提供针对提升老年人科学素质水平的全方位的科普供给。

1. 在科普内容的供给上，精准聚焦老年人的首要需求

在老年人主观上更为关注的健康素养需求方面，重点提供老年人普遍首选关注的疾病预防、健康保健、食品安全、中医养生等科普内容。对于老年男性，可以增加科学辟谣等更偏向交互式的科普内容；对于老年女

性，可以增加生活百科等更偏向输入型的科普内容。对于与未成家子女居住或与亲戚朋友居住的老年人，可以增加智慧生活等方面的科普内容。对于与老伴居住、独居的老年人，可以侧重应急科普等方面的科普内容。患病老年人对健康素养的需求更为强烈，可以重点提供食品安全、急救知识、日常健康保健常识等方面的科普内容。同时，要加强对老年人信息素养需求的引领能力，增强提升老年人运用手机、电脑等现代智能技术来获取、识别、运用信息的意识和能力的科普供给，实施智慧助老，推动科技助力适老化。在信息素养类科普内容的供给上，可以重点面向与未成家子女居住、与亲戚朋友居住的老年人，以及完全自理或部分自理的患疾老年人。

2. 在科普方式的供给上，最为高效的是提供老年人普遍喜欢的现场咨询或义诊、专家讲座

对于以男性、小学及以下受教育程度、农村居民、与未成家子女居住、与已成家子女及孙辈居住、与亲戚朋友居住等任一类型老年人为主要科普对象的科普活动，可以多开展现场咨询或义诊；对于以女性、初中及以上受教育程度、城镇居民、与成家未育子女居住、与老伴居住、独居等任一类型老年人为主要科普对象的科普活动，可以多开展专家讲座；对于与未成家子女居住、与亲戚朋友居住的老年人，可以增加现场技能培训等科普方式。此外，关注与老伴居住、独居的老年人科普需求，应充分发挥好科普宣传栏效能，增加图片展览的更新频次。

3. 在科普信息或资讯的渠道供给上，最为普遍的是电视和智能手机

电视、报纸等传统媒体可以更多关注男性、小学及以下受教育程度、农村居民、与老伴居住、独居等不同分类老年人群体的科普需求。新媒体可以更多关注女性、初中及以上受教育程度、城镇居民、与子女居住等不同分类老年人群体的科普需求。村委会可以积极发挥广播及村民亲戚朋友的传播作用。街道社区可以积极发挥社区科普活动的传播作用。

（二）建立完善长效科普参与机制，提高老年人参与科普活动信效度

做好老年人基础情况调研是建立老年人长效科普参与机制的先决条件。基层组织只有对所辖老年人的基本情况定期摸查和更新，在明晰不同分类老年人的科普需求的基础上，做到对所辖老年人人口情况、参与科普活动的意愿、存在的困难等情况心中有数，才能精准开展供需平衡的科普活动，提高吸引老年人参与科普活动的信度。提高面向老年人科普活动的开展频次，是建立老年人长效科普参与机制的重要基础。畅通活动信息渠道是建立老年人长效科普参与机制的重要保障。在活动信息发布渠道上，只有充分考虑老年人获取信息和资讯的渠道偏好和期盼诉求，对症精准施策，才能更好提升老年人参与科普活动的效率。

（三）推动适老化科普服务转型，增强基层组织高质量银龄科普服务能力

社区和村委会作为社会治理的基础单元，可以把老年人科普作为基层社会治理现代化的切入点和突破口，深入推进老年人科普服务工作创新，着力提升老年人科学素质水平，增强老年人获得感、幸福感、安全感和满足感，构建富有活力和效率的新型适老化社会治理体系。建立健全基层老年人科普保障机制体制，着力解决适老化科普服务转型中面临的人力、基础设施、资源等问题和困难。

1. 发挥银龄人才作用，增强老年人的获得感和幸福感

为了满足老年人对科普讲座、健康咨询、义诊活动、科普宣传等科普内容的期盼，基层组织势必在相对应的专家和志愿者方面，需要投入更多的人力资源。专家和科普志愿者资源除了依赖科普内容供给方提供的专

业人士以外，可以充分发挥老年科技人员的人力资源作用，做好老年人科技专家和科普志愿服务工作。20世纪60年代出生的人已陆续退休，这部分群体中大多接受过高中以上教育或是在职教育，具备较高的科学素质，也积累了丰富的知识、经验和技能。退休后的老年人通过广场舞、口袋公园锻炼等活动，往往会形成较为稳定和团结的群体圈子。在基层科普工作中，如果能够发挥好、利用好该群体老龄科技人力资源，就地开展好科技志愿服务，不仅能增强老年人的获得感和幸福感，让他们更好地适应社会发展和家庭沟通，也更能有效解决老年科普工作中人力资源不足的问题。

2. 改善科普基础设施，增强老年人的安全感和满足感

基层组织为老年人提供的科普方式和渠道，应最大程度与老年人的喜好和习惯相关联、相匹配。增强对基层组织科普基础设施和科普条件等建设能力的投入，是满足老年人对基层科普期许的重要保障。一方面可以在文明实践中心、科普活动室、科普文化广场等活动场地，增设科普电子屏、科普e站等新媒体科普设施。另一方面，针对与老伴居住、独居的老年人科普需求，定期更新科普宣传栏的图片展览内容。有条件的基层组织，可以开设老年人科普专区。

3. 规范社会化参与模式，补齐老年人科普资源短板

基层组织普遍面临活动经费、志愿者补贴、人手、活动赠品、科普内容等老年人科普资源短缺问题。目前主要应对做法是扩大社会化参与、与外部资源单位或企业合作，但是合作的紧密度还不够高、范围还不够广、成效还不够凸显，急需建立和规范基层组织老年人科普的社会化参与模式，保障准入门槛、合作范围、合作频次、合作模式、风险防控、监督检查等体系机制的科学性、有序性和安全性，有效补齐基层组织老年人科普资源短板。

参 考 文 献

［1］黄乐乐，胡俊平，欧玄子，等.我国老年人科学素质的发展现状及特点分析——基于第十二次中国公民科学素质抽样调查的实证研究［J］.科普研究，2023，18（3）：40-48.

［2］李志宏.新时代我国老龄工作的新使命：积极应对人口老龄化构建理想老龄社会［J］.老龄科学研究，2018，6（9）：3-11.

［3］王丽慧.老年人科学素质提升行动的思考［J］.科普研究，2021，16（4）：69-73，86.

［4］国务院.全民科学素质行动规划纲要（2021—2035年），2021-6-3.

乡村振兴视域下科普赋能农业
农村现代化高质量发展

田　玲[*]

摘要： 在科学技术日新月异的时代，农村的高质量发展离不开科学技术的普及和应用。农民的科学素质是全民科学素质的重要组成部分，农村科普水平的提高是实现农业科技成果转化的基础，是文明社会进步的标志，也是建设社会主义现代化强国的有力支撑。因此，在实施乡村振兴战略的大背景下，以提升农民专业技能素质为切入点，创新农业科学实践；以加快特色农业科普品牌化为目标，吸引多元主体参与；以加强农村科普信息化建设为基础，提供智力支持服务；以科普示范户专项培养模式为标准，带动村域科普推广；以丰富科普宣传教育多样化为途径，加强基础设施建设；以满足经济社会可持续发展为目标，优化科普运行机制，已经成为乡村振兴视域下科普赋能农业农村现代化高质量发展的路径选择。

关键词： 农业科普；乡村振兴；农业农村现代化

习近平总书记指出，科技创新、科学普及是实现创新发展的两翼，要把科学普及放在与科技创新同等重要的位置。[①] 没有全民科学素质普遍提高，就难以建立起宏大的高素质创新大军，难以实现科技成果快速转化。[②] 当前，乡

---

* 作者：田玲，中国民主促进会天津市委员会主任科员。

① 习近平：《为建设世界科技强国而奋斗——在全国科技创新大会、两院院士大会、中国科协第九次全国代表大会上的讲话》，新华社，2016年5月31日。

② 国务院：《全民科学素质行动规划纲要（2021—2035年）》，2021年6月3日。

村振兴战略的第一个五年规划已经完成，研究探索如何加强农村科学普及、提升农民科学素养正在成为新形势下农村科普工作的开展逻辑，这就要求在"十四五"期间，积极推动农业科学生产、农村乡风文明、农民科学经营，统筹推进、系统把握农村科普工作在政策支持、区域协同等方面的经济利益、社会价值最大化，进一步实现科普阵地的全覆盖和科普资源的集成创新。

一、做好农业农村农民科普工作的必要性

据调查，乡村科普工作很大程度上存在以下问题：一是有针对性地提供农民科学素质必要的智力培养不精准，导致发生科普内容与学习形式供需不匹配的现象；二是科技成果的推广转化应用效益短时间内显现尚不明显，导致发生理解吸收与接纳能力程度不同步的现象；三是封闭式特色农业优势与避免大市场同质化竞争不对称，导致发生同差异发展适配的新技术不具备的现象；四是举办兼具实用性、关联性、系统性的技术培训不完善，导致发生数字化传播普及路径改善不突出的现象；五是科普资源供给所需科技力量与人才服务的存量不充足，导致发生核心技术推广与落地实施不容易的现象；六是支撑科普联动的主体合作规划与共享机制设计不到位，导致发生各自掌握的资源相互独立不统一的现象；七是跨区域科技交流与科普推广统筹部署对接渠道不畅通，导致发生技术协同攻关大科普格局不成熟的现象；八是科普切实所需核心技术在多元主体间存在信息不平衡，导致发生科研与生产长期合作关系不稳定的现象；九是新媒体科普平台板块设计管理和服务内容更新不及时，导致发生信息交互功能使用率不理想的现象等。为实现乡村振兴的时代背景下农业农村现代化，中国特色社会主义农村科普建设要紧跟新形势下科普工作的新趋势，逐步将重点向贴近生产生活、满足农民所需所盼的目标转变。用通俗易懂的常识、实用易记的讲解、简单易学的演示，不断丰富科学知识普及方式、拓展科普实

践教育阵地、挖掘农村科技文化潜质，激发农民主动学习参与的热情和积极性，构建多元主体参与、高效资源供给、覆盖全域范围的农村科普工作体系，适应现代农业农村发展的实际需要。

（一）全面推进乡村振兴背景下，农业科普是推进科研成果转化的驱动力量

"科普惠农兴村计划""基层科普行动计划"等的出台实施，在政策制度层面为动员全社会力量开展农村科普工作、形成农业科普工作体系、提高科普公共服务能力建立起长效机制。实施农业科普教育、完善农业科普体系、搭建资源共享平台，有利于增强对科学技术的认知，激发科普活动的能力，提升农民整体科学文化素质和经济收益。一方面，农业科普是树立农业科学发展理念的前提条件。农业科技素质是农民坚持农业科学发展理念指导实践的关键要素，开展大范围的农业科普，有利于推广前沿农业科技知识，把握现代农业科技发展的规律；有利于促进科技创新成果的转化，实现农业增产增收。另一方面，农业是我国国民经济的基础产业，提高农业科技能力，有利于完善农业产业链，提高生产效率；有利于抵御市场供需波动，指导产业结构布局的调整。

（二）全面推进乡村振兴背景下，农村科普为实现农业现代化奠定坚实基础

利用科普能有效推进乡村农业产业结构调整、提升农业质量效益、转变农民发展思维、改善传统农业技术对生态环境的不利影响和加速农业技术成果推广，弥合农业发展聚集化的区域鸿沟。在我国社会主义新农村建设进程中，作为解决"三农"问题的关键环节之一，农村科普事业的兴旺发达占据着不可或缺的重要地位，事关现代农业发展和农民生活富裕。一方面，农村科普为科教兴农奠定基础。推广和使用现代农业技术有利于解

放农村生产力，促进传统农业向现代农业转变；有利于提升农民素质，实现生产方式的优化调整。另一方面，农村科普为农村乡风文明提供保障。文明和谐的乡土民风氛围有利于提升农民的科学文化水平，吸引科技人才；有利于促进农业生产方式的转变，建设现代农业。

（三）全面推进乡村振兴背景下，农民科学素质是稳定农业生产的强大支撑

在农民中开展科普的定位，就是要涵盖国家政策、生产生活、社会保障、医疗卫生、情感疏导等方面，实现增强自主求知的意识、提升学以致用的能力、丰富科普信息的内容等目标。科学的普及为农业创新人才的成长培植了沃土，只有让更大范围的农民树立先进理念、了解相关政策、掌握技术本领，才能有效提升农民科技文化素质，推动农村科普工作。一方面，把握新时代科普工作的特征，使农民掌握先进的科学文化知识，有利于引导农民自觉破除封建迷信思想，用科学发展观武装头脑；有利于提升农民科学素质，促进农业产业发展和乡村振兴战略的落实落地。另一方面，进一步提高农民科学素质培养的针对性和实用性，全方位地彰显出科普的价值，有利于激发农民的学习热情，提高农业科技创新应用的能力；有利于提升农民技术团队的素质，优化农业产业的升级。

二、农村科普工作稳步推进且任重而道远

农业农村现代化包括生产现代化和生活现代化，还包括理念现代化和思维现代化，要在科学知识与科学方法的推广传播中培育科学精神的观念现代化：一方面，在普及推广现代农业实用技术的基础上，加强制度规范、法治建设和人才培养，构建完善的科普工作体系；另一方面，还要利用多方资源优势，关注农民生活方式与科学精神的同步提高，以匹配农业

技能的同步现代化。

（一）我国农村科普工作的重要节点和发展模式

我国农村科普工作经历了 1949 年 11 月 1 日，科学普及局的成立—1958 年 9 月，科学技术协会的成立—1976 年 10 月，科协等专业技术服务组织的先后建立—2002 年 6 月，《科普法》的诞生，共同奠定了我国科普政策法规体系的坚实基础。

我国农村科普工作模式大体分为以组织培训学习为主要指导的教育培养型科普，指导农民掌握、运用科学技术进行生产生活；以树立示范典型为主要途径的实践引领型科普，以价值引领和示范带动为抓手，满足强农惠农富农的新期待；利用以专题活动为主要方式的参与体验型科普，将前沿科技成果以更为直观、更为鲜活、更具视觉感的形式呈现出来，吸引农民群众积极参与体验；以搭建共享平台为主要载体的项目服务型科普，提供项目信息、政策咨询和技术指导等基础服务四种形式，共同为普及科学技术知识、倡导科学方法、传播科学思想、弘扬科学精神发挥积极作用。

（二）我国农村科普工作的体系建设和发展现状

以提升科学文化素质为重点，旨在服务经济社会高质量发展，国家依据东中西部地区的特色资源利用、经济发展水平等现状，在实际科普工作体系建设方面精心布局，在制度体系建设、组织体系建设、服务体系建设和示范基地建设等方面精准发力，夯实农村科普根基，树立科普示范导向的农村科普工作架构。

1. 体系建设

制度体系建设为扎实推进农村科普提供政策遵循。近年来，建立以科普法为核心的政策法规体系，规范和推进农村科普的发展，为推动完善科普法律制度奠定坚实基础，国家制定了多项重要农村科普制度，主要有：1993 年 7 月，《中华人民共和国农业技术推广法》经审议通过施行；2002 年 6 月，《中华人民共和国科学技术普及法》正式颁布施行；2005 年 11 月，《中国科协关于进一步加强农村科普工作的意见》出台；2006 年 2 月，《全民科学素质行动计划纲要（2006—2010—2020 年）》印发实施；2007 年 11 月，《农民科学素质教育大纲》正式颁布；2019 年 1 月，《乡村振兴农民科学素质提升行动实施方案（2019—2022 年）》印发落实；2021 年 6 月，《全民科学素质行动规划纲要（2021—2035 年）》印发；2022 年 9 月，《关于新时代进一步加强科学技术普及工作的意见》印发，共同为各地区各部门结合实际认真贯彻落实，引领和落实科学普及与科技创新的协同发展提供政策依据。

组织体系建设为扎实推进农村科普提供决策支持。我国农村科普组织体系主要包括国家层面—省级政府组织—市级政府部门—县级政府部门的纵向体系结构和以"农业部门＋教育部门＋科技部门＋科协部门"为主的条块体系结构，形成综合性统筹协同推进的发展结构网络。此外，相关专业技术协会、企事业单位、农业技术类院校、乡镇村级农技推广服务中心和农业实用技术服务团队等，也作为农村科普组织体系的有益补充，对农村劳动力进行转移引导性培训辅导，并提供政策咨询、人才培养和技术服务等。

服务体系建设为扎实推进农村科普提供措施保障。为进一步做好农村科普、提高农民群众科学素质，农村科普基础设施建设紧跟新时期发展需要，调整资源配置、传播途径和共享机制，逐步向网络化、数字化平台建设转化，收集数据将科普内容数字化以供查询，打造共享平台提供科普惠农互动交流，整合信息资源构建综合虚拟体验空间，开发远程学习软件并畅通专家咨询渠道，采取多元化的线上线下服务手段，规避时间与地缘限制，着力缩小城乡科普事业的发展差异。

示范基地建设为扎实推进农村科普提供辐射引领。在助力农村形成文明生产健康生活方式的进程中，充分利用以科普中心、科普大篷车、科技馆等为代表的农村科普示范基地展教、宣传和推广功能，提升场馆利用效率，有力推进农民科学文化素质的提升。同时，在创建推选科普示范户的进程中，有利于发挥引领带动效应，辐射更多的农户或个人力争拓宽农业发展视野，成为专业知识扎实、生产技能过硬、能适应科技时代发展需要的创新人才。

2. 发展现状

以江浙闽为代表的东部农村地区经济较为发达，具备科学素质的农民比例相对较高，其社会主义新农村科普建设呈现三个特点。一是组织结构健全、乡镇科协覆盖密度大，科普推广等活动形式多样、内容丰富，多元媒体信息化建设能有力推进农民多渠道增收致富；二是经费投入充足、设施配备较为先进，科普工作同城镇化建设相结合，匹配农村经济发展实际，科普场馆等示范基地贴近农民科普需求；三是科协组织管理完善，农村科普和"双创"氛围浓厚，科普服务能力显著提升，科技成果转移转化率较高，新媒体宣传平台建设惠及更多人口。经调研了解，江苏省全面展开乡村微媒体建设，通过搭建"江苏科技工作者微服务平台"、科协微博等基于功能特色的微媒体载体，为乡村科普人员工作部署和交流沟通、科普基地宣传推广和成果展示等提供线上线下服务，实现信息资源共享和人机交互功能；浙江省通过搭建院士工作站整合资源，助力乡村振兴，帮扶业务涵盖绿色生物饲料添加剂研发、果蔬作物育种培养和海水鱼类病害防治等，为优化产业发展模式，全面提升区域农业产业化水平，贡献了优质的科普资源；福建省大力实施"互联网＋现代农业"，互联网和4G村级覆盖率100%，并充分利用新媒体技术优势开发"慧农信"App手机客户端，推送实时农业消息，创办农业智慧园区推进产学研合作，打造农业物联网示范基地建设成效显著。

以湘赣皖为代表的中部农村地区科普资源较为丰富，整体规划较为完整，其社会主义新农村科普建设呈现三个特点。一是农村科普文化氛围浓郁，科普队伍建设起步早，科协组织网络体系完备，统筹协同推进农村科普事业的发展；二是农村科普重点放在农业实用技术领域，遵循政府出台的一系列惠农政策和民心工程，打造新时期技术型农民；三是依靠学界专家和业界能手开展科普推广，将农技关联到各行业部门，形成人才荟萃的网络服务体系。经调研了解，湖南卫视《新闻大求真》节目是湖南省一档新闻科普栏目，曾获全国青少年最喜爱的新闻科普节目和中国新闻奖一等奖（新闻名专栏奖）荣誉，以及"全国科普工作先进集体"称号，节目以关注科技创新成就为时事热点，通过生动有趣的表达进行科学实验求证，传播科学理念，讲解科学原理，激发青少年的探索精神，为提升全民科学素质作出贡献；湖北省地质遗迹自然保护区和地质公园获批准建成后，地质科普队伍不断强大起来，来自院校、爱好者和社会人员的科普团队提供了解说、导游等服务，研发和宣传人员、技术工作者着力开展研学课程编制、互联网传播视频制作、多媒体互动软件开发等，不断创新地质科普形式，推广自然遗迹保护科普知识；每年，依托上下五千年中华传统文化史，安徽省六安市茶叶产业协会开展茶文化科普宣传、茶科技科普讲座和茶产业科普培训，弘扬中国茶文化，内容涉及种植培育、生产加工和销售推广，有效地调动了茶农的积极性，开拓了科技种茶的思路，提升了区域农民的年均纯收入，助力茶产业的健康发展。

以川黔滇为代表的西部农村地区疆域辽阔，科普发展较为滞后，科普能力还有很大的提升空间，其社会主义新农村科普建设呈现三个特点。一是农村科普资源体系基础较为薄弱，推广传播途径较为传统，农村专业技术协会规模和示范基地建设同发达地区相比还有差距。二是农村科普的地域特色较为鲜明，生态科普能推动农业产业优化，促进地方经济发展，特色农村专业技术协会作用更为显著。三是农村科普受众对象相对集中，外出务工农民所占比例高，作为科普工作重点，有利于转移农村富余劳动力进城就业。经调研了解，贵州省黔南州基于 20 余家行业协会建立农技协会超过 300 个，吸纳涉农县乡镇会员近 3 万人，涵盖农林牧渔等农业产业门类，满足优化资源配置、引领产业化发展，实现科普组织助推地方经济的内在需要，为打造地方特色农产品品牌、丰富科普活动模式、完善科技培育运行机制发挥了积极作用；四川省乡村振兴国家重点县若尔盖县和壤塘县依托四川生命健康科普基地和对口帮扶单位四川护理职业学院，搭建政府主导、院校引领、行业支持的多元协同科普平台，发挥学界业界优势和科普资源优势，分级分层分类开展医疗卫生、疾病诊疗和急救知识的推广普及，培育康养科普人才，呵护基层群众生命健康。

（三）农村科普工作是制约农村现代化的突出短板

着力解决当前科普工作面临的突出短板问题，要坚持问题导向，统筹管理体制机制不完善问题，进一步丰富传播普及的途径和形式；加大对农村科普应用的重视程度，缩小城乡之间和群体之间科学素质的差距；全方位平衡科普的覆盖范围，根据实际需求调整科普重心和内容；增强科普资源的有效供给，培育科学理性思维方式；建立需求导向的运行模式，优化监督渠道和反馈机制。

1. 统筹管理的体制机制不全，传播普及的途径和形式有待丰富

现阶段的农村科普宣传始终以宣贯国家政策、分析经济形势、弘扬科学精神、推广农业技术和讲解生活常识等为重点，但传播形式的信息化服务水平还有待提高，统筹管理的体制机制尚不健全，联动统一效果不明显，特色识别、效率考核与效果评价的反馈机制没有建立起来，无法及时全面展现农业生产的知识内涵，制约了农业科技成果的转移转化和农民对新生事物的接受程度。一方面，是由于传统农业生产形式根深蒂固地存在，科普工作人员同受众的交流互动无法调动农民学习知识的主动性；另一方面，是由于科普受众对新事物的理解与驾驭能力还不能匹配新技术的操作需求，导致科普工作成效甚微。

2. 农村科普应用的重视不足，城乡群体科学素质鸿沟有待弥合

党的十八大以来，国家始终将科技创新摆在发展全局的核心位置。普及科学技术知识、倡导科学方法、传播科学思想、弘扬科学精神就要求科研与科普"两翼齐飞"，发挥科技创新与科学普及均衡发展的相辅相成、相互促进的组合优势，营造科普氛围、塑造科普形象，推动科技创新。同时，我国城乡居民的科学素质差距和不同群体的科学素质鸿沟也会制约国民整体科学素质认知水平的提升。由此，专业人士、行业能手和协会组织有必要根据科普基础资源的储备，优化科普服务体系的结构，避免科普失调失衡和资源断层等因素对现代农业农村发展需求的束缚。

3. 全面普及的覆盖范围失衡，科普重心的结构和内容有待调整

在各地各级单位组织的科普活动中，不难发现，农业技术的推广传播占比较大，科普工作人员的学科背景和受教育经历也大多同农业相关，讲座、培训和考察的重点更是以实用农业技术本身为主，其他学科涉及较少，同科普内容全覆盖的工作目标相距甚远。要在总体上直观把握农村群众所思所想，尤其是关于其他领域科普知识的好奇心，除做好农业生产相关的科普宣贯外，也要将传统文化、现代文明、城乡教育、生态环保、医疗卫生、数字金融等领域的知识纳入科普学习信息的范畴，提升健康幸福的生活质量和水平，以思想引领行动适应社会的发展，全方位推进乡村振兴发展。

4. 科普资源的有效供给匮乏，科学理性的观念和思维有待培养

对标对表农业农村现代化的发展建设目标，科普的时代使命不仅是普及和传播科学知识，还是传播、培育和弘扬科学精神，但从现实情况来看，以农业技术为重点的科普工作模式已经经过了较为长久的实践，在制度规则、经费投入、保障措施、人员培训等方面都积累了丰富的经验并形成运行顺畅的工作体系和成果转移转化流程，保障农业生产发展。科普资源的有效供给向生产性实体功能型效果的技能领域倾斜，而减少了对科学精神的关注与支持，使农民思维方式的现代化无法精准匹配"农村现代化"与"农业现代化"的认知程度，从长远来看，必将成为制约农业农村整体迈向现代化的因素。

5. 需求导向的运行模式有欠缺，监督反馈的渠道和规则有待优化

科普目标的建立要协同多部门合作机制，匹配农民增收与科普并轨的双向机制，因此带有一些自上而下的行政命令式色彩，从而缺乏基于市场性与公益化的特征。科普反馈机制缺失的弊端就在此时暴露无遗，包括对科普受众的吸引程度、科普推广的实际效应、科普帮扶的成果评价等，都没有办法依靠有效的制度规则进行考核评判；对科普场馆的利用率、科普活动的拖尾效应、科普宣传的覆盖范围，也没有明确的反馈机制进行了解；对农民科普素质提升的进度、农村生活文明程度的进步、农业技术能力改善的进展，也无法依据科普成效进行完善和优化，从而阻碍科普模式的健康可持续发展。

三、探索新形势下农村科普发展新路径

农村科普是一项系统工程，加强农村科普工作要把握乡村振兴战略的机遇期，以提升农民专业技能素质为切入点，创新农业科学实践；以加快特色农业科普品牌化为目标，吸引多元主体参与；以加强农村科普信息化建设为基础，提供智力支持服务；以科普示范户专项培养模式为标准，带动村域科普推广；以丰富科普宣传教育多样化为途径，加强基础设施建设；以满足经济社会可持续发展为目标，优化科普运行机制。

（一）充分利用政策支持，抢抓历史机遇期大力谋发展

我国正处在"两个一百年"奋斗目标的历史交汇期，集中解决农业产业发展、农民素质提升的短板，要以《全民科学素质行动计划纲要（2006—2010—2020年）》为行动指南，紧紧围绕社会主义新农村建设，统

筹协同多元合力，探索创新农村科普工作的体制机制，全方位、多角度提升农村科普的覆盖范围和实效水平，重点在于以下三点。

1. 匹配地方经济增长的速度，加大农村科普经费投入的力度

随着农村科普工作的深入开展，不断解放和发展生产力，推进传统农业向现代农业转变。一要加大政府投入，确保财政预算包含科普专项经费，优化经费的使用结构，促进设施建设与人才队伍培育的顺利开展；二要倡导社会力量支持，按照工业反哺农业、城市支援农村的思路，推进乡镇企业科普工作，完善配套措施和养护规则；三要发展好专业技术协会，拓宽农村科普经费渠道，壮大科普资本力量，创建融资服务平台，并建立监督评价管理机制。

2. 加强科普制度体系的保障，丰富农村科普考核激励的方式

现行体制下从事科普工作的人员大多是来自技术领域和高校、社会的志愿者，工作方法因人而异，不受法律规定的统一规范和具体要求的制约，在农技人员准入门槛的设定、科普工作者上岗资格认定、科普服务工作的岗前培训、目标导向工作流程的制定、工作效果实时评估的标准等方面还有待进一步完备，探索和研究出能满足农民科普诉求、农村科普需求、农业科普要求的工作方式，推进未来科普向市场化、个性化良性循环发展。

3. 依托科普资源的体系优势，打造品牌科普教育基地和实践站

在稳步推进农业农村现代化进程中，各地各级各类科普资源、政策执行的能力水平和活动开展的规模范围不尽相同，但大多依托当地特色资源优势，构建同经济发展阶段相适应的科普资源体系，组织开展科普宣传教育培训活动。各类科普计划品牌工程、示范基地建设、惠农服务中心等科普教育基地的创建维护和探索完善，在提升农业科技成果转化率的同时，逐渐形成多元主体协同参与发力的新发展格局，提升了农业发展的质量和效益。

（二）以生产生活科普为抓手，着力提升农民科学素养

经调研了解，乡村群众对科普内容的需求较为集中地体现在农业政策、生产技术和生活常识方面，而相当数量的农民受文化水平和接受能力的限制，学习进度和节奏尚不能满足大科普格局联动机制的发展需要，在一定程度上影响了乡村科普工作的开展。为提升农民科学素养，要从防疫防灾等生活常识的科普入手，提升农业农村农民安全防范意识，满足农民日益增长的科普需求；扩展数字金融等新兴行业科普范围，优化农村科普工作的开展环境，拓宽农业农村农民致富增收渠道；构建绿色发展等资源支撑能力体系，优化农村科普运行机制，培育农业农村农民生态振兴理念。一方面，要建立新型科普服务模式，满足互联网、大数据、5G等新兴科技的时代需要，就是要构建整体农业新业态的系统化模式，强化科普服务聚合力。新发展理念与技术供给体现在农业全产业链中，智慧农业解决了传统农业技术低产高污染、低效高成本等问题，在辅助分析、决策、评估、监测与完善农业生态上更加契合农业技术发展趋势，有助于提升基层科普服务能力，助力乡村振兴科普惠民，推动乡村科普转型升级，因此，建立可持续、高附加值的新型科普服务模式和科普资源要素联动机制，是高品质科普资源支持和效益提升的核心诉求。另一方面，要畅通高质量学习渠道，推广沉浸式科学传播体验，打造智慧科普新场景，推动农业可持续发展。农村科普通过传播知识、技能和信息，帮助农民掌握现代农业生产与管理方法，这就要求：充分利用科普阵地推广优势和科普场地设备功能，以群众喜闻乐见的方式策划开展科普体验活动；充分利用科普信息化平台和公共科普讯息资源，开设融合互动、资源共享的在线云平台科普学校和科普e站组织学习；充分利用科普人才库的动态服务功能，开通在线搜索反馈和互动答疑通道，提升高质量科普内容供给能力，满足新型科普农民对政策、技术、法律和市场等领域的多维度学习需求。

1. 从防疫防灾等生活常识的科普入手，提升农业农村农民安全防范意识

农村科普内容涵盖农业技术和生活常识，但推广普及的重点又有所不同。科普内容的整合重组就是将多元化、多学科主体关联起来，对科普标的进行筛选识别，按照农民所需进行分类整理，将科学语言转化成通俗易懂的常识性语言，利用多媒体平台等工具进行传播推广，以求达到深入人心的效果。一是按照地缘自然条件特征和经济发展水平，进行生产、种植、养殖技术等科普，开展加工、物流、管理等培训，提高农民对农业技术和农业科学的认识；二是国家开展健康科普，及时发布更新防疫防灾信息，解读防控政策，建立健全常态化健康科普体系，强化农民群众的防范意识，推动健康中国同乡村振兴的战略融合，提升康养水平和防护能力；三是拓宽农民健康、教育、医疗、卫生、环保和法律素养等科普的范围，引进优质资源，组织开办讲座，帮助农民将科学理念转化为实际生活的具体行动，建立农业技术和生活常识科普并重的格局。

2. 扩展数字金融等新兴行业科普范围，拓宽农业农村农民致富增收渠道

一方面，在全面推进乡村振兴战略中，发展农村普惠金融是将金融资源按照农村经济社会发展的实际需求有侧重地对薄弱环节进行有效配置，来巩固重点领域的金融支撑，这就要求农民具备运用金融常识完成金融产品交易的知识、具备识别非法金融活动维护金融信用的观念、具备管理自身资产评估风险承受程度的预判和具备金融服务过程中及时止损、自我保护的能力。另一方面，通过搭建专项数字学习平台，关联相关高校、企业和协会等，邀请行业专家和业内能手作为帮扶团成员开展技能教育、远程培训和技术帮扶，鼓励农民掌握上网技术，进行网络营销，普及数字乡村等发展理念；加大力度对网络安全进行宣传，举办专题讲座、印发宣传手册，帮助农民牢固树立网络安全防范意识，提升对电信诈骗等不法行为的

辨别能力；建立公益培训基金，定期举办公益宣讲，开展新技术培训，重点培育农业大户、种养大户和互联网企业，提升数字化技能操作水平和管理能力，营造数字乡村建设的发展环境，吸引大学生回乡创业、引导农民工返乡就业。

3. 构建绿色发展支撑体系，强化农业农村农民生态振兴理念

碳达峰和碳中和是经济社会发展过程中具有深远意义的一场变革，2020 年 9 月 22 日，在第七十五届联合国大会，习近平主席提出，中国将提高自主贡献力度，二氧化碳排放力争于 2030 年前达到峰值，努力争取 2060 年前实现碳中和。①2021 年 10 月，《中共中央 国务院关于完整准确全面贯彻新发展理念做好碳达峰碳中和工作的意见》发布，"双碳"战略正式上升到国家战略的层面。由于长期以来，节能降碳的重点始终停留在工业领域和能源、交通行业，而农业温室气体排放量约占全国温室气体排放总量的 7%~8%，但农业农村的减排问题并没有得到足够的重视，因此，推进农业农村的碳达峰和碳中和已经成为落实"双碳"目标的重要举措，有利于促进农业生态文明建设，进一步落实乡村振兴战略部署。倡导"低碳生活、低碳农业"，构建绿色发展支撑体系，强化农业农村农民生态振兴理念是当前乃至今后很长一个时期农村科普工作的重要任务。

（三）创新农业科普是助力乡村振兴战略的路径选择

农业科普传播科学思想理念，满足经济社会的全面协调可持续发展，提升农民科学文化素质和发展生产、改善生活的能力水平，推动乡村资源禀赋的资本增值，促进传统农业向现代农业转变，对于稳定农业生产、改善农村人居环境，助力农民增产增收具有积极意义。具体做法：一方面，

---

① 《习近平在第七十五届联合国大会一般性辩论上的讲话》，新华社，2020 年 9 月 22 日。

要建设新型科普组织体系，着眼于引领技术创新与提升服务效能。科协系统和农业农村系统应整合体制资源，牵头在研究机构和一线生产组成的各类产学研用联合体中，将技术转化、生产体系和销售网络统筹管理，发挥以合作社、龙头企业等为代表的主体科普功能，引领带动中小规模农户提升技术应用能力和结构性优化水平、拓宽技术交流推广和销售管理渠道、培育农业科技红利共建共享机制、扩大技术传播和技术示范的活动领域范围，更为鲜活地展示农业科普的价值空间。另一方面，要建立新时代科普人才队伍，着眼于引领全面乡村振兴背景下智慧农业科普工作的顺利开展。农村科普队伍建设是服务新业态、推进新发展的强大支撑，AR（增强现实技术）、MR（混合现实技术）等新一代信息技术在农村科普信息化中的应用越来越广泛，田间地头经验丰富的小农户群体、具备科技成果转化潜力的新型职业农民、创新能力与综合素质较高的技术人才等都是开展"互联网＋科普"等科学知识理论普及、GIS（地理信息系统）和云平台等专业技术实践的培养对象，也是智慧型农业形态演进的骨干力量。

1. 拓宽农村科普参与渠道的范围，优化农村科普组织体系的结构

农村科普增强了农民对农业生产的科学认知，调动了农民科学生产的积极性。新形势下农村科普要着力推进科协组织体系的扁平化管理，明确划分组织层级和管理权限，坚持政府主导，鼓励社会组织和个人的积极参与；加强专业技术协会的全面建设，并同相关科研机构、企业组织和农科高校建立联系，形成无缝对接的帮扶互助模式；建立效果评估和反馈机制，对科普工作质量和受众需求满意度进行详细记录，不断优化细化农村科普体系的结构和效率。

2. 完善农村科普队伍的构建，着力培养本土农业科技工作者

为满足社会主义新农村建设和农业农村现代化发展的现实需要，亟待组建具备较高科学文化素质、紧跟农村经济发展战略转变、熟悉现代农业发展规律、了解社会管理政策规则、掌握先进农业实用技能的复合型人才

队伍。一方面，要通过政府编制部门增设农村科普人才岗位总数，制定评价标准、明确激励机制，构建专业与岗位相符、人数与需求相符的科普队伍；另一方面，要保留尽可能多的本土科技人才，通过教育培养，逐步向农村社会发展的中坚力量和带头人转变。

3. 创新农村科普产业化举措，提升农业科技成果转化率

为探索农村科普工作规律，有针对性地进行系统谋划，奠定新时期农村科普工作顶层设计的坚实基础。近年来，以产业需求为导向，国家部署了一大批重点项目，激发农业科技创新活力；以制度引导为目标，国家出台了一系列重要政策，优化整合协调科普资源；以强化智力支持为抓手，将加强农村科学普及、提升农民科学素养等纳入乡村振兴重大战略的整体统筹之中，促进农业科技创新主体同推广普及服务主体合作与对接，为农村科普工作提供了政策引导和逻辑遵循。

四、结语

农业科普在乡村振兴战略背景下，其重要性日益显现，通过农业供给侧结构性改革，创新农村科普机制，激发农村发展活力，推动农业产业化进程。作为农村实行全民科学素质提升的重要途径，农业科普既是满足农民科普诉求的客观需要，又为促进农民增产增收、助力乡村振兴、实现农业农村高质量发展发挥积极作用。因此，以市场为导向，通过加大财政投入，转变农业生产方式和农村生活方式，营造新时代科普新风尚；以农户需求为导向，通过创新科普传播体系，培育科技人才，有的放矢地发挥示范典型带头作用，为农业生产和科学普及提供智力支撑，将成为突破国家科普战略目标的制约瓶颈和发展掣肘的重要力量。

参 考 文 献

[1] 顾媛.乡村振兴背景下对于农业科普工作的几点思考［J］.农业科技管理，2018（5）：62-65.

[2] 李新仓，刘新志.乡村振兴战略视野下新型职业农民培育研究［J］.农业经济，2021（10）：76-77.

[3] 连彦乐.加强农业科研院所科普工作的思考［J］.农业科技管理，2017，36（6）：31-34.

[4] 刘彦随.中国新时代城乡融合与乡村振兴［J］.地理学报，2018（4）：638-639.

[5] 罗文学.国内科普近十年研究现状和趋势分析：基于 CNKI 的文献计量分析（2010—2019 年）［J］.科普研究，2020，15（5）：39-43.

[6] 全民科学素质行动规划纲要［N］.人民日报，2021-7-10.

[7] 王乔忠.对云南科普产业发展的几点思考建议［J］.云南科技管理，2020，33（1）：35.

[8] 杨常传，刘娜娜.农业科普助力乡村振兴战略实施研究［J］.山西农经，2021（20）：33-34+37.

[9] 云南省科普教育基地联合会.简析利用科普教育基地资源开展科普研学活动［J］.云南科技管理，2019，32（2）：48-49.

[10] 赵春江.智慧农业的发展现状与未来展望［J］.中国农业文摘（农业工程），2021，33（6）：5-7.

[11] 赵立新.中国基层科普发展报告（2017—2018）［M］.北京：社会科学文献出版社，2018.

[12] 中共中央 国务院关于全面推进乡村振兴加快农业农村现代化的意见［N］.人民日报，2021-2-22.

[13] 中国科普研究所编.科普惠民责任与担当——中国科普理论与实践探索——第二十届全国科普理论研讨会论文集［C］.北京：科学普及出版社，2013.

[14] 朱洪启.新时代农村科普初探［J］.科技传播，2019，11（12）：137-138.

[15] Yang Gao.Teng Moua.Treatment of the Connective Tissue Disease-Related Interstitial Lung Diseases：A Narrative Review［J］.Mayo Clinic Proceedings，2020.

广西科普与文化融合发展水平测度研究

——基于耦合协调度模型

韦美婵 *

摘要: 随着社会的进步和科技的迅速发展,人民的生活水平日益提高,对科技和文化的需求愈加强烈,要求也越来越高,科普与文化的关系变得越来越密切。为研究广西科普与文化两个系统之间的融合发展水平,本文以2016—2020年广西科普与文化数据为样本,构建科普与文化评价指标体系,采用熵值法和耦合协调度模型,对广西科普与文化融合水平进行定量测度及分析。研究结果发现:广西科普与文化的综合水平发展值整体变化趋势相似,呈波动式上升状态,文化综合发展速度高于科普的发展速度;广西科普与文化处于中等耦合的等级,一直处在比较协调的耦合发展状态。最后,提出促进广西科普与文化融合发展的对策建议。

关键词: 科普与文化;熵值法;耦合模型;对策建议

一、引言及研究文献综述

现代社会的日益进步和科技的快速发展,对人们的生活和思维方式产生影响,使得科普与文化工作变得越来越重要,科普与文化工作是现代公共

---

* 作者:韦美婵,广西科技馆(广西青少年科技中心)农业经济师。

文化的重要组成部分。科普是提高全民文化水平的一个重要途径，《关于新时代进一步加强科学技术普及工作的意见》提到，推动科普产业发展，培育壮大科普产业，促进科普与文化、旅游、体育等产业融合发展。科普工作通过传播科学知识、培养科学方法，以及对科学态度的养成和科学精神的塑造来提升国家的文化软实力。因此，科普与文化的融合发展变得越来越重要。

目前，关于科普与文化融合的相关文献主要集中在科普文化产业方面的研究。关于科普与文化产业方面的研究，李翠亭（2022）提出发展科普文化产业的创新理路对我国科技事业发展、国民素质提高和综合国力提升具有至关重要的意义，并指出强化党和政府的掌舵统领作用、强化高校的引才育人培智作用、强化企业的创新主导作用、强化数字技术的赋能作用是助推科普与文化产业融合发展的关键路径。曾国屏等（2010）从科普与文化、文化产业的关联出发，分析了《文化及相关产业分类》并且阐述了科普文化产业研究的合法依据，建立了科普文化产业的四象限动态谱系，明晰了科普文化产业研究的问题域。邹庆国等（2018）指出哈尔滨市发展科普文化产业的优势和存在的不足，在一定程度上存在着重事业轻产业的倾向，并从明确目标定位、制定科普文化产业发展规划、完善财税政策、建立多元化投融资体系、突出产业重点和不断丰富科普文化产业业态等 6 个方面提出哈尔滨市发展科普文化产业的对策建议。关于科普与地方文化融合的研究，张军（2020）以江苏省科学技术馆为例，从结合高校志愿者活动，形成馆校共享生态圈；结合南京区域特色，开展"明文化"主题活动等 4 个方面促进科普工作与地方文化资源的融合。崔慧玲等（2019）提出河北省科普工作和科普产业存在的问题和不足，强调文化元素的至关重要性，并从壮大业内人才队伍、加大政策支持力度等 4 个方面用文化元素推动河北科普产业跨界融合的措施。关于对科普与文化相关量化研究，吕坤等（2023）基于效率耦合视角，从效率评价切入，采用数据包络分析方法，对 2018 年度我国 31 个省级行政区的科普活动与图书馆服务活动的效率进行实证，以此为基础，对东、中、西部三大区域以及 8 个经济区的效率耦合协调度展开异质性分析，得出我国科普服务与公共文化服务整体实现了高水平耦合，但"东高西低""南高北低"的区域差异显著的结论，最后提出了科普服务与公共文化服务协同发展的对策建议。

综上所述，多数学者对科普与文化融合发展的研究取得了丰硕的成果，但主要都聚焦于对两者的理论分析。在知网上检索相关文献发现，从量化的角度对科普文化融合水平的测度，定性分析科普与文化融合发展，研究两者相互作用的文章较少，为本文对科普与文化的融合分析研究留下了较大的探索空间。基于此，本研究采用熵值法和耦合协调度模型，对 2016—2020 年广西科普与文化的综合发展水平进行评价，通过对广西科普与文化融合水平的测算，分析发现科普与文化在融合发展中的特点以及融合状况，为促进广西科普与文化融合高质量发展提供价值参考。

二、广西科普与文化融合水平测算

科普与文化存在着相互促进、相辅相成、互相融通的关系。先进的科技为文化提供了技术支持，不断发展的先进科技为文化提供了丰富的内容和无限的想象力，提供多样的科普文化产品；作为具有科普功能的文化产品在消费和传播过程中，也直接开展了科普工作。广播、电视、短视频、书籍等是科学普及的重要媒介，而这些大众媒体也属于文化产业的一部分，为科普的展开提供了载体和手段。开展文化活动不仅丰富了人民群众的精神文明生活，更是推动社会发展的重要因素，要进一步提高人民的科学文化素质，需要与文化发展形成良好的促进与融合。

耦合的概念源于物理学，是指两个事物之间相互作用影响、相互依赖的关系，常常用于探索两个及两个以上子系统之间的相互作用关系。科普与文化的融合度，就是这两者在发展过程中相互影响、相互作用的程度，因此，借助耦合协调度模型对二者融合度进行测算，可以反映科普与文化融合发展的水平。

（一）指标选取与数据来源

对广西科普与文化融合水平的测算，首先要构建两个系统的综合评价指标体系。本文在借鉴相关研究的基础上，遵循指标选取要满足科学性、适用性、数据易获性等原则，并结合广西实际发展情况，构建了广西科普和文化的耦合协调综合评价指标体系。其中，科普系统选取投入与产出2个二级指标，7项三级指标衡量科普系统的综合发展水平；文化系统同样选取投入与产出2个二级指标，7项三级指标衡量文化系统的综合发展水平，如表1所示。

表1 科普与文化系统评价指标体系

一级指标	二级指标	三级指标
科普系统	投入	科普专职人员（人/年）X_1
		科普场馆个数（个）X_2
		年度科普经费筹集额（万元）X_3
	产出	科普图书期刊出版种数（种）X_4
		发放科普读物和资料（份）X_5
		科普（技）讲座和展览次数（次）X_6
		众创空间数（个）X_7
文化系统	投入	群众文化机构从业人员数（人）X_8
		公共图书馆从业人员数（人）X_9
		群众文化机构数（个）X_{10}
		公共图书馆数（个）X_{11}
	产出	艺术表演团体表演收入（万元）X_{12}
		文化事业费（万元）X_{13}
		公共图书馆人均购书费（元）X_{14}

资料来源：本研究数据主要来源于2016—2020年《中国科普统计》和《中国文化文物统计年鉴》。

（二）测算方法

1. 熵值法

熵值法根据各指标观测值所显示的信息大小计算各指标权重，进而求得各子系统综合评价值。具体步骤为：假设 X_{ij}（i=1，2，3，…，n，j=1，2，3，…，m）为第 i 年方案第 j 个指标的数值。

（1）数据的标准化。

$$X_{ij} = \frac{x_{ij} - x_{\min}}{x_{\max} - x_{\min}} \qquad (1)$$

式（1）中 x_{ij} 和 X_{ij} 别是第 i 年方案第 j 个指标的原始值和标准值，$x_{\max}$ 为指标最大值，$x_{\min}$ 为指标最小值。

（2）计算指标权重，具体公式如下：

$$P_{ij} = \frac{X_{ij}}{\sum_{i=1}^{n} X_{ij}} \qquad (2)$$

$$e_j = -k \sum_{i=1}^{n} P_{ij} \ln P_{ij} \qquad (3)$$

$$d_j = 1 - e_j \qquad (4)$$

$$W_j = \frac{d_j}{\sum_{j=1}^{m} d_j} \qquad (5)$$

（3）采用线性加权法计算综合得分值

$$U_j = \sum_{j=1}^{m} W_j \times X_{ij} \qquad (6)$$

以上式子中，P_{ij} 表示第 i 年的第 j 项指标值，e_j 为第 j 项指标的熵值，d_j 为第 j 项指标的差异系数，W_j 为第 j 项指标的权重。式（3）中 $0 \leq e_j \leq 1$，k=1/ln n，k>0。

2. 耦合协调度评价模型

科普与文化两个系统的耦合度模型是通过参考物理学的容量耦合模型建立的，具体计算公式为：

$$C = 2\sqrt{\frac{u_1 \times u_2}{(u_1 + u_2)^2}} \tag{7}$$

$$\begin{cases} D = \sqrt{C \times T} \\ T = \alpha U_1 \times \beta U_2 \end{cases} \tag{8}$$

其中，C 为耦合度，表示文化综合发展水平值，D 为耦合协调度，α、β 为待定系数，分别表示科普与文化的贡献系数，T 为综合协调指数。参考相关文献，α 和 β 取值均为 0.5。C 的取值范围为 0~1，当 $C=0$ 时，两个系统之间完全不协调，没有交互耦合协调性，而当 $C=1$，两个系统完全协调时，就显示出深度耦合的协调性。本研究借鉴有关文献，按照耦合协调度取值区间来划分耦合协调度等级，如表 2 所示。

表 2　耦合协调评价标准

序号	耦合协调程度	协调等级
1	$D=0$	完全不协调
2	$0<D \leqslant 0.1$	极度不协调
3	$0.1<D \leqslant 0.3$	基本不协调
4	$0.3<D \leqslant 0.4$	濒临不协调
5	$0.4<D \leqslant 0.5$	勉强协调
6	$0.5<D \leqslant 0.7$	比较协调
7	$0.7<D \leqslant 0.8$	较强协调
8	$0.8<D \leqslant 1$	强度协调

资料来源：作者根据相关资料整理。

三、广西科普文化融合水平实证结果分析

基于熵值法和耦合协调度模型，测算 2016—2020 年广西科普与文化的综合发展水平和耦合协调度，分析广西科普和文化融合发展水平，了解两者融合发展水平的现状，有助于促进广西科普和文化之间的协调发展。

（一）广西科普和文化综合发展水平分析

运用上述公式（1）~（6）对广西2016—2020年科普与文化的综合发展水平进行测算，得出科普与文化综合发展水平值，如表3所示。

表3 广西科普与文化综合发展水平值

年份	科普综合发展水平值	文化综合发展水平值
2016	0.3025	0.3407
2017	0.7278	0.6541
2018	0.3276	0.5274
2019	0.3789	0.6751
2020	0.3314	0.6833

资料来源：作者根据相关资料整理。

从表3可以看出，2016—2020年，广西科普综合发展水平总体偏低，多数都是在0.4以内，并且呈现波浪式增长的趋势，其中科普综合发展水平由2016年的0.3025突增至2017年的0.7278，然后又降至2018年的0.3276，此后又小幅地上升和下降，发展极其不稳定。经过对数据分析发现，广西科普综合发展水平的上升主要是受2017年科普专职人员的影响，2017年广西科普专职人员的数量是9046人，其他年份的数量一般在5500~6000人范围，2018年的科普经费筹集额和科普讲座、科普展览次数的指标值是研究期间最低的，相应的综合水平也就最低，表明了科普经费的投入对综合水平的发展影响较大。2016—2020年的广西文化综合发展水平值从整体发展趋势来看，呈现出波动增长的态势，2018年相对2017年下降了约20%，文化综合发展水平由2016年的0.3407增长至2020年的0.6833，综合发展比较稳定。2020年，广西壮族自治区党委、政府出台了这几年来针对性最强、干货最多的《关于支持广西文化产业高质量发展的若干措施》政策性文件，因此2020年的广西文化产业达到了这几年来的最大发展值。

（二）广西科普与文化综合发展水平对比分析

为了更直观地对比分析广西科普与文化的综合发展水平，将表3的计算结果形成图形表示，如图1所示。

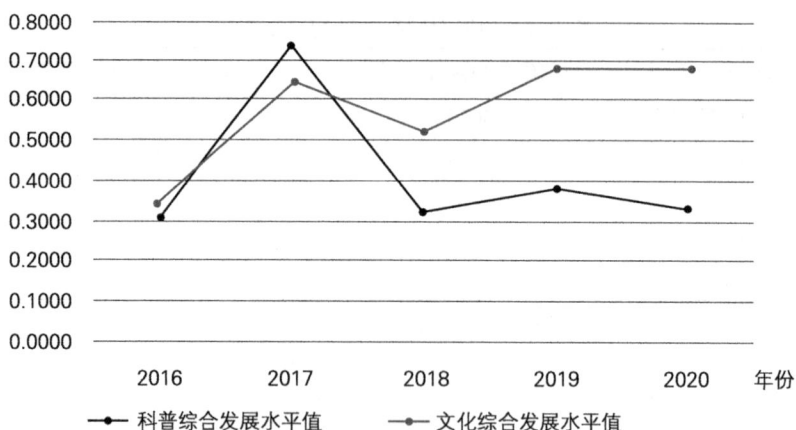

图1 2016—2020年广西科普与文化综合发展水平值

资料来源：作者根据相关资料整理。

从图1可见，2016—2020年广西科普与文化的综合发展水平值整体变化趋势相似，2016年两者的值都在0.3左右，其中在2017年的时候都出现了一个高峰值，对数据分析发现，这一年科普专职人员的数量和艺术表演团体表演收入是这5年中最高的。2017年以前，广西科普与文化的综合发展水平差距并不大，2017年以后，两者差距逐渐拉大，科普综合发展水平起伏不定，而文化综合发展水平呈逐渐增长的趋势且增长稳定；此外，从整体上看，这5年来，广西的文化综合发展速度高于科普综合发展速度。在2017年之前，科普与文化综合发展水平较低，随着科普与文化得到进一步重视，两者整体的发展都有所上升，文化的综合实力迅速增强，发展速度加快，但是科普工作还是落后于文化的发展步伐，差距也就在此拉开，这说明了两者在融合发展过程中，文化的发展潜力得到了更深层次的挖掘，发展速度更快。

（三）广西科普与文化耦合协调度分析

结合使用广西科普与文化综合发展水平值，并通过公式（7）和（8）计算得二者耦合协调度如表4所示。

表4 广西科普与文化耦合协调度

年份	2016	2017	2018	2019	2020
耦合度	0.9982	0.9986	0.9723	0.9597	0.9379
耦合协调度	0.5666	0.8307	0.6447	0.7112	0.6898
耦合协调等级	比较协调	强度协调	比较协调	较强协调	比较协调

资料来源：作者根据相关资料整理。

由表4可知，2016—2020年，广西的科普与文化耦合协调度总体呈逐年增长的趋势，这反映出广西的科普文化融合水平逐渐提高，这与近年来科普与文化深度融合政策的贯彻和实施密切相关。耦合度可以反映系统之间的相互依赖及制约的程度，从表4的耦合度值来看，广西科普与文化的耦合度值都比较大，范围在0.9~1.0之间，这表明广西科普与文化的关系紧密，相互依赖和相互作用明显。从耦合协调度值来看，广西科普与文化的耦合协调度整体增速较慢，耦合协调度值从0.5666上升至0.6898，年平均增长率仅为5.04%。其中，增长最快的是2016—2017年，增长率为46.61%，2017—2018年两者的耦合协调度降低，由0.8307下降至0.6447；广西科普与文化的融合一直处于比较协调的状态，中国科学技术协会、文化部自2016年起，在全国范围组织开展"科普文化进万家"活动，科普与文化相结合，到2017年表现出耦合性最强的协调状态。总体来看，2016—2020年这5年间，广西科普与文化的相互影响和依赖的关系强，两者的发展水平已趋于一致，这表明了各方的政策支持和工作的完善等因素促进了科普与文化向较为良性互动的方向发展，达到比较协调的状态，实现了两者间的共赢发展。

四、研究结论及对策建议

（一）研究结论

本文在构建科普与文化综合发展水平评价指标体系的基础上，采用耦合协调度模型，定量分析了广西 2016—2020 年科普综合发展水平、文化综合发展水平和科普与文化的融合协调发展程度，主要结论如下：

1. 2016—2020 年期间，广西科普与文化综合发展水平呈波动上升趋势

除 2017 年两者都有突增的波动外，总体而言，广西文化发展水平明显高于科普的发展水平。通过对指标权重进一步分析发现，科普专职人员的数量和艺术表演团体表演收入，分别是影响广西科普与文化综合发展水平的重要因素。此外，广西的科普发展水平滞后于文化发展，说明许多科普资源未能得到充分的挖掘，在某种程度上制约着广西科普事业的快速发展。

2. 研究期间，广西的科普与文化存在显著的耦合发展关系

通过实证测算结果分析可知，广西科普与文化的耦合协调度从 2016 年的 0.5666 上升到了 2020 年的 0.6898，整体上看两者的耦合协调水平比较低，耦合协调度值大都处于数值 0.5~0.8 之间，2017 年科普文化的耦合协调度达到了这 5 年间的最强协调发展阶段，耦合协调度值达到了 0.8307，说明广西科普与文化两者的耦合协调程度处于比较协调水平，处于良性发展阶段，但是总体还未达到强度协调的阶段，未来还有提升的空间。

（二）对策建议

为了进一步促进广西科普与文化的融合发展，本文提出以下三个方面的对策建议。

1. 强化政府主导作用，加大政策支持力度

政府在科普与文化的融合发展中占有主导的地位，具有积极引导、支持推动的作用，为广西科普与文化融合发展创造良好的政策环境。一是各级政府要充分发挥好主导统领作用，制定适合广西科普与文化融合发展的相关政策，利用切实有效的政策和制度体系推动科普与文化的高质量发展。在出台《广西全民科学素质行动规划纲要（2021—2035年）》《关于支持广西文化产业高质量发展的若干措施》等相关政策时，可针对广西科普和文化产业的发展特点，制定更有针对性、可行性的系列科普文化产业政策。二是加大对科普与文化发展的整体扶持力度，加大财政投入，繁荣科技文化市场，扶持科普文化企业发展，如广西在推动科普文化企业融合创新时，对企业实行税收优惠，同时助力打造科普文化龙头企业，发挥其引领作用。三是政府应加大宣传及推广科普与文化的融合理念，提高社会相关部门以及公众对科普文化融合发展的认知，鼓励更多的社会群体积极参与科普与文化发展事业之中。如利用广西壮族节日"三月三"、中国—东盟博览会等活动为载体展示多元文化，开展各类科普文化主题活动，带动社会各群体的参与性，丰富科普文化活动。

2. 提升科技创新能力，助力科普与文化融合发展

科技创新是促进科普与文化融合发展的重要因素。一是不断提升广西的科技创新能力，广西区内的科普型和文化型企业要强化自身的创新主体地位，利用现代科技成果和技术积累，提高科普文创成果的产业化水平。二是不断强化科技创新在科普与文化中的投入力度，用科技的力量为科普与文化建设注入新的内容和形式研究，探索"科普＋文化＋创新"的发展之路，如打造广西文化与科技融合示范基地或产业园，培育文化科技融合重点项目等。三是充分调动和鼓励广大科普工作者和文化工作者的科技创新积极性，以科技创新进一步打造"文学桂军""八桂书风"、刘三姐等广西文化品牌，促进科普文化事业的繁荣和融合发展。

3. 培养科普与文化融合创新方面的人才，建设复合型人才队伍

人才为推动科普与文化的融合发展提供了智力保障，广西需要积极培养出更多的科普与文化都擅长的复合型高端专业人才，强化人才资源的储备，促进科普与文化融合发展。一是充分发挥广西高校教育资源优势，依托学科建设优化人才的培养机制，建立面向科普与文化的产学研一体化高校人才培养模式。二是健全人才引进体系，积极引入外部人才力量，出台具有吸引力、创新力和竞争力的专项人才引进政策，加大与粤港澳地区以及东盟国家的区域性人才培训合作，培养具有前沿思维和国际视野的创新型人才并引进到科普与文化的发展中。三是建立和完善人才考核评价体系及人才激励机制。例如设立项目研发资金、专项鼓励基金等，充分地调动人才的积极性，引导各方面优秀人才创新作为，充分展示自身才能、努力创造价值，为广西科普与文化融合高质量发展提供坚强的支撑保障。

参 考 文 献

[1] 崔慧玲，李杨，崔章．用文化元素推动河北科普产业的跨界融合 [J]．科技风，2019（3）：222-223.

[2] 高晋，李金锴，赵海东．内蒙古文化产业与旅游产业耦合发展研究 [J]．经济论坛，2022（1）：106-116.

[3] 李翠亭．科普与文化产业融合发展的理路 [J]．中小企业管理与科技，2022，41（36）：129-131.

[4] 吕坤，孙靖昆．中国科普服务与公共文化服务的协同发展研究——基于效率耦合视角 [J]．科学教育与博物馆，2023（1）：19-29.

[5] 苏卉，康文婧．陕西省文化科技融合水平测度研究——基于耦合协调度模型 [J]．经营与管理，2022（3）：180-186.

[6] 王珊珊，张冰乐，周蓉．西藏文化产业与旅游产业耦合发展的实证分析 [J]．西藏研究，2020（3）：23-32.

[7] 汪永臻．陕西省文化产业和旅游产业耦合发展的实证研究 [J]．兰州文理学院学报（社会科学版），2022，36（3）：46-52.

[8] 曾国屏，古荒.关于科普文化产业几个问题的思考 [J].科普研究，2010（1）：5-11.

[9] 张军.科普工作与地方文化资源的融合——以江苏省科学技术馆为例 [J].科学教育与博物馆，2020（6）：467-469.

[11] 邹庆国，桑东辉.哈尔滨市发展科普文化产业的问题及对策研究 [J].边疆经济与文化，2018（6）：15-17.

[10] 张璐昱.新疆科技金融与科技创新耦合协调发展实证分析 [J].金融发展评论，2019（2）：95-110.

基层科普资源的利用与开发路径探究

——以苏州市吴江区为例

吴昱颐 *

摘要： 我国科普工作起步比较晚，随着现代科技的发展，科学普及迎来了一个前所未有的好时机。近年来，各级政府对科普工作都有较大投入，取得了一些成果和经验。但是也要看到，社会各界资源分散、无法统一，资源利用率不高，科普资源开发的人才队伍建设存在不足等问题仍然十分突出。本文以苏州市吴江区为例，基于近年来科普资源建设的情况，对科普资源的开发现状进行梳理、对科普资源建设的模式进行总结，力争找出目前困扰基层科普资源开发利用的短板和痛点，探究适合现阶段基层科普资源开发的新模式、新机制，希望能够促进基层科普资源开发利用的效率的提高。

关键词： 科学普及；科普资源；公共产品

一、关于科普资源的相关概念

（一）关于科普资源的研究

有关科普资源的定义，由于涉及面太广，而科学技术的创新速度较快，新生事物不断在衍生，目前也没有统一权威的认定，比较具有代表性

---

* 作者：吴昱颐，江苏省苏州市吴江区科技服务中心主任。

的观点如下。田小平提出，科普资源分为基础性科普资源和专业性科普资源两大类，基础性科普资源是指具备开展相关科普活动或为科普提供专业性支持的机构、人才、条件和信息等，专业性科普资源是指专门从事科普工作或以科普为主业的机构、专业人员、条件和信息服务等。任福君（2009）提出，科普资源是指用于发展科普事业的政策环境、人力、财力、物力、组织、科普内容及信息等要素的总和，科普资源可以抽象概括为科普能力资源和科普内容或产品两大类，科普能力资源主要包括政策环境、人力、财力、物力、组织及科普信息等。叶松庆等人（2013）提出，科普资源是科普实践和科普知识普及过程中一切与之相关的物质，分为科普人员、科普场地、科普经费、科普传媒和科普活动等五大方面。

在基层实际科普工作中，科普资源可以从资源的使用途径来划分，具体可以分为科普政策、科普经费、科普人才、科普阵地、科普活动和科普产品等。其中科普政策、科普经费分别是对科普工作的指导和支持，而科普人才、科普阵地、科普活动和科普产品则是科普资源的具体表现形式。

（二）吴江区基本情况简介

吴江是江苏的"南大门"，区域面积1176平方千米，常住人口155.9万，吴江一直被誉为江苏省民营经济"领头羊"，多年来形成了丝绸纺织、电子信息、光电通信、装备制造四大主导产业，吴江连续多年位列中国大陆创新能力最强县级市（区）。2018年，长三角一体化上升为国家战略，吴江作为长三角生态绿色一体化发展示范区之一，迎来了前所未有的发展机遇。

二、吴江区科普资源开发与利用现状分析

（一）科普场馆资源

科普场馆是群众参与科普活动、接受科普教育的重要基地，是最具代表性的科技成果、科普知识的展示窗口，目前吴江区共有综合性科技馆1个，非场馆类的科普基地40个（其中全国科普教育基地2个，江苏省级科普教育基地7个，苏州市级科普教育基地19个），农村科普惠农服务站250个，社区科普惠民服务站65个。

吴江区科普场地资源的代表为苏州市青少年科技馆，拥有科普展品149件，以及苏州院士、智能生活等全新展区。吴江区其他科普场地资源呈现出较为分散的特点。统计2013—2020年度吴江区获得补助的科普场馆，按来源可以分为三类（见图1）。一是政府建设的科普场地，如中国丝绸陈列馆、农机局博物馆等。此类场地大多由当地政府建设，体现了当地产业、发展方向，大多数为免费开放，此类场馆共有38个。二是由公立学校建设的科普场地，如震泽中学天文公园。此类场地以学校为建设者，体现了各个学校的教学特色，大多仅对学生免费开放，并不对社会公众开

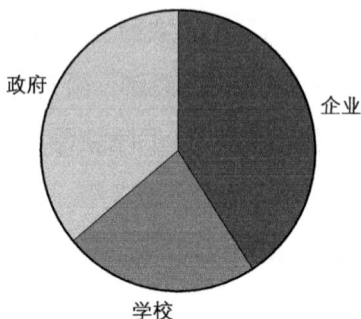

图1　2013—2019年吴江区新建科普场馆来源

资料来源：作者根据相关资料整理，以下同。

放，这类场馆共有 25 个。三是由企业、农村专业技术协会、合作社等建设的科普场地，如太湖雪蚕桑文化园等，此类场地大部分是由企业投资，多为小型主题科技馆，与企业生产环节结合较为紧密，部分场地会向参观群众收取一定的费用，这类场馆有 45 个。考虑到公立学校的大部分经费也由政府拨款，因此可以认为大部分科普场馆都是由政府出资建设的。

除了政府直接出资建设科普场馆外，吴江区还通过科普专项经费这一渠道，对具有特色的科普场馆进行补助，以 2013—2019 年吴江区新建科普场馆为例（见表 1），共有 108 个科普场馆，总投入超过 8824 万元人民币，补助的科普专项经费则达到 668 万元。吴江区科普场馆资源的投入建设规模、投入资金保持在较高水平，科普专项资金带动全社会投入建设科普场馆的比例也超过 1：10。

表1　2013—2019 年吴江区新建科普场馆统计

年份	数量（个）	总投入资金（百万元）	补助资金（百万元）
2013	8	3.2366	1.16
2014	17	16.7967	0.92
2015	20	12.304	0.72
2016	24	18.8427	1.11
2017	17	18.45455	0.93
2018	13	10.41	0.82
2019	9	8.1955	1.02
合计	108	88.24	6.68

（二）科普活动资源

在多年开展科普工作的过程中，吴江区形成了几个品牌型的科普活动。

一是传统型科普活动。每年 5 月由科技部牵头举办全国科技活动

周（科普宣传周）、9 月由中国科学技术协会牵头举办全国科普日活动，
2013—2019 年每年科普活动总量基本保持在 200 项以上（见表 2），形成
了政府牵头、社会参与的局面。

表 2　2013—2019 年吴江区科普宣传周、全国科普日举办活动数量一览

年份	科普宣传周活动数量（项）	全国科普日活动数量（项）	活动总量（项）
2013	122	81	203
2014	121	90	211
2015	159	93	252
2016	126	83	209
2017	161	76	237
2018	185	79	264
2019	179	84	263
合计	1053	586	1639

　　二是品牌性竞赛活动。通过举办比赛、评比等方式，逐步打造品牌科
普活动。部分活动已具备一定影响力，如"吴江科技创新政府奖"是全国
首个县级青少年科技创新奖项，经过 17 年的耕耘开拓，对吴江的青少年
科技教育起到了重要的引领作用。另一个活动是"科普动起来"家庭创意
制作比赛（见图 2），该比赛由吴江科协与上海科普事业中心共同策划发
起，以智慧工匠为主题比拼创意，迄今为止已成功举办 10 届，该项比赛
还是第一个以家庭为单位开展的创意制作比赛，吸引超过 800 户家庭参加
比赛。

　　三是整合性参观活动。利用科普游、青少年科普教育的机会，将吴江
的科普资源串联整合，并形成特有的科普活动。如以青少年为主体的"心
灵·艺术·科学"探索日活动，通过科技馆串联起全区有特色的 16 家科
普场馆，让吴江青少年通过各类科普活动学习科学知识，对科学产生兴
趣，培养科学思维。每年参加此活动的学生数量超过 1 万人次。

图 2　沪苏两地"科普动起来"家庭创意制作比赛掠影

（三）科普媒体资源

科普媒体资源主要分为传统媒体和新兴多媒体。传统媒体包括科技类报刊、科普图书、广播、电视节目；新兴多媒体包括科普网站、科普 e 站及科普微信。

1. 传统媒体

吴江区科协每年通过《吴江日报》出版科普专版 8 版；在广播电台每天设立"科普时间"，每周播放时间总计 65 分钟；2014 年和 2015 年在吴江电视台 4 个频道播放固定科普节目《让科学流行》，每周播放时长为 360 分钟（含重播），2016 年以后节目改版为科普短片（5~10 分钟），采用插播模式，每周播放时长为 640 分钟（含重播）。

2. 新兴多媒体

随着互联网的兴起，市民更多通过互联网终端了解科普信息。2014 年起陆续在全区人员密集型场所配备科普智能大屏（科普 e 站）124 块，科普微信公众号 1 个。

（四）科普人员和科普经费

1. 科普人员

科普人员是科普活动的主要承担者和推广者。根据《科普人才规划纲要》的区分，科普人员分为科普专职人员和兼职人员。吴江区的科普专职人员主要来自科技馆、学校、有科普任务的机关单位及有科普基地的企业。据 2020 年吴江区科协统计，吴江区科普专职人员约为 380 人。而兼职人员大部分来自社会志愿者（约 2900 人）、农村专业技术协会工作人员（约 100 人）、农村专业合作社（约 200 人）、科技型企业研发人员（约 800 人），共约 4000 人。大多数科普专兼职人员分布在市区、社区，农村地区的科普专兼职人员相对较少。

从人员素质角度来说，江苏省于 2023 年重新开始认定"科学技术普及专业技术职称"，科普人员重新开始有了专业性的职业技能鉴定和晋升渠道，但此项政策不面向学校科技辅导员。吴江区科协与区教育局每年面向学校科技辅导员组织 1~2 次的科技教育培训，其他人员获得培训的机会则较少。

2. 科普经费

《江苏省全民科学素质计划纲要实施意见（2016—2020 年）》及《江苏省科普示范县（市、区）评选办法》中提到，苏南地区人均科普经费不低于 3 元；苏州市科协提出，苏州各市区人均科普经费不低于 5 元，吴江区科协在 2013 年实现了这一目标。吴江区的科普经费的主要来源为政府拨款，科普经费主要用于科普项目补助、科普活动支出。由于乡镇科协不是常设机构，乡镇科协主席、副主席、秘书长全部为兼职，区级层面对乡镇的科普经费没有强制性要求，多数镇区没有单独安排科普经费，而是和教育经费或者科技经费合并。

从 2013—2017 年的科普专项经费支出情况来看（见图 3），虽然有一定波动，但从总体趋势看是逐渐增加的。以 2017 年为例，吴江区科

普专项经费支出为 474.99 万元，青少年科技创新政府奖专项经费支出为
14.64 万元，总计支出 489.63 万元，来源为吴江区政府拨款及上级科协
奖补。

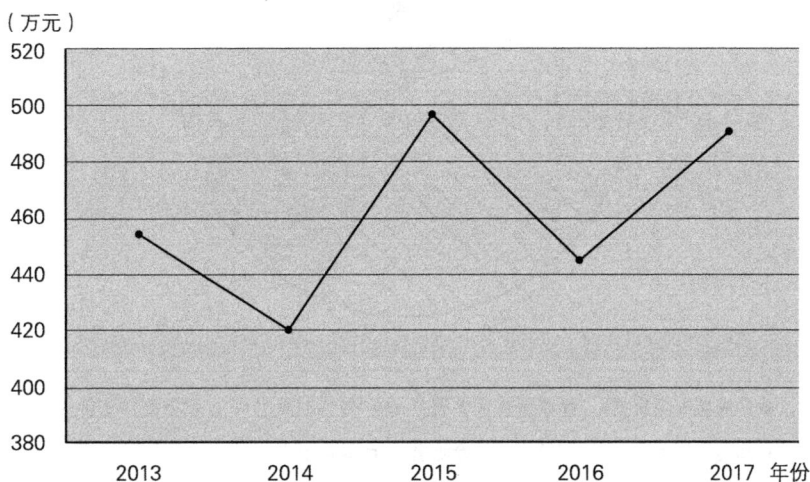

图 3 2013—2017 年吴江区科普专项经费支出情况

从支出比例上看（见图 4），科普阵地支出仍然是最大的一块支出内
容，占科普专项经费的 41%，其次是科普活动支出，占科普专项经费的
23%，科普媒体宣传支出占 13%。而科普资源开发支出仅占科普专项经费
的 1%。值得注意的是，科技社团支出占据科普专项经费的 9%。

从各项支出变化来看（见图 5），科普阵地支出 2013—2017 年逐渐稳
定，科普活动支出则受重大科普活动的影响较大，同时可以看到，科技社
团的支出逐步增长。

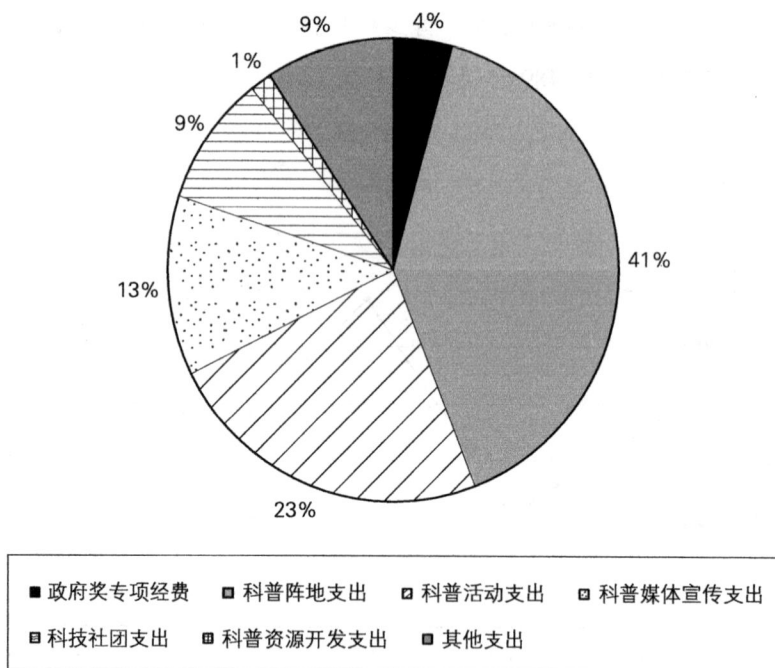

图4 2013—2017年吴江区科普经费各类支出比例

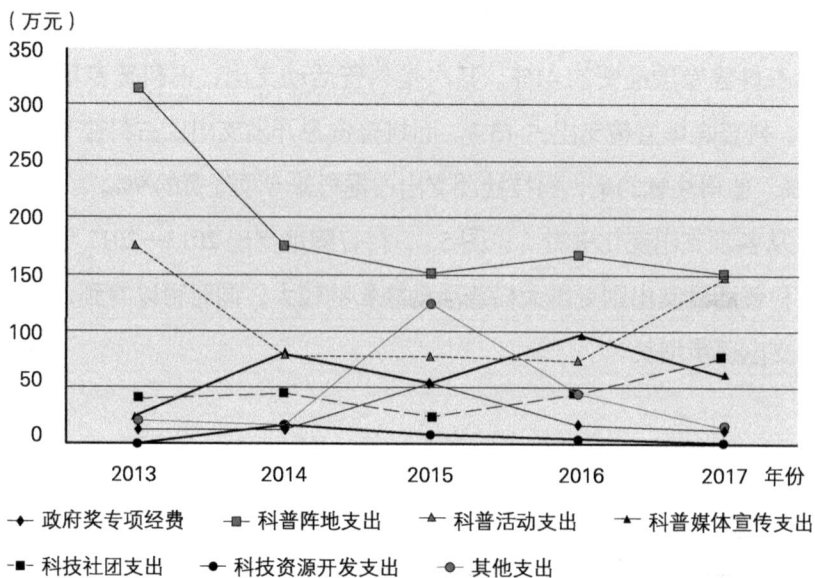

图5 2013—2017年吴江区科普经费各项支出变化

综上所述，吴江区科普资源开发利用的特点有以下四个方面。

第一，科普经费目前仍以政府拨款为主，多种融资、筹资方式并存。科普场馆、活动的服务对象是辖区内的常住居民。随着近几年对科普工作的重视以及市民科普需求的提升，越来越多的社会资本投入到科普场馆建设、科普活动中来，为未来科普资源开发水平的提高提供了可能。

第二，科普媒体资源正在发生转变，随着互联网特别是移动终端的兴起，科普传播的方式也随之改变。互联网在科学普及工作中的作用越来越大。同时，利用现代化的手段更有利于为不同群众的科普需求提供精准服务。

第三，科普人员的性质较为单一，专职人员多为体制内人员，虽然从事科普事业，但是职业发展路径受到约束。另一方面，全社会对科普的热情得到提高，志愿者人数相对较多，为科普活动的组织开展奠定了良好的基础。

第四，科普活动的数量保持稳定，形式多样，政府主办的科普活动规模、质量有明显提升，特色活动品牌打造卓有成效，吸引了越来越多的市民参与科普活动，覆盖面显著扩大。

三、吴江区科普资源开发利用的制约因素

（一）科普经费不足

1. 政府投入不足

以 2017 年为例，吴江区科普专项经费支出为 474.99 万，人均科普专项经费为 4.975 元，低于江苏省平均水平（5.37 元），也低于北京（58.12 元）、上海（19.74 元）、浙江（5.76 元）等发达地区水平。以科普经费强度（即科普经费筹集额度占本地区生产总值的比例）来衡量，吴江区 2017 年的科普专项经费强度为 0.22×10^{-4}，远远落后于江苏省（1.24×10^{-4}）、浙江省（2.04×10^{-4}）、上海市（5.69×10^{-4}）的平均水平，说明吴江区的科普经费投入与地区经济发展水平并不匹配。

2. 经费来源单一

吴江区的科普经费主要来自政府拨款。虽然科普经费得到稳定的来源，保障基础科普工作得以开展，但是对目前高水平、高质量的科普工作，仅仅依靠政府资金推动尚显不足。

3. 经费有效使用率偏低

科普工作的主要负责部门为科协，科协的职责除了科学普及外，还有辅助党和政府科学决策、开展学术交流、助力创新发展等职责。实际工作中，科普经费被用于学术交流、补助企业的情况时有发生，有时，此类支出会占据科普经费的 30% 以上。科普专项经费的专款专用需要上级部门、纪检部门加强监督。

（二）管理机制不完善

1. 沟通机制尚未建立

社会大科普机制尚未形成。以科普活动为例，在科普周、科普日等科普活动时期，科普相关部门会配合上级集中开展活动；然而在平时，科普资源却得不到有效利用。一些科普场地资源分属于不同的部门，由于沟通机制未建立、信息不流通，导致有需求的部门和有资源的部门不能及时互通有无，造成资源的浪费。

2. 激励机制有待完善

科普资源的开发往往周期很长，原创性开发科普资源的投入产出比失衡，这也导致了科普产业一直处于较低水平。在激励政策上，缺少鼓励各类科普资源开发的有关政策、法规。同时，在科普相关项目上也缺乏公开招标、项目公开论证、已有项目评估等措施，使得已有的科普项目的质量参差不齐，科普资金未能得到有效利用。

3. 监管机制还不完善

科普资源开发利用缺少一套科学可量化的评价指标体系，如吴江区科普专项经费多年来一直未纳入政府资金的绩效考核体系。这导致有些科普项目即使无法按时完成，也缺乏相应的惩罚措施，大量科普项目无疾而终，造成资金的损失和浪费。

四、提高吴江区科普资源开发与利用效率的对策

（一）健全多元化的科普资源投入机制

1. 建立规范化的科普资源投入标准

要建立明确的县、镇两级政府的科普经费制度，制定更符合经济发展水平的科普经费投入标准。可通过减免税收、开设专项奖励、鼓励银行给予低息贷款等措施，吸引各类社会团体、企业、个人等投资科普事业，进一步扩大全社会的科普投入。

2. 形成符合当地产业实际的科普产业

促进科普事业与科普产业相结合，提升科普产业"造血"能力，使科普事业公益性和经营性相统一。将科普产业作为新兴产业纳入地方产业规划。鼓励现有的科普产业参与市场竞争，根据产业特色打造符合吴江区特色的品牌科普阵地，开展科普旅游、科普影视创作活动等，促进科普产业链的形成。

（二）构建科普资源共建共享机制

1. 构建科普资源建设信息交流机制

实现科普资源的共建共享、重大科普活动的合作，避免各部门在相关工作上的重复建设，促进资源的合理利用。

2. 整合科普人才资源

充分发挥科技专家、科普讲师团、科普志愿者的作用。打破人才壁垒，广泛吸纳科普人才，建立区级科普讲师团，每年由公众进行"菜单式"选择。鼓励科技工作者加入科普志愿者队伍，并通过积分等方式在子

女入学、落户等方面给予一定便利。

3. 建立地区合作的科普资源共享机制

建立长三角地区的科技场馆联盟，组织、参与高水平科普论坛，进一步提升科普资源开发水平。建立长三角专家科学传播团，各地共享专家资源，开展科普讲座、研学等活动。

4. 建立高水平的科普信息化建设

探索将现有的科普场地、科普活动、科普媒体等资源整合，建立吴江区网上科技馆。通过组织线上科普活动，吸引群众参与其中。引进科普达人、培养本土科普作家，增加优秀科普资源的线上供给，增加科普在公众日常生活中的曝光度。

（三）推出有利于科普资源开发的激励机制

1. 建立科普资源开发的资金保障机制

鼓励优秀科普项目接受社会捐助，大胆运用社会闲置资金，对于捐助科普资源建设的资金，根据《捐赠法》予以认定。充分保护开发者的知识产权，增加原创作品收益，鼓励科普工作者投入新项目开发，形成良性循环。

2. 推出科普资源开发的人才激励政策

用好科普人才队伍的职称评价体系，鼓励科学家讲科普。将科普专业人才列为紧缺人才，给予相应的落户、购房（租房）、税收优惠。形成科普人才与科技人才同等重要的社会氛围。推荐科普作品参评各级奖项，设立区级科普奖项，宣传科技成果、弘扬科学精神。

（四）建立科普资源建设效能评价指标体系

结合吴江区科普资源建设的实际，参考洛桑国际管理发展学院（IMD）有关科技竞争力评价体系，建立符合吴江实际的科普资源建设效能评价指标体系，为吴江科普工作提供指导。吴江区科普资源建设分为科普场地、科普活动、科普媒体资源开发三类，以可获取性、适用性、可比性为原则，建立科普资源建设效能评价指标体系，其中一级指标 7 个、二级指标 18 个，三级指标 36 个，主要参数 121 个（见表 3）。

表 3　科普资源建设效能评价指标体系

一级指标	二级指标	三级指标	主要参数
政府支持	规划支持	长期规划	国民经济和社会发展五年规划、全民科学素质行动计划五年实施方案、关于苏南地区现代化发展规划、长三角生态绿色一体化发展规划
		短期规划	年度工作计划、专项工作规划
	政策支持	政策扶持	科普产业政策、科普软课题项目、科普创业类项目扶持
		经费扶持	税收优惠、经费划拨、配套奖励
人力资源	队伍结构	人员结构	大专学历以上、中级职称、高级职称
		专职人员	科普创作者、科普场馆设计者、科普传媒从业者、科普产业经营者、科普活动策划者
		兼职人员	科普志愿者、科普兼职人员、大学生兼职
		科普团队	科技辅导员团队、农技员团队、医务工作者团队、科技研究人员团队
	人才培养	科普能力培养	政策理解能力、信息检索能力、策划组织能力、新媒体传播能力
		培训体系	培训教材、课程、培训时长、培训场次

续表

一级指标	二级指标	三级指标	主要参数
科普场地	场地设施	科技展览	科普场地面积、有效展陈面积、互动展品占比、展品更换率、新媒体展品
	开放接待	开放情况	开放天数、开放时间
		接待情况	团队数量、个人数量、总人次
		科普巡展	巡展项目数、巡展次数、巡展时间、展品数量
	科普经费	经费筹集	政府拨款、专项申报资金、企业合作资金
		经费使用	科普基建支出、科普服务支出
科普活动	一般性科普活动	科普讲座	人次、场次
		科普展览	人次、场次
		科普竞赛	人次、场次
	科普创新活动	科普宣传周	活动次数、参与人数
		主题科普活动	人次、场次、时长
		线上科普活动	人次、场次、时长
	活动经费	科普活动经费收支	政府拨款、赞助收入、活动支出
科普媒体资源	传统媒体	图书、期刊、报纸	科普报纸发行量、科普论文发表数、科普著作数量
		电视、电台	节目数量、播出时间
	新媒体	网站	原创信息数、访问量、栏目数量
		科普e站	原创信息数、开机率、点击量
		微信、App	发文数量、访问量、关注人数、线上活动参与人数

一级指标	二级指标	三级指标	主要参数
科普创新	内容创新	科普内容挖掘	高科技企业开放、创新技术咨询、创业对接、科技型企业参观
	协同创新	协作关系创新	与企业合作、与高校合作、与中小学合作、与其他城市合作、与其他部门合作场次
	媒体创新	科普媒介创新	科普智能穿戴设备、云科普、网上科技馆、科普旅游路线、科普研学项目数量
	经费创新	科普经费来源	众筹科普经费、社科课题经费、基金投资、创业收入
综合绩效	科普影响力	媒体报道数量	国家、省、市、区级媒体报道数量
	科普奖励	各类奖励称号	国家、省、市、区级科普类奖励
		奖励资金	国家、省、市、区级科普类奖励金额
		承担课题	承担国家级、省级、市级、区级课题数量，企业课题数量

资料来源：作者根据相关资料整理。

建立科普资源建设效能评价指标体系的具体流程分为三步。首先，建立由区科协牵头，区全民科学素质评价领导小组成员单位积极参与的评价体系，纳入科研人员、专家学者等科研工作者作为补充。其次，采用定量与定性相结合分析来确定评估方法。应当由科普工作的管理者、从业者组成团队，结合工作经历以及专业判断来确定每个指标的权重，具体可以采用现场讨论或者问卷调查的方式。最后，每年对科普资源建设项目进行评估。该评估结果可以应用于科普项目补助、科普工作考核、制定下一年度工作指标等，对科普工作进行改进和指导。

参 考 文 献

［1］白理.天津市科普资源现状及对策研究［D］.天津大学，2014.

［2］陈雄，马宗文，董全超，等.基于受众匹配性的科普知识传播渠道研究——以长三角地区为例［J］.科普研究，2018，13（3）：22-28+106.

［3］邓哲.北京高校场馆类科普资源效用研究［D］.北京工业大学，2013.

［4］冯雅蕾.基于网络平台的科普资源的利用与开发研究［D］.重庆大学，2012.

［5］古荒，曾国屏.从公共产品理论看科普事业与科普产业的结合［J］.科普研究，2012，7（1）：23-28.

［6］韩新明，孙文彬，汤书昆.我国可开发性科普资源产品化问题研究［C］.安徽省科学技术协会.安徽首届科普产业博士科技论坛——暨社区科技传播体系与平台建构学术交流会论文集.安徽省科学技术协会：安徽省科学技术协会学会部，2012：257-261.

［7］江敏.广东科学中心运营管理问题与对策研究［D］.华南理工大学，2014.

［8］李建坤.我国科普投入产出效率研究［D］.北京化工大学，2016.

［9］李军平.基层科普工面临的难题及对策［J］.科技传播，2015，7（8）：120-122.

［10］李黎.我国科普产业协同创新发展研究［D］.中国科学技术大学，2014.

［11］李智强，陈庆新.广东数字科普资源建设及可持续发展的研究［J］.科技创新导报，2010（16）：10-11.

［12］梁恒龙.科普展品创新机制分析［J］.科技风，2017（8）：9.

［13］林晓燕.广州市科技资源科普化的政府引导研究［D］.华南理工大学，2013.

［14］刘广斌，李建坤.基于DEA方法的地区科普资源配置及利用效率评价［J］.科普研究，2017，12（6）：69-76+108-109.

［15］刘华杰.科学传播的三种模型与三个阶段［J］.科普研究，2009，4（2）：10-18.

［16］刘健.上海市科普资源开发与利用研究［D］.中国科学技术大学，2011.

［17］刘烨.中国科普服务均等化问题研究［D］.合肥工业大学，2010.

［18］马健铨，刘萱.京津冀科普资源共建共享对策研究［J］.今日科苑，2018（8）：63-72.

［19］孟凡刚.解决几组矛盾 提升社区科普工作效率［J］.科协论坛，2017（9）：19-22.

［20］莫扬，孙昊牧，曾琴.科普资源共享基础理论问题初探［J］.科普研究，2008（5）：23-28+32.

[21] 倪飞凤. 科普教育基地运营及管理模式研究 [D]. 华东师范大学，2006.

[22] 任福君. 关于科技资源科普化的思考 [J]. 科普研究，2009，4（3）：60-65.

[23] 唐颖. 科普场馆开展"馆校结合"活动浅析 [J]. 科协论坛，2017（9）：34-35.

[24] 王大鹏. 以《科普法》为依托　让科普从应该到必须 [J]. 科协论坛，2017（10）：30-31.

[25] 王康友，郑念，王丽慧. 我国科普产业发展现状研究 [J]. 科普研究，2018，13（3）：5-11+105.

[26] 王小明. 共建、共享与创新：关于长三角科普资源一体化的思考 [J]. 科学教育与博物馆，2018，4（3）：147-150.

[27] 危怀安. 中国科协科普资源共建共享机制研究 [J]. 科协论坛，2012（4）：43-45.

[28] 温立. 上海大型科普场馆公共安全管控工作完善研究 [D]. 上海师范大学，2017.

[29] 向燕. 政府投资型科普教育基地运行管理中存在的问题及对策研究 [D]. 华南理工大学，2013.

[30] 杨传喜，侯晨阳. 科普资源配置效率评价与分析 [J]. 科普研究，2016，11（1）：41-48+97-98.

[31] 杨希. 我国科技馆免费开放政策实施研究 [D]. 南京师范大学，2017.

[32] 尹霖，张平淡. 科普资源的概念与内涵 [J]. 科普研究，2007（5）：34-41+63.

[33] 张栋. 上海科普场地调查研究 [D]. 上海师范大学，2009.

[34] 张良强，潘晓君. 科普资源共建共享的绩效评价指标体系研究 [J]. 自然辩证法研究，2010，26（10）：86-94.

[35] 张乐. 探索馆校结合模式　以勤工助学培养科普工作者 [J]. 科协论坛，2017（9）：29-31.

[36] 张民. 基于云平台的朝阳社区科普资源服务系统的设计与实现 [D]. 北京工业大学，2016.

[37] 张守慎. 浅谈科普信息化落地应用 [J]. 科协论坛，2017（7）：30-32.

[38] 张雅京，卢佳新. 环保行业科研成果科普资源化的思考与建议 [J]. 环境教育，2018（12）：76-79.

[39] 钟青. 科普场馆之科学传播创新浅析 [J]. 科协论坛，2017（10）：34-35.

[40] 周静. 中小学校外科技教师指导行为研究 [D]. 华东师范大学，2010.

[41] 叶松庆，王良欢，张犁朦. 安徽省科普资源现状与利用机制研究 [J]. 安徽师范大学学报（自然科学版），2013，36（6）：601-608.

[42] 中国科协公布科普人才发展规划纲要 [J]. 硅谷，2010（15）：179.

科学与文化的碰撞：
吉林省光学科学文化传播体系建设的实践

姚　爽　赵　智　秦广明*

摘要： 光学科学是科学大家园中的一分子，光学科学的演进奠定了现代科学技术进步的基础。光学科学文化包裹于科学文化的内容体系之中，以光学科学为突破口，对立足于吉林省科学文化的发展情况，搭建具有吉林省特色的科学文化传播体系可以起到参考与借鉴作用。

关键词： 科学文化；光学科学；吉林省；文化传播

文化是自诞生以来，在漫长的历史演变过程中形成的物质文化与精神文化的全部总和。以往人类对科学的理解仅停留在简单的工具层面，出于工具主义和实用主义目的去看待科学，很少与文化联系在一起。这种孤立的理解造成了公众对科学技术本质的片面认识，科学方法、科学精神等精神文化内涵的缺失是对科学的误解。进入21世纪，随着科学技术在现实生活领域中不断渗透，由科学技术所引发的文化问题开始凸显，人们开始认识到，科学虽然指向广阔的自然世界，但是，它却蕴含着十分丰富的人文因素，表达了人类对自然的价值诉求。于是，研究者开始将科学作为一

　　* 作者：姚爽，长春中国光学科学技术馆，馆员，助理研究员；赵智，长春中国光学科学技术馆，中心主任，高级工程师；秦广明，长春中国光学科学技术馆，业务拓展处处长，研究员。

种文化现象加以关照。作为一种科学，光学与文化密切相关。无论是光学在社会生产，还是社会活动中所孕育的科学知识、科学思想、科学方法、科学精神等都应该归属于科学文化范畴。

一、科学文化的兴起

爱因斯坦曾指出，科学对于人类事务的影响有两种方式。第一种广为人知的方式是：科学直接地、在更大程度上间接地生产出完全改变人类生活的工具。第二种方式是教育性质的，直接作用于人的心灵。科学在改变人类物质生活环境的同时也间接对人类的精神世界产生作用，后者是科学文化的重要功能，即科学作为一种文化现象能够潜移默化对人们的思想、思维、生活方式产生作用。作为文化形态的科学技术，它通过价值观念等文化因素影响和决定着科学事业的发展。目前，国际竞争的主要核心在于综合国力的较量。文化是一个国家的软实力，是各个国家争夺的主要目标之一。

科学文化是文化的支流，是一个国家文化软实力的重要组成。在科学文化备受学者重视的今天，理应对科学文化给予一定的关注。没有科学文化的发展，生产力就不可能向前进步，社会也就不能向前发展。中国向现代化发展的进程中，实际上是一个国家由传统文化逐渐融合现代科学文化的过程，接纳科学文化的过程实际上是科学文化本土化的过程。没有科学技术的发展进步，就不可能有科学文化的诞生，也便没有科学文化的传播和弘扬，更不可能有现代化建设事业。我国现代化建设需要科学文化的有力支撑，呼吁全社会参与科学文化的振兴。科学文化软实力的提升已经成为国家文化软实力的关键，而国家文化软实力又是一个国家综合国力、创造力、竞争力的体现。科学文化软实力的提升无疑可以帮助我们建立正确的科学观念，不仅可以开发利用科学知识，而且使我们热爱科学。正确使用科学，吸收科学知识和观念，提高科学素养和能力，对促进科学文化水平的提升具有重要意义。

二、何谓光学科学文化

依照戴念祖、张旭敏所著的《中国物理学史大系光学史》与王锦光、洪震寰所著的《中国光学史》等书籍所述，我国历史上有很多关于光现象的观察和探讨，有规模宏大而设计巧妙的光学实验室，也有不少结构简单而精巧实用的光学仪器。所有这些光学成果构成了丰富的、有中国特色的光学科学文化成果。结合光学和文化的定义与中国光学发展史，我们从中国古代光学向现代光学的发展演进中可以看到，中国光学逐渐形成了以光学器物、光学制度、光学精神为内容体系的光学科学文化。综合以上概念，我们对光学科学文化可以做如下界定。

从广义上界定光学科学文化，是指人类在社会实践和生产活动中所创造的一切与光学有关的物质财富与精神财富。物质财富涉及光学仪器、光学设备等；精神财富则包括光学思想、光学知识、光学历史等，它既包含物质文化也包含精神文化。狭义上的光学科学文化仅指光学精神文化，在光学研究探索中被人认可、接受的历史、习惯、思想等。本文所指的光学科学文化是从广义上进行理解的。

三、吉林省光学科学文化传播体系的构建路径

（一）打造吉林省光学科学文化名片

吉林省长春市是中国光学事业的摇篮。1951 年，中国光学院创始人、两院院士王大珩来到长春，为建立中国科学仪器馆（长春广济研究所的前身）做准备。以中国科学院长春光学精密机械与物理研究所（简称"长春

光机研究所"）、长春理工大学为代表的科研机构和高校在光学应用领域取得了丰硕的成果。第一台光学玻璃、第一台激光器、第一台光栅雕刻机、第一台极紫外光刻物镜……出生在长春，拥有"中国第一"名片的光电器件不计其数。党的十八大以来，吉林省取得了一系列重大成果。中国首颗自主研发的商业高分辨率遥感卫星"吉林一号"的成功发射，开创了中国商业卫星应用的先机，增强了中国在国际气候变化问题上的话语权；"大光栅雕刻系统"的成功研制，扭转了我国光谱仪器"有仪器而无心"的局面。多项重要成果彰显了吉林科技创新的力量，也成为吉林人民引以为豪的名片。

近年来，在创新驱动发展的号角下，吉林省光电子产业的发展再次加快。"光"是长春光极与国内外多家著名科研机构和企业合作的纽带，吸引了众多国内外光电领域的优秀科技人才，投资成立了多家高新技术企业，这些公司更注重光学等学科的融合，为国民经济的主战场，以自主知识产权为核心研发新仪器、新产品。几十年的积累使得光学在吉林省的肥沃土壤上生根发芽。随着社会和技术的发展，光学应用的领域和方向越来越广泛。白山黑水区光电技术的蓬勃发展，可能孕育着中国未来的"光谷"。在不久的将来，吉林省光电技术、光电产业的发展，也将产生更高的技术水平、更深远的创新成果。长春光机研究所，中国光学的摇篮，将继续为创新型吉林的发展注入科技支持和智力力量。

历史是最好的教科书，从长春光机研究所、长春理工大学为代表的科研机构和高校的发展史可以鲜明地看到，在吉林省光学事业的发展中，这些光学成果是我们的宝贵财富。对光学科学文化的弘扬，离不开对光学发展史的大力传播，光学发展史上的光学物质成果与精神成果构成了光学科学文化的全部内容。我们应该将"光学"作为吉林省的名片，加大宣传力度，加深省内外公众对吉林省光学发展的认识和理解，提高吉林省光学在全国乃至世界范围内的影响力，将"光学"作为推动吉林省产业发展的支撑，促进吉林省科学技术的发展。

（二）举办光学科学文化交流主题活动

文化交流是人类在社会生产过程中进行的重要交流形式，也是最基础的实践活动。通常意义上的文化活动多发生在两个或者多个文化差异显著的民族或者群体之中，两者之间进行文化的沟通和互动，相互取长补短，以此促进文化的发展和丰富。文化交流的前提条件是，各文化主体之间具有很强的文化生产力、独特的文化和文化自主权，他们的交流通常是在相互尊重的前提下进行的。本研究中的文化交流并非基于两个文化差异显著的民族或者群体，而是基于受众群体的文化认知水平而建立的文化交流。光学科学文化交流活动的主要目的在于充分发挥光学主体的人力、物力和财力资源构建光学科学文化资源开发平台，积极动员和组织社会团体进行合作交流、举办活动来提高光学科学文化的传播效果，加深公众对光学的理解和吸收。

伴随着光在社会生活领域中广泛使用，人类对光的认识逐渐加深，光对人的作用不言而喻。为了促进光在社会领域中发挥更大作用，提高社会公众对光的认识，进行光学科学文化交流无疑可以促进光学的发展。近年来，以"国际光日"为主题举办的形式各样的交流活动有力地扩大了光的影响力。2015 年，"光和光基技术国际年"成功举办后，联合国教科文组织正式确立了每年 5 月 16 日为"国际光日"。设立"国际光日"的主要目的在于发挥光在文化、教育、艺术、医疗、能源、通信等领域中的作用。自"国际光日"设立后，每年世界各地围绕光学开展了一系列主题活动，例如向广大公众传播普及光学知识、光学前沿问题等。吉林省方面，2019 年，第二届国际光日主题活动在长春中国光学科学技术馆启动，主办单位为中国光学学会，参与单位主要有长春中国光学科学技术馆、吉林省光学学会、长春光机所、长春理工大学。活动方面，专家报告会、"神奇的光"绘画展、"光＋影子"科普活动、"光与故事的交响"演讲比赛以及"光之体验"科普大篷车巡展等，极大地加强了公众对光的认识和理解。

（三）开展形式多样的光学科学文化科普活动

除了定期举办光学科学文化交流活动之外，光学科普活动、光学表演、光学演讲比赛、光学科普讲座、光学大篷车巡展等光学科学文化科普活动极大地提升了大众对光学科学文化的认知，扩大了光学在社会生活中的影响力。以长春中国光学科学技术馆（简称"光科馆"）的光学科学文化活动为例，光科馆不定期举行的光学乐器表演、科普大篷车进校园、"小小讲解员"演讲比赛、4D 影院影片、光学科普小课堂、光电设计竞赛、线上画展作品征集、光学会议、光学科普讲座等光学活动的开展促进了光学科学文化知识的传播。

1. 光学科学文化课堂的成功实践

光学科学文化科普利用现有人财物资源，定期开展基于光学科学原理的教育课堂活动。通过实验观察、分析对比、交流讨论等多种形式，普及光学知识，传播光学科学文化，力争在课程内容上覆盖中小学课程的全部内容。光科馆 2017 年下半年开始运营，到 2022 年底，共开展线下科学课程 208 节，线上课程 39 节，参与人数近万人。目前，光学科学文化课堂基本可以保证每周 1 节，内容涵盖光传播的基本规律、透镜成像原理以及光的干涉、衍射、偏振等方面的内容，在课程设置方面注重发挥光学专业科技馆优势，开展光学特色课程教育，将光学知识与时下流行的技术相结合，不但增加了课程的趣味性，还锻炼了学生们的创新能力。

2. 利用科普表演激发光学科学探索兴趣

科学表演是一种较为新颖的表演形式，利用人与物的结合表演形式，更好地展示科学原理。光学表演主要利用光学乐器进行表演活动，寓光学知识的普及于音乐娱乐之中，通过线下表演、线上直播、走进校园等多种活动形式，引导观众感知光学魅力、增长光学知识、提升科学素养。如，光科馆的光学表演自诞生以来，共完成 6 次现场表演，反响良好，受众达到 1500 人次；4 次直播表演，每场次直播访问量近万人次，回放量持续增加。光学乐器主要有"贝森鼓""莲花鼓""球鼓"和"激光马林巴琴""立式扬琴""音符像素琴"等 6 件，除了具有上述光学乐器外，还增加了电吹管、非洲鼓、萨克斯等传统乐器。

3. 科普影院产品展示光学科学文化

吉林省科技场馆以现有的 4D 影院为基础，打造共建基地科普影院产品，影院建造将从两个方面开展。首先，从影院的效果展示手段着手。在影片观看环境上入手，配合设计好的烟雾、雨、光电、气泡、气味、布景、人物表演等，提升观看影片的现实场景代入感。增加气球、火焰、物块掉落等场景，使观众获得视觉、听觉、触觉、嗅觉等全方位体验，体验身临其境、如梦如幻的感觉。其次，从影片的片源选择着手，尽量选择展示效果好、阐述光学科学原理及先进光学技术的影片，与多种展示手段相结合，给观众带来身临其境的感觉，带领观众投身光学科学的海洋。

4. 弘扬光学科学家的科学精神

科学精神是科学文化的重要内容，对科学精神的弘扬有利于培养公众正确的科学态度，激发广大公众热爱科学、投身科学的兴趣，培育正确的科学观。吉林省作为光学发源地，蕴藏着丰厚的光学文化资源，无数光学科学家在此进行科学研究。挖掘以王大珩、蒋筑英等为代表的光学科学家在光学科学研究领域中秉持打破常规、志存高远、奋发图强、不畏艰难的科学精神，对他们的科学精神进行大力弘扬和传播。如光科馆推出的"弘扬科学家精神"系列讲座，长春电影制片厂拍摄的《蒋筑英》、长春理工大学拍摄的纪录片《我们的老校长——王大珩》等作品在大力弘扬光学科学家的科学精神上起到了重要作用。

（四）构建光学科学文化的传播主体框架

构建以政府机构、光学企业、中小学、高等院校、光电研究所、科技协会、科普场馆为传播主体的光学科学文化主体框架。

政府机构主要从政策上给予扶持，出台光学科技政策鼓励社会组织积极参与光学活动的组织、光学会议的举办、光学知识的普及、光学展览的展示、光学产品的生产等活动，将光学视为本区域重点支持学科，重点扶持对象，大力扩大光学科学文化在全社会的传播范围。光学企业的主要职能是进行光学产品、仪器、设备的研发，如何将最新光学科技发展成果向广大公众进行展示传播一直是光学企业的弱项，过去，光学企业的主要服务对象是企业、社会组织，并无向公众普及传播光学科学文化的职责。在新时代语境下，主动承担起社会责任，及时将企业最新科研成果向广大公众进行传播，对于扩大企业知名度、影响力，提升企业的社会效益具有重要意义。

中小学、高等院校方面，物理学、光学、光电子学相关学科力量要提升自身专业能力、研发能力，通过项目申报、与光电企业合作、与科普场馆合作等方式向学生普及光学科学文化，扩大光学科学文化在中小学生中的影响力。

在光学科学文化传播主体中，科普场馆是重要传播力量。以吉林省为例，光科馆是中国目前唯一的国家级光学专业科技馆，在光学科学文化展品展示、光学科学文化教育活动、光学科学文化资源开发、光学科学文化交流方面都进行了大力尝试。如今，光学科学文化传播已经成为该馆重点发展方向，公众通过展厅浏览、展品参观、活动参与等方式可以加深对光学科学文化的理解和认识。

（五）搭建光学科学文化的全媒体传播网络

光学科学文化传播网络的搭建可以从三个方面展开。首先，基于自身资源搭建光学科学文化资源交流平台。以自身优势资源为开发平台，充分利用机构的人力、物力和财力资源构建光学科学文化资源开发平台，积极动员和组织社会团体进行合作交流、活动举办并以此来提高光学科学文化的传播效果，加深公众对光学知识的理解和吸收。以科普场馆为例，可在全国中小学范围内有序开展流动大篷车巡展活动，力争做到光学科学文化知识的传播活动向乡镇、偏远地区进行倾斜，让光学科学文化知识普及全国各个地区、城市和乡村，为科普教育公平、全民科普教育质量的提升提供平台。此外，利用展馆现有的科普课堂、小小讲解员竞赛、科技辅导员大赛、激光乐队表演、全国科普场馆巡回活动、国内外光学会议举办等科普活动，促进光学科学文化知识的扩散。

其次，搭建光学科学文化科普网站。门户网站是大众了解光学知识的主要窗口，是传播科普信息的主要渠道。门户网站主要以及时更新上传科普信息和各类光学资讯、上传光学科普音频视频资源、搭建数字科技馆、VR光学展项、光学实验科普视频等板块组成，形成科普传播网络的数字化。文字形式上可以提供中英文版面和手机端浏览，突出展现光学传播特色，并为未来的新业务留够充足的扩展空间。网站使用当前最新技术，底层框架设计合理，使页面也更加美观细腻，为不同参观者、用户群提供互动交流的平台。

最后，积极利用新媒体开展光学科学文化传播活动。发挥微博、微信、B站、直播平台等的宣传作用，发布展馆最新资讯，普及光学知识，发布活动预告，在固定推送光学科普文章之余，配合光学发展前沿话题发布主题科普活动短片及相关科普知识、科普活动等。增加智能语音导览系统，公众可通过关注公众号进入导览系统，实现线下馆内导航、展厅导览、展品讲解等线上解读。将线下科普信息与线上智能语音相结合，提高科普传播效果。

四、结语

综上，无论是光学社会生产，还是社会活动中所孕育的科学思想、科学成果、科学价值等，都应该归属于科学文化范畴。光学文化是科学文化大家园中的一分子，是科学文化大树的一个分支，对光学科学文化内涵的理解、对光学科学文化传播体系的构建不仅要普及光学科学知识，更要向社会公众普及光学科学文化的价值和魅力。传播科学方法，弘扬科学精神，激发科学兴趣是构建光学科学文化传播平台的重要目标。

参 考 文 献

［1］戴念祖，张旭敏 . 中国物理学史大系光学史［M］. 长沙：湖南教育出版社，2001.

［2］贾向桐 . 科技文化［M］. 天津：天津古籍出版社，2012.

［3］莎拉 . 戴维斯科学传播——文化、身份认同与公民权利［M］. 北京：科学出版社，2019.

［4］王锦光，洪震寰 . 中国光学史［M］. 长沙：湖南教育出版社，1986.

［5］汪志 . 科学传播与科学文化［J］. 科技传播，2021，13（2）：38–52.

［6］杨仲耆，申先甲 . 物理学思想史［M］. 长沙：湖南教育出版社，1993.

科普场馆的数字化基础设施建设探究

赵 智 姚 爽 孙 琰[*]

摘要： 为加强国家科普能力建设，满足数字中国建设需要，科普场馆的数字化转型势在必行。本文阐述了科普场馆数字化基础设施建设的必要性，分析了目前科普场馆数字化发展现状，重点介绍了长春中国光学科学技术馆数字化发展实例，最后为科普场馆数字化基础设施建设提出建议，以期为推动科普服务中国式现代化建设提供参考。

关键词： 科普场馆；数字化时代；数字化；中国光学科学技术馆

2023 年 2 月，中共中央、国务院印发了《数字中国建设整体布局规划》，明确了数字中国的建设目标：到 2025 年数字中国建设取得重要进展；2035 年数字化发展水平进入世界前列，数字中国建设取得重大成就。由此可见，中国数字化转型时代全面到来。以科技馆、博物馆、美术馆等为代表的科普场馆应该紧跟时代的步伐，用其特有的功能优势来普及科学文化知识、展示科技前沿成果、提高全民科学素养，及时抓住这一契机加速推进科普场馆的数字化基础设施建设，使科普场馆更有效地服务于国家、公众和社会。

---

* 作者：赵智，长春中国光学科学技术馆高级工程师；姚爽，长春中国光学科学技术馆助理研究员；孙琰，空军航空大学讲师。

一、科普场馆数字化建设是时代发展的必然

（一）数字化时代正在逐渐形成

不知不觉中，人类已经进入了数字时代。数字正潜移默化地改变着我们的生活。出行之前，你会问导航：我的路怎么走？靠谱的导航软件不仅会告诉你到达目的地的最优路线，还会计算出你什么时间能到达；中午肚子饿了，贴心的外卖 App 上会依据你的口味推荐给你最想吃的午餐；想买东西的时候，各种购物平台任你自由选择，并且依照你的喜好推荐。数字时代，我们享受着便利和快捷，享受着高效，享受着数字带给我们的一切改变。在人类生活逐步被数字化的过程中，数字时代也在逐渐形成。

（二）科普场馆数字化转型是国家的战略部署

数字时代丰富的数字资源改变了人们的生活方式，人们日益增长的物质文化需求又推动着数字时代的前进。科普场馆的任务正是传播科学知识、提高公众科学素质、满足人民群众对科学信息的需求。以需求为动力，科普场馆应顺应时代的发展，让科学知识的传播在数字技术的应用下变得真实、生动、有效。

2020—2022 年，《文化和旅游部关于推动数字文化产业高质量发展的意见》《关于推进实施国家文化数字化战略的意见》等政策文件的陆续发布，表明文化数字化已经上升为国家战略。科普场馆作为体现国家科技发展、展现民族文化底蕴和社会形象的窗口，应该充分利用数字技术创新科普方式，提高科普传播质量，满足新时代人们对高质量科普服务的需求。

综上所述，科普场馆应顺应时代发展，紧跟国家战略部署，在这个机遇无限的数字化时代，充分利用数字技术构建出高质量、高效能的现代科技馆。

二、科普场馆数字化基础设施建设形式

（一）实体馆布展形式数字化

将人工智能、虚拟现实（VR）技术、增强现实（AR）技术、3D 建模等数字技术用于实体馆布展，虚拟展览与实体展览结合使观众沉浸在如科幻世界般的展厅，身临其境地与展项多层次高质量地互动，吸引观众主动获取知识，对展项有更深的理解和思考。上海科技馆的"青出于蓝——青花瓷的起源、发展与交流"特展，展览现场设置了增强现实互动展项"青花瓷之路"，带领观众一起探寻青花瓷外销的盛况及其背后的故事；杭州千岛湖的"时光隧道"以其绚丽的光影、震撼的音效、360 度 LED 屏包裹、梦幻的动漫剧情让人们沉浸其中，流连忘返。

在实体场馆中，通过数字技术丰富了展项的展示与互动，带给观众全方位、沉浸式、互动式的参观体验。

（二）基于互联网的数字科技馆

数字科技馆是三维互联网技术、云计算、人工智能等数字技术发展到一定程度的产物。它是将各种前沿数字技术与智能融合在一起建立的一种新型科技馆。

目前，我国数字科技馆有两种形式：一种是用虚拟现实技术和三维互联网技术等数字技术将实体科技馆的展厅、展品等进行三维建模，用户在终端电脑上通过主动式的操作，控制三维场景中的虚拟人物在虚拟场景中实现"真实"的体验、游戏与互动，并可以与全球其他用户在线互动交流。数字科技馆是实体科技馆的有效补充，它打破了时间和空间的限制，观众只要上网就可以在任意时间任意地点畅游科普场馆，是一座"永不关门的网上科技馆"。

另一种是纯粹虚拟的一个网上科技馆，没有实体展馆与之对应。可以

看作是一个网络科普平台，集中了数字化的网络科普资源，如科普漫画、电子周刊、科普视频等等。其主要内容是对科学和技术知识的普及。随着数字技术的应用，其表现形式从原来的图片文字发展到了现在的三维立体、VR互动以及利用智能设备实现触摸交互等。

（三）科普传播设施数字化

科普场馆首要的功能就是传播科学知识，进行科普教育。数字化的应用使科普场馆教育在内容和形式上都有了高质量发展。教学场所不再固定于场馆内部，而是通过网站、手机App、主流媒体等方式形成了除实体馆之外的线上传播渠道，人们可以随时随地享用科普资源，形成了线上线下联动的科普教育模式。

利用人工智能、VR、AR等数字技术对教育资源数字化，弥补了实体馆的不足。线上互动游戏、科普视频、网络直播、竞技平台等新颖的教育资源，让科普教育的内容变得生动活泼，使观众更容易接受。中国铁道博物馆在"传播铁路科学的种子"活动中，对钱塘江大桥建造的工程学原理进行了STEAM模式的教学内容设计，通过数字化应用以及展览对于科普内容的解读，利用数字技术创造了科普铁道文化的方式，实现了沉浸式教学体验。会员制、粉丝群的建立更增加了观众的黏度，从而为观众提供个性化定制的科普服务，满足不同人群的学习需求，拉近了观众与科普场馆的距离，更好地发挥了科普场馆的教育功能。

三、科普场馆数字化设施建设实例——长春中国光学科学技术馆

长春中国光学科学技术馆（以下简称光科馆）是全国唯一的国家级光学专业科技馆，具有光学知识普及教育、光学发展史展示、光学科技成果展示、光学科技合作交流的职能。"传承辟新，寻优勇进"，光科馆坚持以

党的二十大精神为指引，秉承王大珩先生遗志，全面落实《全民科学素质行动规划纲要（2021—2035年）》精神，深耕光学科普资源研发，深化光学科技文化交流，加速推进国内一流、国际知名光学专业科技馆建设，尽早形成可复制、可推广的国家级专业科技馆建设经验，为推动国家级专业科技馆建设事业发展，实现世界科技强国目标而努力。

（一）建设数字光科馆

数字光科馆的建设是运用互联网技术、数字三维全景、多媒体技术、三维虚拟模型等多种先进数字技术，将实体光科馆以三维全景虚拟馆的形式呈现在互联网上。数字光科馆以官方门户网站作为数据的访问端口，展馆漫游系统采用360度全视角的三维全景图建立数字模型。现有三维虚拟数字展品共30项，包括：光的反射、光学魔影、透视墙、光影雕塑等我馆特色展品，数字展品均利用3D建模构建。观众可以通过互联网用户端进行360度全视角观察，同时可以通过交互操作进行模拟实验，从而体验三维虚拟视觉效果。数字光科馆中录制的视频包含"光学探路者""光之成就""空间激光通信"等共9个，制作的光学科普动画包含"望远镜的发明""透镜""彩虹"等20余个。以上数字展品、视频、动画均为我馆原创。

展品制作数字化，传播形式网络化使参观者足不出户就可以畅游光科馆，并进行展品的互动操作，使观众仿佛置身真实环境中。数字光科馆不只是实体光科馆的简单复制，还是实体馆社会价值的补充、扩展和延伸，是实体馆在互联网上的一扇"窗口"。同时，实体馆中无法实现的一些展品互动也借助数字馆得到了有效的补充。

（二）实体馆导览系统、展项数字化

1. 数字化的导览系统

在实体馆内设置了数字化的导览系统，观众在馆内参观时可根据个性化的需要，随时随地利用智能手机查阅展厅导览、收听展品讲解、进行馆内导航等，提升了参观者的体验感。

2. 数字化光学乐器展项：OMI

光科馆技术研发团队自行设计制作的新概念乐器 OMI（Optical Musical Instruments）利用光学传感器触发专业电子音源发出声音，其音色、音准、功能等各方面指标完全达到了专业水准，2020 年完成第一批 6 件乐器的制作，2022 年 10 月第二代升级版制作完成并投入使用。OMI 乐器的外形设计融汇了中西乐器元素，分别取名为"激光马林巴琴""音符像素琴""立式扬琴""贝森鼓""球鼓"和"莲花鼓"。

OMI 乐器无论从外形结构到演奏方式都颠覆了传统乐器的概念，展示了光学传感技术的原理与应用，代表了科学技术和音乐艺术两个不同学科的知识和能力，使科学传播与音乐演奏融为一体，通过表演、宣讲、互动等形式向观众传播科学知识，弘扬现代音乐艺术，以科学技术和音乐艺术相结合的方式拓展了科普教育活动的新方法、新形式。

3. 自主研发互动 VR 展项

红外侦察、激光制导、看不见的世界、自然的光影、魔幻涂鸦、激光迷宫、魔幻音乐殿堂、光学科普实验、虚拟钢琴、虚拟赛车等十个展项是光科馆自主研发的光学虚拟互动展项，寓教于乐地将光学现象、光学知识和原理与 VR 技术相结合，深入浅出地让体验者感受光学与 VR 技术的奇妙之处。同时也为国内科技馆领域全面实施虚拟现实新媒体奠定了理论基础，并起到应用示范作用。

（三）制作数字科普教育资源

光科馆依托大数据和数字传播技术，制作精品数字科普资源，线上线下联动丰富光学科普内容和形式。2022 年首次制作光学专家型教学培训视频共计 22 节，其中系列微课类视频 7 个，教学实录类视频 5 个，展厅课堂类视频 10 个，视频总时长 165 分钟，并撰写配套教育资源包 18 个。引进 4D 影片《古生代海兽志》《人体小宇宙》等特效影片。制作 25 期原创科普视频"七色光",上传至官方网站、抖音账号和官方微博,以卡通动漫的形式吸引小观众,传播光学知识。利用新媒体开展线上直播,在"哔哩哔哩"直播平台进行"云课堂"活动直播;特色活动"OMI 乐队演奏"分别在新浪微博、"B 站"平台闪亮登场。

(四)建设数字化的科普宣传体系

官网和各类主流新媒体平台建成了光科馆科普宣传网络格局。在微信、新浪微博、抖音等平台定时推送高质量光学科普文章,面向全年龄段人群普及光学知识。

四、科普场馆数字化基础设施建设探究

当前,我国各科普场馆都在探索数字化转型的有效路径,虽然已经取得了一些成就,但尚有不足之处亟待改进。

(一)顶层设计、统筹规划、分段实施

科普场馆的数字化基础设施建设不是一蹴而就的。虽然目前科普场馆建设了智能导览系统、智能监控系统、票务系统等场馆管理系统,但各系统之间标准不统一,数据难以对接,导致信息统计汇总困难,导致不能有效利用资源造成浪费。

数字化基础设施建设不仅要重视各个软件系统的应用,而且要更加重视各子系统与科普场馆运行情况的关联。因此,在数字化转型之前要进行深入调研,包含场馆的规划、功能的设计以及运营管理等,根据深入调研的结果进行顶层设计和统筹规划。

日新月异的信息技术、快速发展的数字化时代使得科普场馆的数字化

建设不可能一步到位。因此，在数字化建设过程中可以在顶层设计的指导下分批次申请资金、分阶段按步骤实施建设。

（二）消除机构壁垒，共建共享平台

在数字化建设的过程中，大多数场馆都是在孤军奋斗，没有进行各场馆之间的信息资源共享。集成各级科普场馆的优质数字化展品、数字科普资源，在统一共享平台进行集中展示，不仅有利于精准地为观众推荐个性化科普内容，而且有利于科研人员获取有效数据进行科技创新。因此，在数字科技馆的建设中，信息资源共享平台的建设尤为重要，建设全国科普场馆信息共享平台势在必行。

（三）以自主培养为主，打造数字专业人才团队

科普场馆数字化建设需要计算机应用、数据分析等专业人才。但是，从外部招募成熟的专业人员需要时间了解业务，培养周期长。因此，在馆内自主培养技术团队是首选。首先在馆内设置信息技术业务岗位，制定岗位职责并赋予其职能、认定职责，然后从现有人才梯队中选拔适合人员。用岗位定位来引领技术人员自我发展，鼓励团队向外部学习，与专业领域人员交流，在实践中积累经验。

（四）制定科普场馆数字化基础设施建设质量的评估标准

以评促建是推动科普场馆数字化建设的重要途径。由于我国科普场馆数字化转型尚处于起步阶段，各场馆数字化服务水平参差不齐，因此需要制定一套系统的数字化服务质量评估标准，以标准促质量。我国目前已有的评估标准多是从场馆的资源、管理、维护、功能性等客观角度进行定量评价。为了使评价机制更全面，在制定标准时还应从用户角度出发，以用户体验为核心来评价科普场馆数字化服务的效果。

五、结语

科普场馆的数字化基础设施建设是一个持续进步的过程。在这个过程中，有规划设计和构建机制的沉淀和积累，也有一代代现代数字技术的更新升级，所以这个过程是不可能直接跨越过去的。在全社会都在进行数字化转型的大环境下，科普场馆更应抓住趋势拓展科普传播途径，让科普场馆在数字化时代焕发新的活力。

参 考 文 献

［1］蒋俊英，黄凯，缪文靖，等.数字化视角下科普场馆转型的思考与实践探究——以上海科技馆为例［J］.自然科学博物馆研究，2022（2）：13-19.

［2］李巍巍.数字科技馆的建设实践与思考［J］.科技传播，2019，11（14）：11-13.

［3］苏国民，王慧.新媒体环境下我国科普场馆的数字化路径探索［J］.科技与社会，2022（2）：32-39.

［4］唐冰寒，刘明.可供性视域下数字科技馆的智能传播模式探析［J］.科技智囊，2021（8）：20-23.

［5］唐中河，张屹，聂海林，等.数字科技馆及相关领域服务质量评价研究综述［J］.科学教育与博物馆，2019（2）：110-117.

［6］闫晓白.数字化助力博物馆沉浸式科普活动的发展——以科学本质教学为例［J］.文物鉴定与鉴赏，2023（2）：54-57.

科普教育研究

五感识叶：助力青少年科学素质提升[*]

赵　茜　刘鹏进[**]

摘要： 科技创新人才需要从青少年时期开始培养，提升青少年科学素质水平是科技创新人才培养的基石。五感体验以青少年感官经验为基础，培养其科学探究精神，提升其科学素质水平。不同植物叶的形态多种多样，大小不同形态各异，叶色也具有多样性，在丰富了地球物种资源的同时也为青少年认识它们带来了挑战。本文以五感体验的方式，充分调动青少年视觉、听觉、嗅觉、味觉和触觉来认识植物的叶，通过参与性强的多种体验项目将抽象概念性的知识具象化，运用观察、实验、对比、推理等方法对叶子形态结构、特征和功能等知识进行深入学习和理解，从而实现培养孩子有科学探究能力和创造性思维的教育目标。

关键词： 五感体验；科学探究；科学素质；科技创新人才

《全民科学素质行动规划纲要（2021—2035 年）》中明确提出："要激发青少年好奇心和想象力，培养科学兴趣、创新意识和创新能力，培育一大批具有科学家潜质的青少年群体，为加快建设科技强国夯实人才基础。"毋庸置疑，科技创新人才的培养需要提升基础教育阶段科学教育水平，需要将科学精神贯穿于大中小育人全链条中，实施科技创新后备人才培养计划。因此，提升青少年科学素质就是科技创新人才的成长之基，是重中之重。

---

* 该论文被评为 2023 年科普中国智库论坛暨第三十届全国科普理论研讨会优秀论文。

** 作者：赵茜，北京市少年宫教师；刘鹏进，北京市少年宫（北京教学植物园）教师。

一、问题提出

人类是如何认识世界的？这是一个古老的哲学问题，也是一个古老的心理学问题。人类认识世界是从感觉开始的。感觉是人脑对事物个别属性的认识。比如叶子是什么？怎么区分不同的叶子？未成年人的感官更为敏感，他们感知世界更多借助眼看、耳听、手摸、鼻闻、嘴尝。通过五感体验，青少年在大自然中亲身参与，得到真实体验，发现问题、探究问题，更直观地获得易于理解的知识，发展青少年的初步科学探究能力和解决问题的能力，通过探究实践提升其科学素质水平。随着现代社会信息技术的发展，电子设备的广泛应用，户外自然环境的缺失，青少年失去了亲身获得自然信息的乐趣，自然缺失症严重。随之而来的身心问题日趋凸显，影响了健康成长。如果在幼时就对自然万物失去了热情，又怎能期待成年后对可持续发展和地球命运产生兴趣呢？因此，带领青少年走进大自然，通过五感体验认识叶子和植物，引导青少年亲近、体验大自然带来的独特美好，可以培养青少年的科学探究与实践能力，建立正确的自然观，领悟人与自然和谐共生的重要意义，提升青少年的科学素质和人文素养。

二、教育理念及背景依据

（一）自然教育的内涵和意义

夸美纽斯在《大教育论》中提出了"自然教育"一词，卢梭在《爱弥儿》中提出"适应自然"发展为"归于自然"的观点。自然是最好的老师。人在自然中实践，建立人与自然的联结，一方面可以从身心健康、人格培养、学业发展等方面促进人的健康与发展，另一方面通过自然的健康与发展，提升了人的环境素养，最终促进了人与自然和谐共生。自然教育（Nature Education）尊重儿童天性，在大自然环境中进行学习和教育的活动，是在自然中体验、认知关于自然的事物和现象，以此来了解、尊重和保护自然。

苏霍姆林斯基指出，儿童天生就有强烈的好奇心，他们对周围事物带有浓厚的探究色彩和学习兴趣。皮亚杰认为认知结构是在个体已有知识经验基础上，通过感官刺激、实践探究来解决认知冲突而主动建构。蒙台梭利认为，学前阶段正是感觉发展的敏感期，在儿童科学探究活动中，要尽可能地让儿童运用各种感官亲身体验发现的过程，通过一系列的感觉和动作，认识客体。陈鹤琴（2004）在"活教育"理论中论述：孩子认知世界的方式来自他们的直接经验，大自然、大社会都是活教材，在做中学，这充分体现了"探究"的思想。

（二）政策背景

党的二十大报告指出中国式现代化的本质要求中，重要一点就是促进人与自然和谐共生。自然教育是人们认识自然、了解自然的有效方法，是推动全社会形成尊重自然、顺应自然、保护自然的有效途径。让青少年在大自然中通过感知觉、动手实践、探究追源来获得真知，产生对大自然的敬畏感，树立人与自然平等的理念，最终实现人与自然和谐共生。

在2023年5月教育部等十八部门联合印发的《关于加强新时代中小学科学教育工作的意见》中明确指出"要坚持以学生为本，因材施教，激发学生好奇心、想象力和探求欲，引导学生自觉获取科学知识、培养科学精神、增强科技自信自立、厚植家国情怀，努力在孩子们心中种下科学的种子。"北京市少年宫（北京教学植物园）是重要的校外科学教育阵地，拥有丰富的动植物资源和教育场地，能提供教学实物，充分调动学生的学习兴趣，引领学生积极自主探究自然科学的奥秘，激发热爱大自然的美好情感。

2022版小学《科学》课标中指出，小学一二年级课程应注重活动化、游戏化、生活化的学习设计。亲近自然，保持好奇心，激发青少年内在动机。小学低龄段儿童具备了一定的独立思考和理解能力，能够理解简单的游戏规则和原理，热衷团队游戏和户外探索活动，对世界充满了好奇心。

三、五感体验的内涵和外延

人有五官，感觉也有五感。事实上，人的感觉远远不止五种。根据接受刺激物的性质以及它所作用的感官性质，可以将感觉分为外部感觉和内部感觉。狭义上指人的五种基本感官——眼、耳、鼻、舌、身等器官对外界刺激产生的感觉，包括视觉、听觉、嗅觉、味觉、触觉等。广义的五感是基于感知觉层面，人体接收外界信息，传递给大脑进行分析处理，进而完成高层次认知的过程。本文选取外部感觉中的视觉、听觉、嗅觉、味觉、触觉等作为感知世界的通道。

研究调查表明，在五感中，人体感受的深刻程度依次为：视觉（37%）、嗅觉（23%）、听觉（20%）、味觉（15%）、触觉（5%）。当不同感官被调动起来，各种感觉交织起来，将对同一事物产生全新的多元的立体感受。德国美学家费歇尔和钱钟书先生都对联觉有所论述，他们认为：各个感官不是孤立的，五感之间存在连通性。五感齐发并相互沟通，由一种感官刺激引起的感觉，同时可以引起另一种通道的感觉。

植物是静态的生命体系，叶是一种扁平的、通常为绿色的结构，与植物的茎直接相连，是进行光合作用和蒸腾作用的部位。以了解不同植物叶子为主线，通过"视、听、味、嗅、触"等感官系统，对植物的外形、特征、生长习性、用途等产生更深刻更易于理解的认知，体验自然之美，进而感悟生命之顽强，人与自然和谐共生之伟大。

自然体验是一种体验自然的活动形式，人们通过在自然中的感官活动建立起人与自然的联结。它引导参与者充分调动自己的五种感觉去体验大自然中深刻微妙、令人喜悦又发人深省的现象，促使人对自然有更深层次的理解、思考和感受，进而在精神和心灵层面有所收获，同时起到放松身心、内省身心的作用。自然体验并不以知识教学为主，而是强调通过和大自然的直接接触，对自然产生情感的联结，进而在与自然的互动中得到情感的升华。

四、五感识叶：以感知觉体验，探究科学教育内涵

（一）整体规划

五感识叶：以家庭为单位，由每对亲子选择扮演成为一种小动物家族，将场景设置于大自然中，以动物家族与叶子家族间的联系和密切关系导入。通过了解不同植物叶子的特征和功能，认识不同植物，与叶子家族交朋友。通过观叶形、尝叶味、听叶声、触叶感、闻叶语、赏叶韵等方式，以五感体验来丰富和深入对叶子的了解，探索叶子的奥秘。通过完成与叶子相关的系列任务，以五感来全方位地与叶子亲密接触。最后以展示交流的方式，汇报学习成果，交流学习体会，将自身感受写成叶子信，传递给大自然，完成五感识叶的过程（见图1）。

（二）教育目标设置

第一，能通过视觉、听觉、嗅觉、味觉、触觉分别感受叶子，通过五种感觉认识不同植物的叶子，能简单描述叶子的主要特征，分辨不同植物叶子的差异，知道叶子的作用和所属植物的生存环境条件。

五感识叶

导入
- 了解大自然中动植物的密切关系
- 成立动物家族
- 制作动物面具 ⊙ 使用叶子制作动物面具

观叶形
- 观察叶的基本形状
  - 叶形拓印
  - 定向越野：按照学习单提供的叶形叶缘找叶子——认识植物
- 按形状认识植物
- 叶脉化石 ⊙ 使用石膏制作叶脉化石，观察叶的结构
- 按颜色分植物
  - 寻找颜色 ⊙ 按照颜色找寻相对应的叶子
  - 给叶子分类 ⊙ 用自己目的的方式给叶子分类
- 夜间活动：植物园奇妙叶

听叶声
- 讲植物故事
- 读叶子绘本
- 分享交流，体验植物文化
- 叶子拟声词 ⊙ 听叶子能发出的声音，说说拟声词
- 模拟叶之声 ⊙ 用乐器和身边的东西模拟一下叶子发出的声音
- 叶子乐曲赏析 ⊙ 欣赏叶子相关的乐曲
- 声音模仿大赛 ⊙ 以家庭为单位模仿叶子声音及动物家族声音

展示交流总结

赏叶韵
- 装饰品、文物中的叶子元素 ⊙ 艺术之叶
- 说说有关叶子的成语、谚语、古诗词 ⊙ 文化之叶
- 亲子共读《写在金色叶子上的信》⊙ 叶子信
- 动物家族写叶子信

闻叶语
- 特殊气味叶子，认识物 ⊙ 嗅叶味
- 了解叶子特殊气味的功用 ⊙ 知叶用
- 使用特殊气味叶子，制作香囊药包 ⊙ 做手工

触叶感
- 通过不同触感，认识区分不同植物 ⊙ 猜猜我是谁
- 观察微观世界的叶，了解 ⊙ 微观大不同
- 结构和功能的对应关系
- 利用不同触感的叶子制作相册 ⊙ 叶子相册

尝叶味
- 夜间活动：夜游百草园
  - 寻找夜间植物
  - 探访夜行动物
  - 总结交流
- 尝叶味道，认识植物的五味 ⊙ 尝叶之五味
- 了解使用叶子制作的食品的酸甜苦辣咸，如 ⊙ 叶子食品知多少
- 青团、粽子、荷香鸡、树叶曲
- 收集苏叶子叶，制作树叶糕并品尝 ⊙ 制作树叶糕

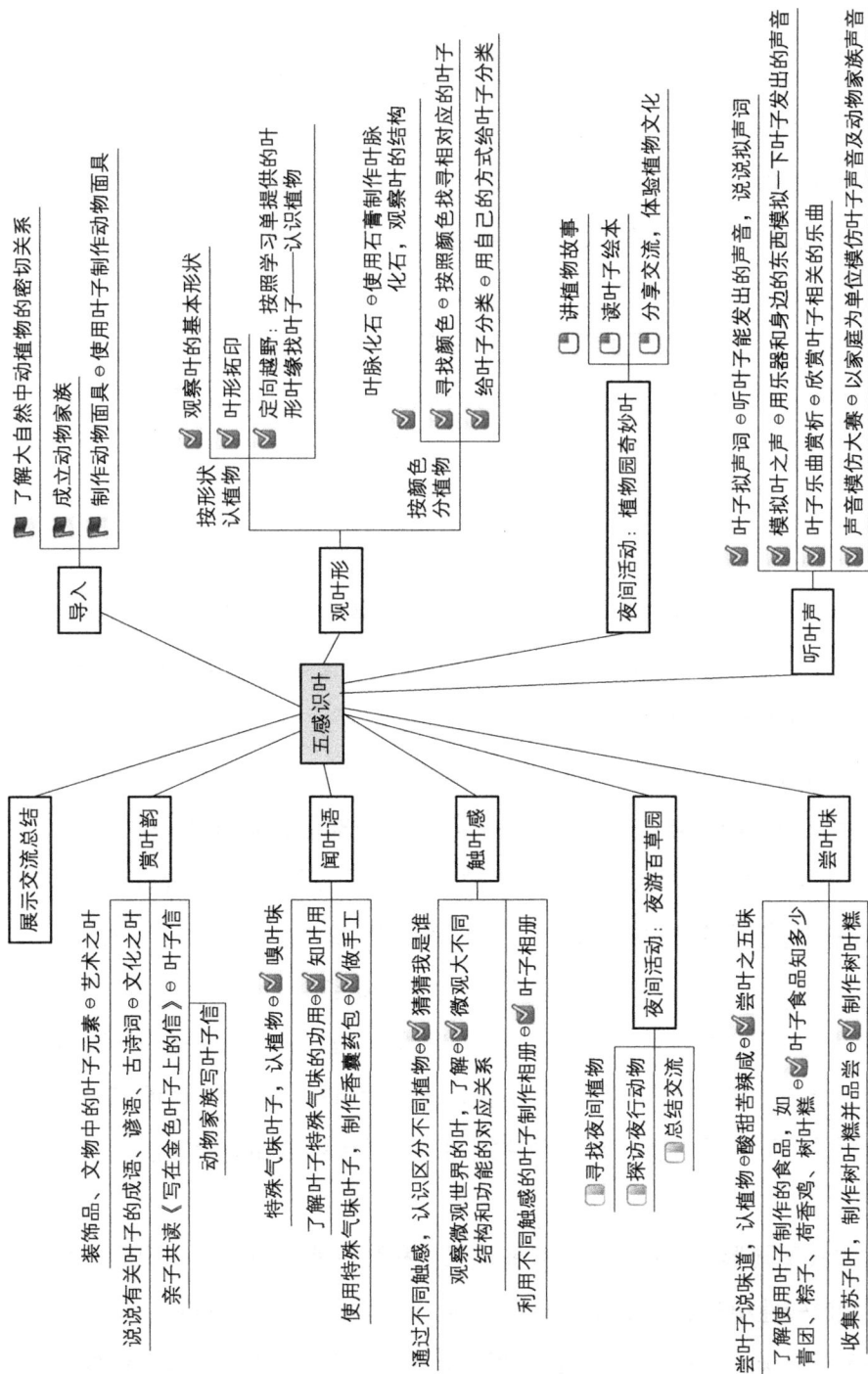

图1 五感识叶思维导图

资料来源：作者根据相关资料整理。

第二，能利用简单的工具，观察体验叶的不同特征，通过口述、画图、制作标本等形式描述和记录叶的外部特征；能利用工具和材料，积极表达自己的想法。

第三，能对叶的外部特征进行简单比较、分类，具有初步收集信息的能力。能在教师的指导下完成科学探究任务，进行总结反思，初步养成良好的学习习惯。

第四，在好奇心的驱使下，对常见植物的叶子表现出直觉兴趣，能尝试从不同角度、不同方式认识叶子，愿意倾听他人的想法，乐于分享和表达自己的想法。

（三）五感识叶项目内容设计

活动中，学生将收集各式各样的叶子，观察叶子、欣赏叶子的造型美与色彩美，品尝叶子的味道，体味叶之五感，知道叶子家族有很多成员，通过一系列观察探究体验活动区分不同植物的叶子。

1. 观叶形

视觉是人最重要的一种感觉，人获得的外部信息有 80% 来自视觉。其中，颜色是光波作用于人眼所引起的视觉经验。绿色引发儿童对大自然的向往；蓝色是梦幻的色彩，让儿童充满希望和幻想。鲜亮的色彩如红、橙、黄，可以使儿童兴奋，有效地提高创造力和智商。

寻找颜色采用带颜色的叶子与色卡匹配的模式，将自然美育、颜色认知、精细动作和定向越野有机结合，通过大自然调色板，认识植物叶片色彩的同时，锻炼青少年的观察能力，发展色彩感知能力和语言表达能力。

收集不同形状的叶子，尽可能地保存和利用植物枝叶原有的形态特征，用比较性观察法观叶形、叶缘，给叶子分类，区分不同植物。使用不同颜色、形状的叶子，通过设计构思，完成动物头饰的制作，培养青少年审美感的同时，完成动手实践能力的培养。

2. 听叶声

植物的声音经常与自然现象有关，对青少年来说最有趣的听觉刺激是自然之声。那些外力作用于植物的声音会引起他们的注意，比如：雨打芭蕉的滴答声，风过竹林的飒飒声，脚踏落叶的沙沙声……这类动感富有生机的声音则更具吸引力，可以让青少年感受到大自然无穷的魅力。

拟声词是模拟自然界声响而造的词汇。听叶子发出的声音，使用拟声词来描述叶子的声音。再通过材料模拟大自然中叶子发出的声音，增加项目的趣味性。以经典叶子乐曲的欣赏，提升青少年的审美能力和艺术表达能力。

3. 尝叶味

味觉是溶于水的化学物质对味蕾产生适宜刺激的反应。使用味觉进行探索性实验，青少年可以品尝酸甜苦辣咸五种不同味道的植物叶子，结合对叶的观察来认识植物。为加深青少年对叶子味道的感知，布置收集紫苏叶，制作树叶糕的实践任务。在品尝叶子美食的同时，增长青少年的见闻，让他们体会到收获和制作的快乐，品尝自己的劳动成果，格外富有趣味。

4. 闻叶语

嗅觉是由有气味的气体物质引起的感觉。部分植物可以散发气味，气味是植物的一种语言，对于人类而言，有的气味能起到振奋作用，有的有镇静的功效。青少年会"趋利避害"，明确地选择具有香味的物体，远离刺激性气味。通过嗅觉闻识不同叶子，了解不同植物的功用，再以制作药囊和香包的形式运用于实践。

5. 触叶感

外界刺激接触皮肤表面，使皮肤轻微变形，这种感觉叫作触觉。通过对植物表面进行接触，感受叶的质感、纹理、温度、硬度等，加深对植物的印象和理解，学会区分不同植物，与植物进行良好互动。在显微镜下观察叶子的微观结构，分析推理叶片表皮特征和功能之间的联系，让触觉回归理性感知和思考；以家庭为单位制作一本粘有不同触感的叶子相册，增进亲子感情，培养青少年的动手能力。

6. 赏叶韵

了解与叶子相关的成语、谚语、古诗词等文学作品，欣赏叶子艺术品、叶子装饰品，学习历史和文物中的叶子元素，体会叶子文化。孩子们可以制作绘本故事，在叶子上写信，给大自然写下心中的话。通过观察、体验、分析、比较，理解叶子的独特美感和趣味。

表 1　五感识叶项目设计表

项目名称	目标设置	使用方法	项目任务
观叶形	看叶子的颜色、形状	观察、探究、分类、匹配、创作、定向越野	寻找颜色，叶子分类上色、叶形拓印、叶脉石膏
尝叶味	品尝不同叶子的味道	品尝、描述、食品制作	品叶子酸甜苦辣咸，按味道认识用植物叶子制成的食品，如树叶糕、青团、粽子
听叶声	通过录音、乐器、拟声词来描述叶子声音	模仿、表演、口语表达、欣赏	模拟叶子声音，叶子乐曲赏析，动物和叶子声音表演
触叶感	感受不同叶子纹理、质感、温度和硬度	触摸、归纳、分类	根据触感区分叶子、认识植物，观察叶子微观结构，制作不同触感的叶子画册
闻叶语	用特殊气味叶子区分植物	嗅识、归纳、分类	按气味找植物，叶子香囊、叶子药包
赏叶韵	说叶子成语、谚语、古诗词，欣赏艺术品、装饰品、文物中的叶子	欣赏、表演、识记、制作标本、书写、创作	叶子信、叶子名片、蜡叶标本等

资料来源：作者根据相关资料整理。

五、基于五感体验设计的反思与启示

（一）关注本体发展，通过模型建构培养创新思维和科学探究能力

五感体验具有很强的实践性，通过进行感官认知和体验，青少年从被动学习转变为主动探究，充分发挥主观能动性，极大地调动学习积极性，关注人的本体发展。与以知识传授为主的课堂学习不同，五感体验学习通过一个个体验项目将抽象概念性的知识具象化，理解和学习需要青少年开动脑筋去问询、探究、体验。在五感体验中学会理解和反思、整合，最后形成认知建构，注重青少年科学探究能力和创造性思维的培养。

（二）关注前科学概念，自主学习促进探究内驱力和感统协调

要充分了解青少年开展科学探究的起点，了解青少年发展水平，发现探究中的实际困难，合理设置目标，激发青少年学习兴趣和动力。通过既有经验和新发现中的认知冲突，引导其建构科学概念。通过培养观察、预测、调查、分类、交流等五项科学探究基本能力，保持好奇心，保持科学探究内驱力。接触大自然，充分感知外部各种刺激后，高效利用多种感官，借助不同感觉通路将信息传递到大脑，并产生适宜的反应能力，促使感觉统合协调，培养青少年的科学探究能力，感受自然环境中的快乐。

（三）关注感知觉体验，见微知著地形成科学精神和科学方法

体验式学习是一种以感知觉经验为基础的学习模式，强调通过实践发现问题、解决问题，将感官学习与体验学习相结合的模式，带给学生一种更加新奇、刺激的体验，有利于深层次挖掘科学大概念，以小见大地培养学生科学精神，掌握科学研究方法。学生的五种感官的联觉强化，促进了其注意力、联想力、观察力、情感力及感知力等五种能力细化性地提升，

感官与体验学习完成深度探究与融合，提高了学生的自主学习能力，提升其科学素质水平。

六、结语

叶子在大自然中最为常见，色彩缤纷、形态各异，独具风姿。叶子保证光合作用、蒸腾作用的正常进行，使得植物得以生长。植物有千万种，每一种植物的叶子都有它独特的形态、色彩。基于五感体验的设计充分满足了青少年视觉、听觉、触觉、嗅觉、味觉的多种感官在刺激、认知成长、思维想象、行为意识等方面的需求。在互动体验中促进青少年感知自然、亲近自然、热爱自然、感恩自然，培养青少年科学探究能力和创新性思维发展，从而使青少年体会人与自然和谐共生的重要意义。通过五感体验式活动，促使青少年自主学习能力获得发展，在创造性学习的过程中，科学思想、科学精神、科学文化和科学方法得到训练和发展，提升青少年的科学素质水平。

参 考 文 献

[1] 陈琴.多元智能理论对我国儿童科学教育的启示 [J].当代教育科学，2004（23）：60-61.

[2] 范艳丽.自然教育理念下的森林公园儿童活动区景观设计研究 [D].中南林业科技大学，2019.

[3] 胡城瑞.基于蒙特梭利教育理念下的幼儿园室外空间应用研究 [D].河南大学，2018.

[4] 李慧，严仲连.美国学前儿童科学探究能力培养的框架、策略及启示 [J].比较教育研究，2019，41（11）：88-95.

[5] 彭聃龄.普通心理学 [M].北京：北京师范大学出版社，2012.

[6] 全国自然教育网络.自然教育通识 [M].北京：中国林业出版社，2021.

［7］任桂英.儿童感觉统合与感觉统合失调［J］.中国心理卫生杂志，1994（4）：
　　　186-188.

［8］王荐，秦华.基于五感的儿童活动空间植物配置研究［J］.西南师范大学学报（自
　　　然科学版），2017，42（4）：76-80.

［9］吴彤.基于感觉统合理论的幼儿园活动空间设计研究［D］.内蒙古师范大学，
　　　2022.

［10］奚露，邱尔发，张致义，等.国内外五感景观研究现状及趋势分析［J］.世界林
　　　业研究，2020，33（4）：31-36.

［11］杨俊.五感体验式教学的探索与应用研究——以环境景观设计课程为例［J］.艺
　　　术与设计（理论），2014，2（8）：163-165.

［12］张炼.感觉统合研究综述［J］.中国特殊教育，2005（12）：60-63.

探索馆校结合模式下科普创新教育新途径 *

卞　飞　何海伦 **　曾赵军　邓梅春

摘要： 创新创业教育是高等教育改革的重要方向，将创新创业教育与科普活动相结合是一个推广大学生创新创业成果的有效途径。随着我国经济水平的不断提升，国内的科技水平得到了深入发展，在通过多元化的设计方案、结合科技馆的特点来提升学生的认知能力、科研思维和创新能力，让学生在潜移默化中走上创新创业道路，使科技馆成为创新创业教学的有益延伸。通过馆校结合，学生学习的积极性和参与科研的意识被激发，有利于大学生在学科竞赛获奖、专利申请和创新项目等方面获得良好的成绩。

关键词： 创新创业教育；馆校结合；创新能力

一、导论

随着产业结构升级转型，国家对创新创业型人才培养愈发重视，创新型人才是国家科学技术发展的根本、是国家繁荣富强的保障。党的十九大报告提出"加快建设创新型国家"，同时提出"创新是引领发展的第一动力"，要"培养造就一大批具有国际水平的战略科技人才、科技领军

---

* 本文为湖南学位与研究生教学改革项目（2021JGYB040）；中南大学研究生课程思政建设项目（2023YJSKS024）；中南大学教育改革研究项目（2023JY161）。

** 作者：卞飞，山东省科技馆研究馆员；何海伦，中南大学生命科学学院教授。

人才、青年科技人才和高水平创新团队"。创新创业教育是一种新兴的教育理念，其宗旨是培养具有创业意识和具有开拓精神的新型人才，创新创业教育对教育特别是高等教育产生深刻影响，意义重大。目前创新创业教育已经在高校中迅速普及，部分学校甚至将创新创业教育贯穿人才培养全过程。国外创新创业教育起步较早，很多发达国家都将创新创业教育与专业知识教育进行了有机融合，而且教育形式各有不同，如哈佛大学就设立独立的创业学学科，让学生在该学科中进行完整的、系统性的创新创业训练。而百森商学院则将不同专业有创新创业诉求的学生以商学院为中心集中起来进行创新创业的培养，开设相关课程，进行创业指导。康奈尔大学不同于其他两所大学，其下属的二级学院都可以开设创新创业课程，充分考虑各自专业的特色，为学生量身定做，满足学生的个性化需求。以上成功的案例为我们开展创新创业教育提供了良好的借鉴。

科技馆是"面向公众开展科学普及、科普实践、科普教育等实践活动的社会科普宣传教育机构"，具有"科普教育、服务公众、支撑保障"等功能。大部分科技馆将"展示教育、培训教育和科普教育活动"作为其三大科普功能进行发展和实践，是广大公众接触前沿技术和科学理念的重要阵地。同时，科技馆具有便利化、开放化、科技化的特点，也可以作为科创空间，顺应全球创客浪潮协同创新。如果将科技馆与高校的创新创业教育有机结合起来，协同发展，将是展示科研创新、科普大众的良好平台。

二、科技馆和高校创新创业教育优势互补

科技馆是社会科普教育的重要阵地，主要任务是提高公众对科学技术和科学知识的关注，引导公众以科学的态度认知和解决问题，在提升公

众整体科学素质方面具有重要的作用。长期以来，多数科技馆主要采用直接展示类的科普展览，缺乏特色，并未展现出时代科技感。高校是创新创业人才培养基地，国家发布了一系列创新创业教育的相关政策，不断对培养新时代的创新创业人才提出更高的要求。大学教育中推出了各种创新创业课题、创新创业竞赛，积极鼓励本科生、研究生投入到创新创业的洪流中来，经过近20年的积淀，不断有新的大学生创新创业的成果涌现，如2020年的创新创业全国总冠军"星网测通"项目，用B2B（Business-to-Business）模式为商业航天用户提供一体化解决方案，目前已与航天科工集团、航天科技集团等行业顶尖航天设备制造商达成了合作意向，项目总金额超过2.7亿元。该项目发明了系列卫星通信测量仪，用一台仪器就能测量数百种场景，测量效率提升100倍，打破了国外对我国航天领域测量技术的封锁，解决了制约我国通信卫星发展的关键问题。由参加项目的学生团队为第一发明人申请国家发明专利20余项，授权10余项，获得软件著作权8项，实现了自主知识产权。又如清华大学的创新创业项目"高能效工业边缘AI芯片及应用"，致力于人工智能芯片及算法，已同中石油、中石化、哈电集团、新加坡Winston集团等行业龙头达成了战略合作，赋能了多种主流行业场景，累计销售额达数千万元，这些都是高校创新创业项目的杰出代表。虽然有部分成果得到了应用，但更多的高校创新创业成果还只是在校园内或是学校间进行展示，没有真正地面向公众，借助科技馆这个科普平台，可以更好地将大学内的创新创业成果进行全社会的展示，也是让公众了解、探知前沿科学技术的好途径。

三、开拓创新创业教育协同发展新机制

科技馆不仅是一个科普阵地，它还发挥着人类弘扬科学精神、传播科学思想、普及科学方法、传递科技前沿、启发创新思维的作用。科技

馆馆藏丰富、科学技术设施齐备，为科技馆高效传递科学技术提供了可靠保证，如今社会科技高速发展，科技馆的科学技术前沿传递能力应进一步得到加强。科学研究是高等学校的重要职能之一，与国民经济发展和社会进步息息相关。随着国家对创新型人才培养的需求不断提高，越来越多的高校学生加入科学研究的队伍。他们通过大学生创新创业项目、"互联网+"项目、自由探索类项目、校企联合项目来开展自己的研究课题。高校学生年轻、富有朝气、思维活跃、动手能力强、易于接受前沿思想，通过系统研究，很多项目取得了出色的成果，其中不乏令人耳目一新的创新创业成果。虽然在学校内有展示交流平台，学校间也有互动，但是广大公众还是很难有所接触，即使可以通过媒体报道进行了解，但还是很难有实质性的近距离接触。而科技馆作为一个良好的科普展示交流平台，无疑可以担负起这一责任，为优秀的创新创业成果提供展示平台，或是直接构建相应的创客空间，更好地了解反馈学生的创新创业过程。科技馆协同高校创新创业教育模式，不仅加强了科技馆的职能创新建设，推动了科技馆的科普前沿性和先进性，也是高校进一步展示学生创新创业成果、激发学生创新动力、推动学生自身发展的内在需求。

四、建设新型大学生创新创业协同教育平台

高校创新创业教育要充分利用社会多种资源，如国家高新区、创新创业园区、科技企业孵化器、科普场馆等，实现高校科技创新与企业创业相结合，为高校创新创业提供良好的科研条件、网络平台、资源空间。一直以来，科技馆都是学校开展教育活动的重要伙伴，为学校开展科技创新教育提供有力的资源保证。高校创新创业教育平台的搭建同样可以寻求科技馆的有效支持，突破高校和科技馆之间的合作壁垒，共同构筑一个科学的

创新创业平台，这将有利于创新创业空间的拓展，进一步丰富科技资源，有利于实现创新创业人才的培养。

（一）馆校结合创新创业教育模式构建

随着全球范围创新创业教育的飞速发展，许多高校图书馆为了配合这一发展趋势，利用其特色优势，通过构建创客空间参与创新创业教育，取得了良好的教学效果。科技馆与高校创新创业教育相结合也可以借鉴这一合作模式，彼此通过信息、科技、空间、资源交换等方式相互融合开展创新创业教育，一方面分享各自所特有的资源，另一方面也充分突出了各自的优势。科技馆和高校可以通过创新创业的平台将两者融合，构建特殊的馆校协同教学模型、实验室、创客空间等。大多数的科技场馆没有系统的大学生创新创业的展示单元和探究活动的展厅，并且在国内很少有场馆与学校合作开展相关科普教育的案例。通过科技馆和高校合作创建教育平台，开展创新创业成果展示，可充分帮助大学生更好地利用场馆资源，开展探究性展示活动，增强广大公众对新兴科技的认知度，提高科技场馆创新创业教育有效性，无疑是一种良好的途径，值得探索和推广（见图1）。

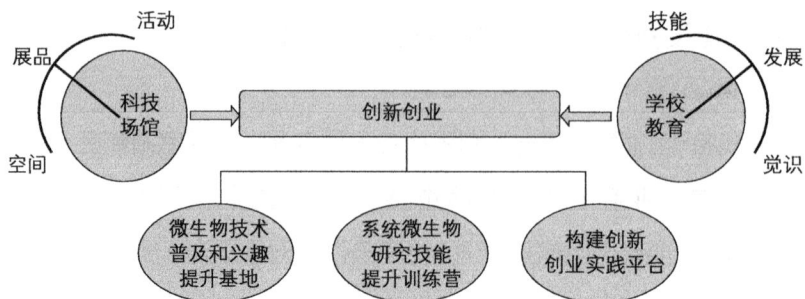

图 1　科技馆与高校协同开展创新创业教育新模式

资料来源：作者根据相关资料整理。

（二）馆校协同创新创业教育模式探究

在科技馆和高校协同创新创业教育模式中，实现了资源、科技、创新、信息交互循环。科技馆不仅可以提供科技资源、信息服务、创新空间，还能够实现高校所欠缺的科普教育职能，为创新创业教育开展及在社会中的宣传和普及发挥巨大的作用。

1. 科技馆可以创新开展馆校合作模式

以新馆建设为契机，在展厅内开辟新的场所，对科普人才队伍进行锻炼与培养，通过学习与培训，定期沟通与交流，充分了解高校大学生创新创业课题内容、科研的进展和方向，为高校创新创业成果推广和普及提供有的放矢的服务。而高校可以充分利用科技馆的科技背景、馆藏设备、信息平台及展示空间，为大学生开展创新创业教育提供资源和场所，为创新创业成果提供科普展示交流平台。

2. 科技馆可将传统模式与现代技术相结合

科技馆可将传统的展览模式与现代的虚拟现实技术、虚拟仿真技术相结合，通过先进的信息技术平台实现科普展示模式的创新，让受众的参与感、代入感更强。将新媒体与科技信息的传递交流相结合，如将创新创业项目以微信或微视频等形式推送，更贴近现今的生活和认知方式，传播更高效，受众更多。

3. 科技馆可在创新创业项目资金投入中发挥积极作用

科技馆除了为高校创新创业教育提供资源和场地设施等支持外，在创新创业项目资金投入中也可发挥积极的作用。通过平台推广为学生项目和企业牵线搭桥，将收集的公众意见、咨询反馈等及时告知大学生创新创业团队，有利于其对项目产品进行相应的修正和完善，这无疑在创新创业教育中也起到了积极的作用。

（三）科技馆在馆校协同合作模式中的优势

1. 丰富的馆藏资源

科技馆作为科普创新创业教育的重要阵地，丰富的科技资源是重要的保证，要紧跟科技发展的前沿。科技馆馆藏和空间设置可以逐步与高校创新创业教育接轨，这有利于科技馆的及时更新，让科技馆馆藏在高校创新创业教育实施过程中实现更好的发展。

2. 专业的职能要求

科技馆具有"第二课堂"的职能，是智慧和文明的象征。21 世纪，信息化飞速发展，为了更好地起到引领作用，科技馆的人才队伍必须具备一定的科技信息、网络信息方面的知识，甚至要有专门的研究人员与团队负责服务合作双赢，更好地为大学生科普创新教育提供多方面、全方位的保障。了解不同高校、不同专业的动态，熟悉各门学科之间的联系，掌握科普创新创业项目中涉及的基本科学原理，这样才能使馆校结合的科普创新教育顺利开展。

3. 开放的研究环境

科技馆浓郁的科技气息和良好的创新环境，在创新创业教育中起到不可替代的作用。科技馆是科技知识的海洋，满足了公众对精神文化生活更高层次的需求。公众身处科技馆中，通过对各具科技特色的展品参观学习、互动参与，内心会被前沿的科技魅力所吸引、触动，渴求新知识的获取。科技馆还为公众独立思考、自主研发，以及创新研究提供了充足的空间，也为研究成果的展示提供了广阔的舞台。大学生不仅可以在科技馆展示创新成果，还可以长时间接受科技环境的熏陶，促进个人身心的良好发展。

科技馆和高校协同开展创新创业教育可以实现优势整合。科技馆作为科普创新的主体，可为大学生创新创业科普教育提供研究展示平台，更有利于向大众推广，使人们有渠道了解大学生开展创新创业的内容和意义，极大地增加了大学生创新创业成功的机会，也提高了成果转化的效率。高校作为大学生的教育的管理者，统筹各个机构，安排引领学生创新创业。馆校结合科普创新创业教育有利于将各自职能优势互补，培养出符合国家发展需求的创新创业人才。

（四）全方位打造馆校协同科普创新创业平台

1. 技术普及和兴趣提升基地

以科技馆和学校实验室为平台，提供相关经典科学技术培训和学生科技成果展示的功能。对于相关专业的全部学生以及相近专业的部分学生，通过展示及讲解，使他们了解相关技术和实验设备，起到相关科学技术的普及作用。通过展示学生参与课题及研究的成果，使更多学生产生或提升对科学技术实践的兴趣。根据情况可以设计多种研究课题，以供学生选择。

2. 系统研究技能提升训练营

以项目教学为引导，结合课程设计和毕业设计，在有一定科技创新能力培养的基础上，锤炼对科学技术的掌控能力。如通过功能定义、可行性原理、实现方案、实验计划、过程评价、核心技术实现、结果分析等各个环节与现有课程体系以及企业需求挂钩，在科技馆内对学生的科技创新能力和科研思维能力进行强化。这些环节只有通过实践过程的切身体会才能有所收获。

3. 构建科普创新实践交流平台

集聚优秀人才，通过馆校协同平台可激发学生的创新热情，推动创新实践，为学生创业提供必要的支持。通过参加各种比赛组建团队，培养学生的团队协作意识，加速学生技术提升。让学生学习掌握更多的理论知识，引导学生"由浅入深"地学习，实现理论与实践双通道、多层次的有机结合，激发学生对科学技术的兴趣。既让理论课落到实处，又可为生产实践服务建立连接，从根本上实现将技术理论知识变成实际开发能力。

五、发展的可能和展望

科普创新创业教育已经在高校中迅速开展起来，部分学校甚至将创新创业教育贯穿人才培养全过程。发展创新创业教育，要充分利用国家自主创新示范区、国家高新区、科技企业孵化器、科普文化场馆、高校和科研院所提供的有利条件，其中科技馆就是一个良好的实施和展示平台。与大学教育相比而言，公益科技馆为公众提供的平台主要是为了让人们拥有一个掌握科学知识的场所，在有效结合理论与实践的同时，让观众能够切身体会科技所具有的魅力。当然，在推广过程中也会遇到一些问题，比如，创新创业成果需要建立良好的筛选机制，高效地从众多项目中获取更适合在科技馆展示的创新创业项目，如何衡量其科普性，以及更容易使大众接受，都将是未来实施需要注意的问题。将创新创业、成果展示与科技馆有效联系起来，开展馆校结合科普创新教育，将大学生所学知识和理论创新通过更精彩、更有趣的方式传递给大众，着力发挥政策集成效应，实现创新与创业相结合，为高校创新创业提供良好的工作空间、社交空间和资源共享空间，实现高校创新创业教育和科技馆发展的双赢。

参 考 文 献

[1] 陈飞.浅论馆校结合科学教育的与时俱进——基于浙江省科技馆的实践与探索 [J].科技通报，2021，37（5）：131-134.
[2] 高雅.国内外高校创新创业现状研究 [J].教育现代化，2016（21）：252-254.

［3］胡金焱.创新创业教育：理念、制度与平台［J］.中国高教研究，2018（7）：7-11.

［4］季娇.科技场馆教育评估：理论基础及研究进展［J］.科普研究，2019，14（6）：14-21.

［5］王洪才.创新创业能力培养：作为高质量高等教育的核心内涵［J］.江苏高教，2021（11）：21-27.

［6］解德渤，崔桐.大学课堂革命何以可能——研究性教学的旨趣、实践及其挑战［J］.重庆高教研究，2020，8（3）：56-66.

［7］尹国俊，都红雯，朱玉红.基于师生共创的创新创业教育双螺旋模式构建［J］.高等教育研究，2019，40（8）：77-87.

［8］翟杰全.科学普及和科学素质建设高质量发展：服务创新发展［J］.科普研究，2021，16（4）：31-43.

［9］周静.科技馆教育活动的开发思路及设计研究［J］.科技风，2021（8）：147-149.

科普教育与文化创新的深刻内涵

陈 宏[*]

摘要： 科普教育是一种广泛普及科学知识的教育形式，具有促进社会进步和文化创新的重要作用。科普教育可以提高公众科学素养，激发科学兴趣，培养创新能力，推动科技进步和文化发展。同时，还可以促进多元文化的交流和融合，推动跨学科研究和创造性思维的发展。为了实现科普教育与文化创新的有机结合，需要增加科普教育的内容和方式创新，建立多元合作机制，构建科普教育的长效机制。

关键词： 科普教育；文化创新；深刻内涵

一、引言

（一）科普教育和文化创新的背景和意义

2021 年，国务院印发《全民科学素质行动规划纲要（2021—2035 年）》，指出科学素质是国民素质的重要组成部分，是社会文明进步的基础。公民具备科学素质是指崇尚科学精神，树立科学思想，掌握基本科学方法，了解必要科技知识，并具有应用其分析判断事物和解决实际问题的能力。提升科学素质，对于公民树立科学的世界观和方法论，增强国家自主创新能力和文化软实力、建设社会主义现代化强国，具有十分重要

---

　* 作者：陈宏，中国科教电影电视协会科幻委员会、教育委员会会员。

的意义。

当前，新一轮科技革命和产业变革深入推进，我国经济社会发展呈现数字化、网络化、智能化特征，以云计算、物联网、人工智能、大数据等为代表的新一代信息技术，为科普教育和文化创新提供了不竭动力。随着科技快速发展和社会进步，科普教育在当代社会具有重要的意义和影响力。科普教育与文化创新的结合，不仅可以促进社会进步和发展，还能够激发公众的创造力和创新潜能，推动科技进步和文化繁荣。因此，研究和探索科普教育与文化创新之间的关系，以及如何有效地将二者结合，具有重要的现实意义和深远的影响。

科普教育与文化创新相辅相成，互为促进。科普教育通过向公众普及科学知识和科学方法，提高了公众的科学素养和理解能力，使公众更加关注科学问题并参与科学活动，进而推动社会文化的创新发展。另一方面，文化创新为科普教育提供了更多的发展空间和创新可能性。通过将科学与文化相结合，科普教育可以更好地满足不同文化背景下公众的需求，推动多元文化的交流和融合。

我国公民科学素质不断提升，"十三五"末期，具备科学素质的公民比例已达到10.56%，实现了《"十三五"国家科普与创新文化建设规划》确定的2020年我国公民具备科学素质的比例超过10%的目标；科普经费投入稳定增长，2020年，全社会科普经费筹集额171.72亿元，比2015年增长21.6%，科普经费以政府投入为主，发挥了重要引领和支撑作用；科普场馆数量稳步增加，全国共有科技馆、科学技术类博物馆1525个，比2015年增加21.2%；以多媒体手段尤其是新媒体技术为支撑的科普传播更加广泛。

（二）科普教育对社会和文化的影响

1. 提高公众科学素养和科学认知能力

科普教育是现代社会不可或缺的一部分。它的目标是提高公众的科学素养和科学认知能力，对社会和文化产生积极的影响。通过科普教育，公众能够更好地理解科学知识，掌握科学思维方式，从而更好地适应和应对社会的发展和变化，充分发挥科技创新在文化强国战略中的支撑作用。

科普教育通过传播科学知识，提高公众的科学素养，使人们更好地理解和应对当今世界面临的挑战。通过科普教育，人们可以了解气候变化的科学原理，从而采取必要的措施来减少碳排放。同时，科普教育也有助于打破迷信，破除谣言，提高人们的辨别能力，使社会更加理性、科学。

科普教育可以为文化创新发展提供支持，科普教育可以推动文化创新，丰富文化形式和文化内容。科普教育对社会和文化的影响是多方面的，通过提高公众科学素养和科学认知能力，促进社会进步和科技创新，推动文化创新和创意产业发展，为社会的进步和发展作出重要贡献。

2. 激发公众科学兴趣和探究精神

科学的伟大不仅在于它的发展和进步，更在于它对公众的影响和启迪。激发公众的科学兴趣和探究精神，是推动社会进步和发展的重要因素之一。在当今信息爆炸的时代，我们应该重视科学普及教育，通过多种形式和渠道，让公众更加了解科学、喜欢科学、参与科学。

科学兴趣的激发，不仅需要学校和教育机构的努力，更需要社会各界的支持和参与。公共图书馆开设科学读书会，让读者们集思广益，共同探讨科学领域的疑惑和问题；科学博物馆举办科学展览和科学实验活动，让观众们亲身参与，感受科学的乐趣和魅力；科学家们通过科普讲座和科学写作，向公众传递科学知识，让大家了解科学的重要性和应用价值。

在激发公众科学兴趣的同时，也要注重培养公众的探究精神。科学并不是一成不变的，它在不断发展和演化。通过让公众参与科学实验和观察，让他们亲自感受和探索科学的奥秘；通过组织科学辩论和讨论会，让公众自由表达和交流科学观点。只有培养公众的探究精神，才能够真正激发科学的创新和进步。

3. 培养创新能力和解决问题的能力

创新能力是推动社会进步的关键。创新是社会发展的原动力，它能够带来技术的突破、产品的创新和商业模式的颠覆。只有不断追求新知识、新思维，我们才能够不断创造新的价值，满足人们对于更好生活的需求。

科普教育在推动文化创新方面具有重要作用。科普教育能够激发公众的创新思维和创造力。通过对科学知识的普及，科普教育使公众了解掌握科学方法和科学思维的重要性，从而培养公众的创新思维和解决问题的能力。这种创新思维和能力对于文化创新至关重要，因为文化创新需要突破传统的思维框架，以全新的视角和方法来解决问题和推动发展。

科普教育可以通过创新课程和新的教育模式，培养公众的创新能力和解决问题的能力。如科学探究、项目式学习等，培养公众的创新能力和解决问题的能力。这些创新课程和教育模式可以使公众更好地理解科学原理和方法，同时也可以激发公众的创造力和创新能力，培养公众解决问题的能力。

科普教育可以通过与文化产业的结合，将科学知识融入文化形式和文化内容，推动文化创新和创意产业发展。

二、科普教育与文化创新的关系

（一）科普教育推动文化创新的必要性和重要性

科技进步和文化发展是社会进步的重要因素之一。在当今全球化的时代，科技的快速发展不仅使得人们的生活更加便利，也为文化的传播和发展提供了强大的支撑。

科技的进步为文化的传播提供了更为便捷的方式。互联网的普及使人们可以通过网络平台分享知识、交流经验，促进不同文化之间的交流与融合。同时，移动设备的普及也使人们可以随时随地获取各种文化产品，如音乐、电影、书籍等，从而丰富了人们的文化生活。

科技的进步为文化的创新提供了更为广阔的空间。新兴的科技手段，如人工智能、虚拟现实等，为文化创作带来了更多的可能性。例如，艺术家可以利用虚拟现实技术创作出沉浸式的艺术作品，观众可以通过这些作品获得前所未有的艺术体验。另外，科技的进步为文化产业的发展提供了新的机遇，推动了文化产业的创新与发展。科技的进步也为文化遗产的保护和传承提供了新的手段，有效地保护了人类宝贵的文化遗产。

只有不断加强科技和文化的结合，我们才能够更好地推动社会的发展，实现文化繁荣和科技进步的良性循环。

（二）科普教育促进跨学科研究和创造性思维能力的提升

科普教育不仅传播具体的科学知识，还强调科学方法和科学思维的重要性。这种跨学科的教育方式有助于打破学科壁垒，促进不同学科之间的交流和合作，为文化创新提供新的视角和思路。

同时，科普教育强调科学精神中的求真务实、勇于创新等品质，这些品质对于培养创造性思维和推动文化创新具有重要作用。

科普教育是一项重要任务，它在促进跨学科研究和创造性思维能力的提升方面发挥了重要作用。通过科普教育，我们能够将科学知识传达给更广大的群体，激发人们的兴趣和好奇心，培养他们的创造性思维能力。

科普教育不仅仅是传授科学知识，更是将科学知识与现实生活相结合，让人们了解科学在解决实际问题中的应用。这种综合性的教育方式可以促进跨学科研究，让不同学科的知识相互交融，产生新的创新思维和研究方向。

科普教育还能够培养人们的创造性思维。通过科普教育，人们能够了解科学研究的过程和方法，学会思考问题、提出假设，并通过实验和观察来验证自己的想法。这种培养创造性思维的方法，可以激发人们的创新潜力，培养他们解决问题的能力。

科普教育的重要性不容忽视。它不仅能够让人们了解科学的重要性，还能够培养跨学科研究和创造性思维能力。我们应该加大对科普教育的投入，让更多的人受益于科普教育带来的种种好处。只有这样，才能推动社会的进步和发展。

（三）科普教育促进多元文化的交流和融合

科普教育将科学知识传播给不同文化背景的公众，使他们在学习科学知识的同时，也能够理解和尊重其他文化的差异和特点。这种跨文化的交流和理解有助于消除文化隔阂，促进多元文化的交流和融合，为文化创新提供丰富的素材和灵感来源。

科普教育在促进多元文化的交流和融合方面发挥着重要作用。多元文化的交流和融合是指不同地区、不同民族、不同文化背景下的文化交流和融合。通过科普教育，可以展示不同文化背景下的科学成果和科技发明，促进不同文化之间的交流和融合，促进多元文化的创新发展。

三、推动科普教育与文化创新的途径和策略

（一）创新科普教育的内容和形式

科普教育在提高公众科学素养、培养创新思维方面具有重要作用，文化创新则是推动社会文化进步、增强国家文化软实力的重要手段。为了更好地推动科普教育与文化创新，我们需要采取一系列有效的途径和策略。推动科普教育与文化创新的途径和策略之一，是创新科普教育的内容和形式。结合最新科技成果和热点问题，应更新和充实科普教育内容，使其更

加具有时代感和实用性。

可以结合当前人工智能、量子计算等最新科技成果，拓展学科领域，增加交叉学科的科普内容。科普教育可以涵盖各个学科领域，不仅包括自然科学，也包括社会科学、人文科学等。增加交叉学科的科普内容，可以激发公众的多元学科兴趣和创新能力。注重实践性和应用性，设计更多具有操作性和实用性的科普内容。例如，可以设计科学实验、技术制作、农业技术等实践性课程和活动，让公众通过实践操作加深对科学知识的理解和掌握。

1. 多元化主题与领域

科普教育应该包含丰富多样的主题和领域，覆盖自然科学、社会科学、人文科学等多个学科，使公众能够获取广泛的知识，并促进跨学科的交叉思考和创新。

2. 采用互动式教学

传统的科普教育往往是单向的知识传授，而互动式教学可以更好地激发公众的兴趣。通过实验、游戏、互动展示等方式，使公众积极参与其中，亲身体验科学的魅力。

3. 制作多媒体教具和工具

利用现代技术手段，如虚拟现实、增强现实等，开发多媒体教具和工具，能够提供更生动、直观的科学展示和实验体验。

4. 培养优秀的科普教育人才

加强科普教育人才队伍的培养，培养具备综合科学素质和科普传播技巧的人才，能够更好地传递科学知识并与公众建立良好的互动和沟通。

5. 融入艺术与文化元素

将艺术和科学相结合，通过音乐、戏剧、绘画等艺术形式来呈现科学知识，能够激发公众的创造力和想象力，促进文化的创新。

6. 创新社交媒体的应用

利用社交媒体平台，如微博、微信等，进行科普教育的推广与传播，提供多样化、易于理解的科学内容，吸引年轻人参与，扩大科普教育的影响力。

通过创新科普教育的内容和形式，能够更好地满足公众的需求和兴趣，提高科普教育的吸引力和参与度，从而促进文化创新和发展。

（二）创新科普工作的理念和方式

适应网络化和智能化趋势，创新科普工作的理念和方式，建立多元合作机制和资源共享平台，实现资源共享、优势互补，推动科普教育与文化创新的深度融合。

1. 加强教育投入，提高科普教育质量

政府应加大对科普教育的投入，提高科普教育的地位和影响力。同时，鼓励社会力量参与科普教育，形成多元化的科普教育体系。加强政府、学术机构、科技企业和文化机构之间的合作，通过资源整合和信息共享，提供丰富多样的科普教育资源，共同开展科普教育项目和创新活动。

2. 促进跨界合作，推动科普教育与文化创新的融合发展

科普教育与文化创新具有密切的联系，跨界合作有助于推动两者的融合发展。可以通过与科技企业、艺术团体合作，共同开展科普教育和文化创新活动，实现资源共享、优势互补，进一步加强跨学科合作，促进不同学科之间的跨学科合作。例如科学家、教育家、艺术家、设计师等各领域的专业人士共同参与科普教育活动，相互交流和启发，形成创新的教学方法和内容，促进科普与文化、旅游、体育等产业的融合发展。

3. 利用现代科技手段，创新科普教育方式

随着科技的不断发展，科普教育的方式也应不断创新。利用虚拟现实、增强现实等技术，打造沉浸式的科普教育体验，使公众更加直观地了

解科学知识。利用社交媒体等平台，开展线上科普活动，扩大科普教育的覆盖面和影响力。建立科普资源共享平台，为科普教育活动提供丰富的素材和工具，包括绿色双碳、人工智能、基因编辑、量子科技、高速移动网络等内容，通过科普文章、科幻小说、视频、实验指南、教案等丰富多彩的形式，供教师、科普从业者和公众自由获取和使用。

4. 鼓励文化创新，培育创新型人才

加大对文化创新的支持力度，鼓励企业和个人进行文化创新，开展跨学科研究与实践，鼓励科研机构与文化产业合作，推动科技创新与文化创新的深度融合。与此同时，加强创新型人才的培养，为文化创新提供人才保障。推动文化创新，需要加强产学研合作，实现资源共享、优势互补。

5. 加强科普文化生态建设，提升科普能力和全民科学素质

将科学知识与社区文化相结合，加强学校和基层组织的合作，开展科普教育项目和活动，特别是全国科普日、文化馆年会等重大活动，使科普教育更加贴近公众生活和需求，通过举办创意大赛、文化节等活动，激发创新热情和创造力。

6. 加强国际合作与交流

加强国际科普教育合作与交流，分享成功经验和创新模式，借鉴国际先进的科普教育理念和实践经验，促进跨国界的科普教育合作和文化创新，展示我国科普教育与文化创新的成果，提升国际影响力。

《全民科学素质行动规划纲要（2021—2035年）》指出，创新现代科技馆体系，开展科普展教品创新研发，打造科学家精神教育基地、前沿科技体验基地、公共安全健康教育基地和科学教育资源汇集平台，提升科技馆服务功能。推进数字科技馆建设，统筹流动科技馆、科普大篷车、农村中学科技馆建设，探索多元主体参与的运行机制和模式。

充分利用各方的优势和资源，提高科普教育的质量和影响力，推动文化创新的实现。这种合作模式可以促进知识的集成与创新，激发创造力和创新潜能，培养出更多具有创新精神和创新能力的人才，推动社会文化的发展和进步。

四、构建科普教育的长效机制和评估体系

构建科普教育的长效机制和评估体系，是推动科普教育与文化创新的重要策略。要提供足够的政策支持和资源投入，保障科普教育的长期发展和稳定运行，建立科普教育的评估体系，建立科普教育的评估指标和评估方法，定期对科普教育活动进行评估和监测，掌握科普教育的效果和影响，及时调整和改进教育策略。

《全民科学素质行动规划纲要（2021—2035 年）》指出，开展理想信念和职业精神宣传教育。开展"中国梦·劳动美"、最美职工、巾帼建功等活动，大力弘扬劳模精神、劳动精神、工匠精神，营造劳动光荣的社会风尚、精益求精的敬业风气和勇于创新的文化氛围。

（一）构建科普教育的长效机制

建立稳定的投入机制。政府加大对科普教育的经费投入，设立科普教育专项资金，支持科普教育的发展。同时，可以鼓励企业、社会团体和个人对科普教育进行捐赠和资助，形成政府与社会的共同投入机制。建立科学的选材和培训机制。在科普教育的内容上，要选择符合不同年龄段受众感兴趣的内容。在科普教育的师资培养上，要建立科学的选材和培训机制，提高科普教育的教学水平和质量。建立有效的激励机制，对在科普教育中做出突出贡献的组织和个人进行表彰和奖励，激发社会各界参与科普教育的积极性和创造力。

发展科普文化 e 生活，组织线上科普文化活动，有针对性地为网民提供科普文化服务。探索利用高新技术产业、科技成果转化、文化创意产

业等支持政策，促进科普领域市场发展。研究中华文化基因内涵，挖掘与阐发理论及技术、传统文化资源的复原复现技术与材料工艺、中华文化基因知识图谱技术、国家文化公园保护监测技术，研发面向大众旅游服务创新和政府治理的关键技术。系统思考新科学知识、新学习需求、新教学手段，加大优质科学教育资源和精品科普课程的开发，切实增强科学性、系统性、适宜性和趣味性，丰富中小学科技教育内容。加强高等教育阶段的科学教育和科普实践，鼓励和支持高校教师、学生开展科普社会实践。

实施"技能中国行动"，加强创新型、应用型、技能型人才培养，弘扬工匠精神，培养更多高技能人才、能工巧匠和大国工匠。大力开展新职业培训特别是数字经济领域人才培养。探索引入现代化手段和方式开展数字技能类职业培训。为推进高等教育阶段科学教育和科普工作，深化高校理科教育教学改革，推进科学基础课程建设，加强科学素质在线开放课程建设。推动设立科普专业，推动高等师范院校和综合性大学开设科学教育本科专业，扩大招生规模。

围绕深入推进社会文明促进和提升工程，构建和完善新时代艺术创作体系、文化遗产保护传承利用体系、现代公共文化服务体系、现代文化产业体系、现代旅游业体系、现代文化和旅游市场体系、对外文化交流和旅游推广体系。推动博物馆发展线上数字化体验产品，提供沉浸式体验、虚拟展厅、高清直播等新型文旅服务。围绕"碳达峰""碳中和"、信息技术、生物医药、高端装备、新能源、新材料、节能环保等公众关注度高的科技创新热点及科技政策法规有针对性地开展科普。

2025 年目标：我国公民具备科学素质的比例超过 15%，各地区、各人群科学素质发展不均衡明显改善。科普供给侧结构性改革成效显著，科学素质标准和评估体系不断完善，科学素质建设国际合作取得新进展，"科学普及与科技创新同等重要"的制度安排基本形成，科学精神在全社会广泛弘扬，崇尚创新的社会氛围日益浓厚，社会文明程度实现新提高。

2035 年远景目标：我国公民具备科学素质的比例达到 25%，城乡、区域科学素质发展差距显著缩小，为进入创新型国家前列奠定坚实社会基础。科普公共服务均等化基本实现，科普服务社会治理的体制机制基本完善，科普参与全球治理的能力显著提高，创新生态建设实现新发展，科学文化软实力显著增强，人的全面发展和社会文明程度达到新高度，为基本实现社会主义现代化提供有力支撑。

（二）构建科普教育的评估体系

建立科学的评估指标，评估指标应该包括科普教育的参与度、满意度、知识掌握度等方面，从不同角度对科普教育的效果进行全面评估。建立定期评估机制，定期对科普教育进行评估，及时发现问题和不足，针对问题进行改进和提升。

建立评估结果的反馈机制，评估结果应该及时向社会公布，并反馈给相关的政府部门、科普教育机构和个人，为其改进和提升提供参考和依据。

通过构建科普教育的长效机制和评估体系，可以推动科普教育的持续、健康发展，提高科普教育的实效性和影响力，促进全民科学素质的提升。

五、未来发展的方向和挑战

未来在科普教育的发展过程中，还需要继续探索和解决一些问题和挑战。《全民科学素质行动规划纲要（2021—2035 年）》指出，科技与经济、政治、文化、社会、生态文明深入协同，科技创新正在释放巨大能量，深刻改变生产生活方式乃至思维模式。人才是第一资源，创新是第一动力，国民素质全面提升已经成为经济社会发展的先决条件。科学素质建设站在了新的历史起点，开启了跻身创新型国家前列的新征程。

要深入推进科普理念创新、内容创新、手段创新和机制创新，深化科普供给侧、需求侧改革，畅通科普渠道，健全科普工作体制机制，激发全社会开展科普的活力，全面推动科普工作现代化。在国家重大项目考核中突出科普内容，建立起科研工作者的科普义务感。要充分发挥各类学术团体、学会的作用，明确在科普工作方面的责任和义务，成为科普工作的组织者、协调者和承办者，并创作更多聚焦前沿技术领域的优秀科普作品。

引导社会各界力量和广大志愿者积极参与，鼓励社会各界的参与和支持，培养科普教育的志愿者队伍，提供更广泛的科普教育服务，推动科普教育的普及和创新。推动科普文化进社区，围绕社区居民需求，开展科普讲座、科普文艺活动、科普视频展播、科普信息推送等，满足社区居民各类科普文化需求，推进和谐宜居城市建设。广泛开展面向农村的科普活动，实施乡村振兴科技支撑行动，传播中华优秀传统文化。

深化科技与人文的融合，不仅要注重科技知识的传授，还要注重人文素养的培养，使公众具备更加全面和综合的素质。加强交叉融合型人才培养，重点加强创新型、复合型、外向型文化科技融合型人才培养，实施知识更新工程。

面向世界科技前沿、经济主战场、国家重大需求、人民生命健康，聚焦国家战略需要，深入推进学科专业调整和科技创新。同时集中支持一批优质职业院校、应用型本科高校，建设一批高水平、专业化产教融合实训基地。

围绕提升科学素质、促进可持续发展的目标，充分发挥科学共同体优势和各类人文交流机制作用，拓展国际科技人文交流渠道，拓展全球化和国际化的视野。开展青少年交流培育计划，拓展合作领域，提升合作层次。打造有国际影响力的科普论坛，提升中国科普的国际影响力。

未来的科普教育需要更加注重实践能力和创新能力的培养，通过开展科学实验、技术制作、创新创业等活动，激发公众的实践潜能和创新潜能，培养更多的创新型人才。引进国际先进的科普教育理念和资源，推动国际科普教育的交流和合作，提高我国科普教育的国际影响力和竞争力。

要坚持改革创新，担负起新的文化使命。我们应看到，由于地区差异、城乡差异等因素，科普教育的资源分配存在不均衡的问题。未来的科普教育需要更加注重资源的均衡分配，关注弱势群体的科普教育需求，关注教育方式的变革和创新。随着科技的发展和社会的变化，需要更加注重教育方式的变革和创新，创新教育方式和传播渠道，关注教育质量的提升和评估，提高科普教育的质量和水平。

参 考 文 献

［1］中国科学技术协会．全民科学素质行动规划纲要（2021—2035 年）［M］．北京：人民出版社，2021.

［2］科技部，中央宣传部，中国科协．"十四五"国家科学技术普及发展规划，2022-8-4.

探究研学旅行在塑造青少年
核心价值观中的特定作用与影响

陈 洁 胡中顺[*]

摘要: 研学旅行不仅是知识的实践应用,更是一个体验多元文化和培养全球化视野的平台。它对于培养学生的爱国情怀、社会责任感以及团队合作和独立思考能力具有显著影响。为了最大化研学旅行的效果,选择与学科知识相结合的目的地、导师的引导以及将经验融入日常教学都至关重要。尽管存在挑战,但研学旅行为青少年教育带来了新的机遇。

关键词: 研学旅行;青少年;核心价值观

一、引言

研学旅行作为当前教育界的焦点,不仅吸引了众多教育工作者和家长的目光,也成为推动教育创新的重要力量。根据教育部等 11 部门印发的《关于推进中小学生研学旅行的意见》,研学旅行被定义为一种结合了研究性学习与旅行体验的校外教育活动。这种方式不只是单纯的旅游,而是一种将研究性学习和旅行体验融合的深入教育过程,旨在通过实际体验,提高学生的实践能力和创新思维。此种教育模式超越了传统教室的局限,通

* 作者:陈洁,北京航空航天大学江西研究院教育培训中心主任;胡中顺,北京航空航天大学江西研究院党支部书记。

过集体旅行和集中食宿的方式，为学生提供一个实践与探究相结合的全新学习环境，有效地促进了学校教育与校外教育的衔接。

在青少年成长的关键阶段，正确的价值观和世界观的形成尤为重要。青少年时期，正是个体从具体思维向抽象思维转变的关键时期，他们开始对自我、社会乃至未来形成更为深刻的认识和思考。在这个时期，研学旅行提供了一种独特的教育方式，让青少年走出课堂，直接接触和体验广阔的世界。例如，广东省教育厅等部门发布的《关于推进中小学生研学旅行的实施意见》，强调了研学旅行在青少年立德树人和人才培养方面的重要性。通过亲身体验祖国的大好河山、了解中华传统美德、体验革命历史和改革开放的伟大成就，青少年可以在实践中深化对科学、文化和历史的理解，同时通过这些丰富多彩的体验，他们得以构建更为坚实和全面的价值观，并加深对"四个自信"——道路自信、理论自信、制度自信、文化自信的理解和认同。这样的教育经历不仅丰富了青少年的知识和视野，更为他们的价值观形成提供了重要的支撑。

二、研学旅行：不仅是一次旅行

（一）从课堂到现实：知识的实践应用

研学旅行作为一种创新的教育模式，旨在通过实地考察、文化交流和感知，将课堂中的理论知识与现实生活紧密结合。这种教育方式不仅是一次简单的旅行，而是一个全面的学习过程，旨在帮助学生拓宽视野、丰富知识，同时提供将理论知识应用于实际情境的机会。在研学旅行中，学生能够通过实地考察和参与各类活动，直观感受和体验知识的实际应用，这不仅有助于巩固和深化所学知识，也使学生能够察觉到理论学习中的不足，从而针对性地加强学习，提升对知识的理解和应用能力。

研学旅行的核心不在于简单地观光，而在于探究性学习。在旅行过程中，学生被鼓励进行数据收集、问题探索等活动，从而培养其实践探究和解决问题的能力。这种教育模式不仅丰富了学生的知识和经验，还帮助他们开阔了视野，增强了对知识的实际应用能力。此外，研学旅行往往涉及多个学科领域的知识，如历史、地理、生态学、文化和社会科学等，通过教学设计，学生可以在不同学科之间建立联系，进行跨学科的交叉融合学习。这样的跨学科学习不仅促进了学生的多元综合素质发展，还培养了他们的跨学科思维能力，为他们日后的学术探索和职业发展奠定了坚实的基础。

（二）体验多元文化：培养全球化视野

在全球化背景下，多元文化的理解和接纳显得格外重要。研学旅行提供了一个宝贵的机会，让学生亲身体验和理解不同的文化和传统，培养全球化视野。通过这种教育方式，学生有机会直接接触并深入了解其他地区和国家的文化、风俗和生活方式。研学旅行中的跨文化活动和项目不仅促进了文化之间的融合，还帮助学生逐步建立文化意识，学会以一种开放和包容的心态看待和理解不同的文化。这种跨文化的体验使学生能够认识到各种文化的共性与差异，从而培养出尊重和欣赏其他文化价值和特色的能力。

此外，研学旅行还极大地增强了学生的跨文化交往能力。在旅行过程中，学生不可避免地需要与来自不同文化背景的人进行交流和沟通，这种实际的交往经验不仅提高了他们的沟通能力，还教会了他们如何与不同文化背景的人有效互动。这对于培养全球公民意识至关重要。在了解其他国家和地区的文化与历史的同时，学生也会意识到全球化所带来的机遇与挑战，进而增强对全球问题的关注和参与意识。总体而言，研学旅行为学生提供了一个宝贵的机会，不仅丰富了他们的知识和经验，还帮助他们形成了更加开放、包容的心态，为未来在多元化社会中的跨文化交往和合作打下了坚实的基础。

三、塑造核心价值观：研学旅行的深远影响

（一）培养爱国情怀与社会责任感

研学旅行作为一种特殊的教育方式，在全球化时代背景下，不仅提供了学习机会，更是培养学生爱国情怀与社会责任感的有效途径。这种教育模式超越了传统的学习形式，使学生通过亲身体验和参与，更深入地了解国家的历史、文化和社会发展，从而增强民族自豪感和爱国心。例如，学生在研学旅行中通过参观历史遗迹或博物馆，不仅可以加深对祖国历史和文化的了解，还能够增强对国家发展成就的认识，进而激发出深厚的爱国情感。此外，研学旅行中的各类社会实践活动，如环境保护、公益活动等，也为学生提供了参与社会建设的机会，从而培养了他们的社会责任感。

研学旅行还在传承红色基因和爱国主义教育方面发挥着重要作用。通过利用爱国主义教育基地、国防教育基地、科普教育基地等资源，学生得以更加深入地理解和体验国家的历史、文化与发展成就。这种结合校内外教育资源的方法，不仅有助于激发学生对祖国、对党和人民的深厚情感，还增强了他们的民族自豪感和认同感。通过这些多元化的学习和体验，研学旅行有效地促进了学生对国家历史、文化传承的理解，增强了他们的文化自信。同时，这也使他们更好地理解国家的发展战略和目标，进一步加深了爱国情怀，为学生未来的社会参与和贡献奠定了坚实的基础。这样的教育经历，不仅丰富了学生的知识和视野，更重要的是，它还培养了学生的全面素质，使他们成为具有全球视野同时深深扎根于本土文化的未来公民。

（二）促进人际交往与团队合作

研学旅行，作为一种丰富的实地学习体验，对于培养学生的人际交往能力和团队合作精神具有重要作用。在研学旅行中，学生被置于一个全新

的环境，面对不同的文化和知识背景，他们需要学会观察、分析、思考，以及与他人合作和沟通。这种体验不仅提升了学生解决问题的能力，还促进了他们的个人成长和发展。团队活动和任务的参与使学生必须学会如何与他人建立合作关系，并增进彼此间的信任。在团队协作的过程中，每位学生都需要根据自己的特长和能力为团队的目标和成功作出贡献，这不仅增强了个人的自信心，也提高了整个团队的凝聚力。

此外，研学旅行中的团队任务和挑战还为学生提供了锻炼沟通能力和领导力的机会。与不同背景的人进行有效的交流和沟通，对于完成团队任务至关重要。在这一过程中，学生不仅学会了如何分工合作、协调资源，还学会了如何在面对问题时共同找到解决方案。面对旅行中可能出现的各种预料之外的挑战，如交通、住宿等，学生需要与团队成员共同思考和协作，找到最佳解决方案。这种经历不仅培养了学生的创造性思维，还使他们能够在面对复杂问题时找到更独特和有效的方法。研学旅行因此成为一种培养学生综合素质、提升团队协作和沟通能力的重要途径，为学生未来在多元化社会中的有效交往和合作奠定了坚实基础。

（三）鼓励独立思考与创新精神

研学旅行在培养学生的独立思考和创新精神方面发挥着重要作用。这种教育模式不仅提高了学生的学习水平，还有助于提高他们的身体素质、加强所学知识的巩固、提升阅读及写作能力，并拓宽他们的知识面。更重要的是，研学旅行能够促进学生的自立能力、创新精神和实践能力的发展。在研学旅行中，学生通过亲身体验和深入的实践活动，可以从内心深处唤醒自我意识、生命意识，进而激发他们的价值观和创造力。这种教育方式突破了传统应试教育的局限，帮助学生发现问题、研究问题，并在实践中培养创新精神和实践能力。研学旅行不仅强调学校教育和校外教育的融合，还促进了书本知识和生活经验的深度结合，这对于提升学生的综合素质具有显著效果。

在这种教育环境中，学生被鼓励提出问题、参与小组合作与讨论，以及参与实践体验和反思，这些活动不仅鼓励学生尝试新的思路和方法，还激发了他们的创新思维和独立思考能力。通过这些多样化的学习方式，学生能够在一个开放和创新的学习环境中尝试各种新方法和技巧，促进创新精神的培养和发展。同时，研学旅行也提供了与日常学习环境不同的视角，让学生更直观地感受学科或科技的魅力，并通过实践活动深入了解学科的实际应用，从而增强学习的乐趣和动力。

综上所述，研学旅行不仅是一种学习的方式，更是一种培养学生独立思考和创新精神的重要手段。通过研学旅行，学生能够在实际的环境中学习和成长，这不仅有助于提高他们的创新能力，还能促进他们成为具有独立思考能力的个体。

四、研学旅行的实践策略：如何更有效地塑造价值观

（一）选择合适的目的地：与学科知识相结合

选择合适的研学旅行目的地是实现有效教育目标的关键步骤，这直接影响学生的学习体验和旅行的教育价值。一个理想的目的地不仅能提供丰富的学习资源，还可以与学生课堂上所学的知识相结合，从而使学生能够在实践中应用所学，加深对知识的理解。

合理选择研学旅行目的地首先应考虑其与课程内容的契合度。例如，历史课程的学生可以访问历史遗迹或博物馆，地理课程的学生可以探索自然保护区或地质公园。通过这种实地考察，学生不仅能够直观地感受课本知识，而且可以使知识变得更加生动和真实。例如，位于广州的小翼航空科普基地，以航空文化为特色，为青少年提供了丰富的航空科技知识和实践体验机会。这样的科普类研学基地符合 STEAM 教育理念，即综合科学、

技术、工程、艺术和数学的教育方式，将理论知识与实际应用结合起来，为学生提供了超学科的学习体验。

此外，选择具有地域文化特色的目的地对于学生的文化认同感和跨文化交往能力的培养也非常重要。研学旅行目的地的发展应重视为学生提供多样化的科普活动，如航空科普，这不仅有助于培养学生的兴趣，还能增强他们的爱国情怀和科学素养。综上所述，有效的研学旅行策略应包括对目的地的细致选择，确保其与课程内容的一致性，并考虑与地域文化特色和实践活动相结合，以促进学生的全面发展。

（二）导师的角色：引导与反思

在研学旅行中，导师扮演的角色远超出了传统的组织和管理职责，更加注重引导学生进行深入的学习和反思。作为学生与学习资源之间的桥梁，导师利用其专业知识和经验帮助学生更好地理解和应用所学知识。在实地考察历史遗迹时，导师的专业引导尤为关键，他们可以向学生解释相关的历史背景和文化意义，帮助学生深入理解课堂所学。此外，导师还提供情感支持，帮助学生应对研学旅行中可能遇到的情感挑战，如文化冲突和语言障碍等，建立自信。旅行结束后，导师组织学生进行反思和总结也至关重要。这一过程不仅帮助学生整理所学知识，还明确了学习目标，促使学生将旅行中的经验与课堂知识结合起来，形成更完整的知识体系。

（三）后续教育：将旅行经验融入日常教学

在研学旅行的实践策略中，将旅行经验有效地融入日常教学对于塑造学生的价值观至关重要。这种方法不仅有助于学生巩固在旅行中学到的知识，而且促进了他们的综合能力发展。

教师在课堂上可以组织学生分享他们在旅行中的经验和感受，通过这样的讨论，学生能够加深对所学知识的理解，并培养交流与表达能力。同时，学生可以选择与旅行经验相关的课题进行研究，这样的项目研究不仅帮助他们将知识应用于实际，也培养了其独立思考和创新能力。例如，浙江嵊州逸夫小学开发的"浙东唐诗之路"研学旅行课程就是一个成功的案例，它将地域资源深度挖掘，并与学校语文课程紧密结合，通过诗路一景、感悟一诗的方式，使学生在实践中学习唐诗，感受优秀文化。

教师还可以将学生在旅行中的表现作为日常教学的一部分进行综合评价，以激发学生参与研学旅行的积极性和学习热情。研学旅行的有效实施有助于消除学校课程与现实社会的壁垒，建立知识与生活的联系。通过研学旅行，学生可以在实际环境中应用课堂所学知识，从而获得更加丰富和多元的学习体验。此外，研学旅行的评价也应与其任务相匹配，形成研学与旅行相结合的综合评价方案，以促进学生的全面发展。

五、挑战与前景：研学旅行的未来发展

（一）当前存在的问题与挑战

研学旅行作为一种教育创新形式，虽然在近年来得到了广泛的推广和应用，但在实践中仍然面临一些问题和挑战。一是资源分配不均：由于地域、经济和教育资源的差异，部分地区和学校难以获取足够的研学旅行资源和机会，导致学生的研学体验存在差异。二是安全问题：研学旅行涉及学生的校外活动，如何确保学生的人身和财产安全成为学校和家长关心的问题。三是教学内容与目的地匹配度不高：部分学校在组织研学旅行时，可能过于追求旅行的趣味性，而忽视了教学内容与目的地的匹配度，导致学生的学习效果不佳。

（二）未来的趋势与机会

面对上述的问题和挑战，研学旅行的未来发展仍然充满了机会和可

能性。一是技术驱动的研学模式：随着科技的发展，虚拟现实、增强现实等技术可以为研学旅行提供新的可能性。学生可以通过这些技术，体验更加真实和生动的研学内容，而不受地域和资源的限制。二是跨学科的研学内容：未来的研学旅行可能不再局限于某一学科的内容，而是跨学科的、包含多个学科的知识和技能的综合性学习，例如以一个主题或项目为主线，将不同学科的知识和技能进行有机的融合和联系，以培养学生的综合素质和创新能力。三是家长参与的研学模式：家长作为学生的重要教育伙伴，他们的参与可以为研学旅行提供更多的支持和资源。未来的研学旅行可能会更加注重家长的参与，形成学校、家长和学生三方共同参与的教育模式。四是持续系统的研学模式：研学旅行不再是一次性的活动，而是一个持续的、系统的学习体验，通过多次的研学旅行，逐步深化和拓展自己的学习内容，形成一个完整的学习体系。

研学旅行作为一种教育创新形式，其未来的发展仍然充满了机会和挑战。随着社会对全面培养学生的需求增加，研学旅行将有更多的机会得到推广和发展，并且随着教育观念的不断更新和科技手段的进步，研学旅行将有更多机会与各学科领域相融合，培养学生的综合素质和创新能力。同时，如何制订科学、合理、有效的研学计划，确保学生的安全和健康，提高教师和管理人员的专业素养和技能水平等，都是研学旅行未来发展所面临的挑战。但只要我们不断探索和创新，研学旅行必将在未来的教育事业中发挥更为重要的作用。

参 考 文 献

[1] 陈捷. 武汉市江岸区初中生红色研学旅行认知与需求调查研究 [D]. 桂林理工大学，2019.

[2] 陈莹盈. 研学旅行对青少年培育和践行社会主义核心价值观的作用机制——基于涉入理论的实证研究 [J]. 青年学报，2022（4）：26-35.

［3］高杰.研学旅行与初中爱国主义教育研究［D］.湖南大学，2021.

［4］葛戈.基于角色文化视角的信阳市小学生研学旅行发展研究［D］.信阳师范学院，
2020.

［5］广东省教育厅等 12 部门.关于推进中小学生研学旅行的实施意见，2018-9-18.

［6］教育部等 11 部门.关于推进中小学生研学旅行的意见，2016-11-30.

［7］敬佳丽.基于政治认同素养培育的高中研学旅行案例研究［D］.西南大学，2021.

［8］李金龙.基于研学旅行的地理实践力培养研究［D］.青海师范大学，2023.

［9］吴紫娟，程雯，谢翌.基于政策规约的研学旅行课程实施重建［J］.河北师范大学
学报（教育科学版），2019，21（6）：115-120.

课程统整视域下青少年科学教育的实践路径探析[*]

褚宏祥　贾万刚　刘　莹^{**}

摘要： 针对我国青少年科学教育课程实施中存在的诸如理念不到位、忽视学生能力培养、实践活动流于形式、忽视核心素养的发展等问题，提出课程改革要通过课程统整来实现。其中，课程统整的要素是社会要求、学生经验、学科知识、教学环境；课程统整的原则是注重核心科学素养的养成、面向全体学生、强化实践探究性学习、强化课程的综合化；课程统整的实施载体主要包含课程、资源和师资三个层面；课程统整的设计架构要体现国家课程标准的要求、符合学生的特点、具有可行性等；课程统整的模式主要有主题活动式、螺旋式和混合式。

关键词： 核心素养；科学教育；课程统整

一、引言

2023 年 5 月，教育部等十八部门联合印发《关于加强新时代中小学科学教育工作的意见》（以下简称《意见》），文件从改进学校教学与服务、

---

* 本文系山东省教育科学规划课题"基于创新素养培育的小学创客教育校本课程开发与应用研究"（课题批准号：2022CYB369）之阶段成果。

** 作者：褚宏祥，淄博师范高等专科学校科研处副处长，教授，博士；贾万刚，淄博师范高等专科学校教师，副教授，硕士；刘莹，淄博师范高等专科学校教师，副教授，硕士。

用好社会大课堂、做好相关改革衔接、加强组织领导等方面,对如何加强中小学科学教育进行了系统性设计和制度性安排。

科学教育的落地离不开科学教育课程。目前,我们青少年科学教育课程的开展存在诸多问题,如对于青少年科学教育课程理念认识不到位,将其简单等同于科学课;在课程内容上依赖课本,只重视知识的讲解,忽视学生能力的培养;课程实施过程中主要通过课堂教学进行,课外活动实践流于形式;某些学校将科学教育课程的实施效果与各类比赛相挂钩,将科学教育变成了面向小部分学生的竞赛培训,忽视了科学教育是面向全体学生的基础素质课程;其中最重要的是,科学教育没有更多关注学生核心素养的发展。因此,对照《意见》要求,青少年科学教育课程的改革问题刻不容缓。

在互联网、人工智能深入人类生活的今天,科学教育课程的统整已然成为课程改革的新追求。与此同时,核心素养作为当前指导我国教育教学实施的新的理论和理念,丰富和完善了课程统整的理论基础。青少年科学教育要主动适应核心素养的要求,无论是 20 世纪的"双基"目标,还是 21 世纪的"三维"目标,到如今核心素养理念的提出,我国课程改革的每一步跨越都与时俱进,都是教育的自身主动适应外界变化的能动反应。青少年科学教育的课程建设必须主动对接核心素养新要求,主动适应科学教育课程统整的新趋势,切实加强科学教育课程的开发、建设、整合、应用,有效引领科学教育活动开展,从而突破平庸,走向卓越。

二、课程统整概述

(一)课程统整的内涵

课程统整具有丰富的内涵表征。美国詹姆斯·比恩在其著作《课程统整》中就明确点明:课程整合是一种课程设计的理论,它应该打破学科之间的界限，以教师和年轻人合作发现的问题或者议题为中心，通过对课程的重新组织，促进个体与社会的统整，即以学生为核心，突出以问题或者主题的形式实现跨学科甚至更大层面上课程的组织。台湾地区学者蔡清田认为，课程统整指将两个或两个以上的概念、事物、现象等学习内容或经验，组织结合成为一个有意义的整体课程，它不只是一种课程设计的组织形态，更是一种教育理念。

从课程统整的内涵不难看到，课程统整的意义在于实现两种或多种知识，或两门或多门课程之间的融会贯通，它是一种系统与部门的关系，系统的运作要以各部分知识的有机连接和整合为前提。课程统整的目的是达成"1+1>2"的课程功能最大化，让学生最有效率地获得更加优质的课程内容。

（二）课程统整的要素

詹姆斯·比恩认为课程的统整包括四个维度：经验、知识、社会、课程设计。借鉴詹姆斯·比恩的观点，结合科学教育课程的要求，我们将青少年科学教育课程统整的要素确定为社会要求、学生经验、学科知识、教学环境四个方面。

1. 社会要求

首先，青少年科学教育课程是培养学生科学素养的主要途径，应当符合当前社会对于学生科学素养的基本要求，完成我国学生科学素养的培养目标。在进行青少年科学教育课程统整时应对相关政策、法规，比如新发布的《意见》，做详细解读，依据相关政策、法规要求来进行课程的组织。

其次，青少年科学教育课程统整要考虑社会发展对于科技人才的培养需求。在课程的统整过程中要结合社会需求，根据当前社会经济、文化的发展，考量当代社会对于国民科技素质的普遍要求，将其列为课程统整的重要考虑要素。

最后，青少年科学教育课程统整要具有前瞻性。教育是一个长期的过程，人才的培养需要一定的时间，所以青少年科学教育课程统整既要符合当前社会发展对于科技人才培养的需求，又要具有一定的前瞻性，从而能够为未来社会科技发展提供人才保障。

2. 学生经验

课程组织中存在三个要素：学习者、教育者和教育情境。其中，学习者是课程组织的出发点和归宿点，是课程组织的核心。在课程组织的过程中一定要了解、分析学习者的年龄特征，在遵循学生学习特点的基础上，兼顾不同学生的经验。

（1）课程的统整应满足学生的发展需求。科学教育课程统整时应该以学生发展为中心，关注学生的学习兴趣，了解学生的学习需求，从生活经验中寻找课程统整的契机，根据学生的发展需要创设适宜的教学环境，凸显学生在课程统整中的主体地位。

（2）与学生的已有经验建立联系。在科学教育中，通过选择与学生现实生活经验相关的内容，更好地将学生的兴趣与当前的经验进行整合。在课程统整中，也应关注学生的已有经验，让学生通过学习将新经验与已有经验建立联系，从而帮助学生更好地理解新经验，应用新经验。

（3）关注学生的学习特点。在课程统整过程中要根据学生探究学习的特点，从学生生活中寻找问题，创设情境，引导学生分析问题、解决问题，在此过程中锻炼学生对于科学探究的兴趣，发展发现问题、解决问题的能力，形成正确的科学态度。

3. 学科知识

（1）尊重学科知识的系统性。科学教育所包含的内容极其庞杂，在课程统整过程中既要根据目标要求选择合适的内容，又要考虑各学科知识的内在联系和系统性，重视学科重要概念和基础性知识的学习；在进行知识整合、重组时，要谨慎处理分科和统整的关系，对于某些知识可以打破学科界限，围绕一个主题进行有机结合。对于必须学习的内容，但又无法或不好统整进某一主题的学科知识，就可以采用分科学习的方式。

（2）围绕主题进行有效的学科知识整合。我国基础教育改革过程中重视课程结构的均衡性、综合性，在青少年科学教育课程统整过程中也要注意学科知识的整合。青少年科学教育要以课程统整为中心，将科学教育中的多学科知识进行分化、整理、整合，打破学科的界限，根据学生的学习特点来进行重整，才能够更好地体现青少年科学教育课程统整的理念。学科知识整合的过程中，选择与主题相关的科学教育的基础知识和技能，进行课程的整合、架构是课程统整的关键。

4. 教学环境

青少年科学教育课程的教学环境重点由校内环境和校外环境两个方面构成。校内环境主要是指师资队伍、教育方案、教材、活动手册、实验室、网络资源等；校外环境包括科技馆、博物馆、文化馆等科技类公共场所。

校内环境和校外环境的一体化是青少年科学教育课程统整中提升科学教育教学环境的重要途径。一方面，要积极开发并合理利用校内外各种课程资源，如实验室、图书馆、专用教室、实践基地和各类教学设施等；另一方面，要广泛利用家庭、社区资源，如科技馆、博物馆、图书馆、科研院所等，给学生开辟学习科学教育的校外场地，从而实现教学环境使用效果的最大化。

（三）课程统整的原则

1. 注重核心科学素养的养成

美国科学教育专家约翰·斯塔韦尔认为，完善的科学教育都强调科学是认知方式和认知体系的统一体,主张将科学探究与科学知识学习视为一个不可分割的主体。因此,青少年科学教育并不是科学课和综合实践活动的相加,而是要以科学素养的发展为目标,对相关学科知识进行科学的统整和再设计,并整合各种科学教育资源,实现培养学生初步科学素养的综合性教育行为。

2. 面向全体,关注重点

青少年科学教育并非精英教育,不是面对少数学生的提高性教育,也不等同于兴趣小组、竞赛活动等,而是面对全体学生的、基础性的素质教育课程。因此,我们要面向全体学生,要让每一名学生都能公平、公正、平等地获得其在科学教育中的人力资源、物力资源、财力资源和信息资源等。但是,面向全体并非平均施教。青少年科学教育还应关注学生在性格、学习能力、兴趣爱好等方面的差异,特别是要关注在某方面有天赋的学生,有针对性地实施教育,鼓励他们树立高远的目标。

3. 强化实践探究性学习

青少年科学教育具有极强的实践性,科学素养中科学精神、科学态度、科学伦理、科学意志、创新能力等的获得都需要在实践活动中锻炼和养成。因此,在青少年科学教育的统整过程中应突出课程的实践性,综合运用课堂教学、课外实践、社会资源等多种教学途径,让学生多看、多想、多做,在动手操作的过程中习得科学知识,锻炼各方面能力,养成科学态度。

探究性学习是学生学习科学的有效途径。课程统整实际上就是教师提供适当的辅助,基于学生自身社会经验储备,积极组织、主动参与、自主管理,拓展学生的创新精神和实践能力。

4. 强化课程的综合化

(1)课程目标的综合化。青少年科学教育课程的目标应综合考虑三个维度，即认知领域、情感与态度领域、能力与技能领域。基于核心素养的主旨，从科学知识的教育、科学探究能力的锻炼、科学态度的养成、科学技术的应用等方面综合设计课程目标；同时，青少年科学教育课程目标的设计还要实现科技知识与学生生活和社会体验的有效连接，目标的设计要以学生已有的知识经验为基础，要符合学生现有的认知水平和学业水平状况。

（2）课程内容的综合化。培养核心素养需要学习综合性的知识。青少年科学教育课程体系宽泛而庞杂，在对其进行统整时，应考虑到内容的综合化并不是将所有内容简单堆砌，而是根据学生的学习特点和科学教育的目标要求进行筛选、整合，要根据科学知识的体系或活动主题将内容进行排序，以保证青少年科学教育课程实施的效果（见图1）。

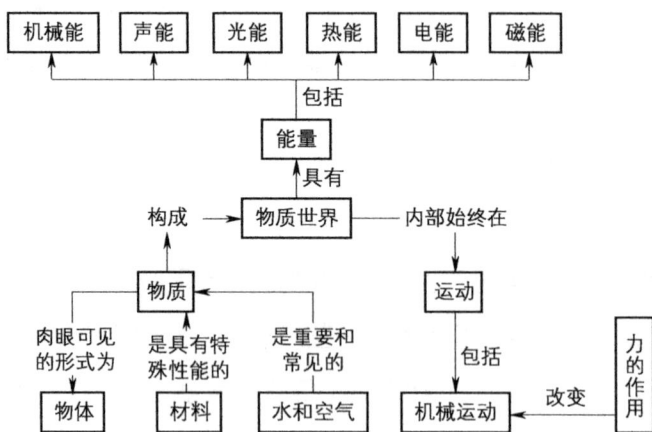

图1 物质科学领域学习的主要知识点

资料来源：作者根据相关资料整理，以下同。

（3）课程实施途径的综合化。青少年科学教育的实施途径多样，包括课堂教学、课外活动小组、社会实践活动等多个方面，学习的场所也不局限于教室、实验室，还有校园、家庭、社区、田野、科技馆、博物馆、青少年科普教育实践基地等场所。在进行课程统整时还应充分考虑不同课程实施途径的综合运用，通过多方协作来激发学生学习科学的兴趣，感受科学探究的有趣性。

（四）课程统整的实施载体

青少年科学教育课程统整的实施载体主要包含课程、资源和师资三个层面。其中，课程重构是实施青少年科技教育课程的基本保障，资源整合是实施青少年科技教育的重要途径，师资整合是实施青少年科技教育课程的有力支持因素（见图2）。

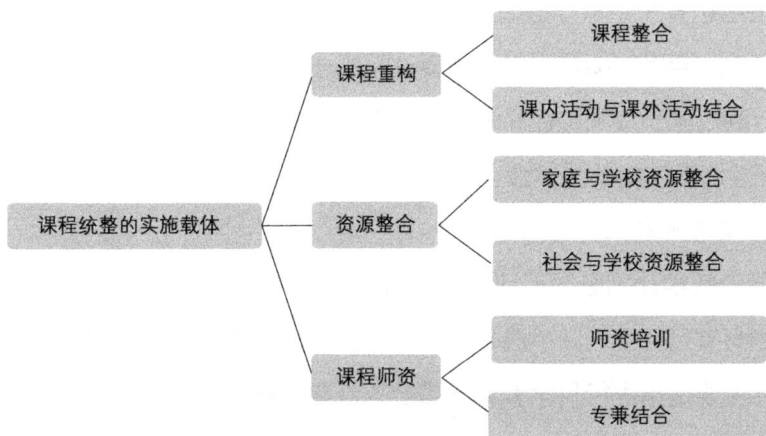

图2　课程统整的实施载体

三、课程统整的设计架构

（一）制订教学计划的要求

1. 体现国家课程标准的要求

青少年科学教育包含多门课程，对于各门课程内容的安排应根据我国颁布的各级课程标准来进行，教师应深刻领会课程标准中的课程理念、教学内容、实施建议等，统筹规划好青少年科学教育的课

堂教学、课外实践、专题活动等，保障青少年科学教育课程目标的
完成。

2. 符合学生的特点

学生之间存在明显的个体差异，在制订青少年科学教育教学计划时必
须从学生的特点出发，以科学教育相关理论为引领，制订出符合学生实际
的教学计划，如教育内容贴近学生的生活，易于学生理解，照顾到有特殊
能力的学生，等。

3. 保证系统性

在组织青少年科学教育活动时，践行由易到难、由浅入深，各年级、
各学期之间要保持衔接，保证教育过程的连贯性。在教育过程中，还应注
意充分利用家长资源和社区资源，争取各方面对教育工作的配合，确保青
少年科学教育实施的整体性。

4. 具有可行性

制订教学计划必须因地制宜，结合地区环境、学校实际情况来进行，
使计划具有可行性。其中最重要的部分是学校的硬件条件和师资条件，硬
件条件主要是指进行科学教育所需要的设备、专门的场所等；师资条件是
影响科学教育实施效果的关键因素，在制订青少年科学教育教学计划时要
考虑学校现有的师资情况，充分发挥教师的专业优势，推动青少年科学教
育活动的开展。

（二）制订教学计划的步骤

1. 全面了解并分析情况

要全面了解并分析学校和班级的具体情况，如学校科学教育资源、教
育理念、课程模式、班级学生的知识基础、学习特点、上一阶段教学计划
的完成情况等，在此基础上分析教学计划制订的已有基础和可利用条件，
从而保证教学计划的科学性和合理性。

2. 明确任务

在掌握全面情况的基础上，认真分析，按照青少年科学教育的目标，详细分析国家颁布的科学、综合实践活动、信息技术等课程的标准或实施意见，明确计划期内的具体任务，最终落实到各项计划之中。

3. 选定内容

青少年科学教育目标是通过科学教育的内容来实现的，在明确计划的任务之后，结合教材，对指定内容进行挖掘、综合、创新，调动学生学习的积极性和主动性，提升学生对科学教育的兴趣。

4. 安排时间

根据确定的教育内容，结合学校和班级的实际情况，考虑地区环境和季节因素等，将教育内容细化，计算教学时数，在时间上进行科学合理的安排。

5. 编写教学计划

编写教学计划作为制订教学计划的最后一环，应具备一定的规范性，可以参考各学校的规定模板进行，一般应包含教学主题、授课班级、教学目标、重难点确立、根据学生现实发展水平确定教学起点、内容拓展、时间把握、方法与媒体选择、课堂结构与环境的调控、作业检查与批改、板书规划、反思总结等环节，不同类型的教学计划要求也有所不同。

四、课程统整的模式

（一）主题活动式统整模式

主题活动式统整模式是指课程不用科目来编制，而是以学生的兴趣需要或者环境材料为出发点，以某一个自然或社会性的内容为主题，将所有跟此主题相关的内容进行合理编排来开展课程的形式。活动主题可长可短，既可以是贯穿整个学习阶段的特色主题课程，也可以是一个学期、一个月或者一个星期、一堂课的主题课程。主题活动开发包括以下 4 个步骤。

1. 设定主题

主题的来源主要有学生的自发活动、学生与自然接触而产生的活动、学生与社会接触而产生的活动、优秀的科学知识中符合学生的兴趣和需要的部分等。选择的主题要进行进一步筛选，确保课程主题符合青少年科学教育目标的要求，符合社会对科技人才的培养需求，符合学生的年龄特点、学习特点和能力，符合学生的兴趣需要，从而确保课程主题与青少年科学教育的目标相一致。

2. 组织课程内容

在选择和组织课程的内容时应该注意以下几点：首先，内容的出处既可以是科学类系统内部，亦可以是科学类系统外部。其次，内容的组织要具有开放性。课程内容应该根据主题的特点，打破学科界限，重新整合课程内容。再次，内容的编排需给予学生自己发现、探究、解决问题的空间和时间，让学生能够主动体验和亲身实践，以防止内容的枯燥化和纯粹的理论化。最后，课程内容需要涉及不同学科知识之间的融合，因此需要多科老师相互沟通、发扬合作参与的精神才能完成。

3. 确定教学形式

主题式教学形式虽说层出不穷，但要克服不当模式所带来的偏颇，要采用一种日臻完善的教学方式来实现。实际的教学活动中，可以采用实地调研、科学小实验、劳动实践等多种形式，条件许可的话可以走出学校，充分利用各种社会科技资源，增进学生的相关知识和经验。

4. 实施科学的课程评价

科学的课程评价至少要从两个方面进行。一是来自学生层面对于教学内容的经验性反馈。教学需要贴近学生的需要，这是任何教学活动都需要遵循的黄金法则。所以，在主题化课程模块实施的过程中，及时倾听学生的声音和需要，并且适时地做出改变以适应学生的需要是尤为重要的。适应学生的需要，其实就是要求教学的内容和方式与学生的成长和发展的实际经验相结合，这既是课程统整的应有之义，也是在课程的教学和修缮过程中需要注意的地方。二是教育专家对课程的反馈。可以邀请课程专家和科学教育专家对课程主题、内容、教学方式等进行综合评价，还要特别看重课程实施的一线教师群体对课程的反馈，这对于课程的改进和修正具有重要的意义。

（二）螺旋式课程统整模式

1. 突出核心概念的中心地位

加强课程内容间的联系、确定青少年科学教育课程的核心概念非常重要，青少年科学教育课程涵盖了多个学科，应该对各学科的基本概念进行梳理，找出各个学科的核心概念，并围绕核心概念建构学科的课程结构，从而突出课程的系统性。

2. 注重课程的实践性

青少年科学教育课程的实践性主要体现在两个方面：一方面，参与科学实践活动可以帮助学生理解科学知识，如科学小实验可以帮助学生直观、形象地理解科学知识，劳动实践可以让学生感受不同职业的工作特点；另一方面，螺旋式课程统整方式关注学科知识的系统性，注重知识的内在联系，在实施过程中应更加突出实践性，从而发现课程中存在的问题，有针对性地进行修正和完善。

3. 注重阶段性与连续性

螺旋式课程统整方式使学生对核心概念的学习就像爬楼梯，起点是学生在未接受教学之前，目标是学生对核心科学概念和科学操作技能达到了支撑接受教育所要达到的水平。对课程内容的组织和安排类似于楼梯逐级上升的台阶，各个台阶象征着学生在不同的年龄阶段能达到的不同水平。在青少年科学教育课程统整过程中，关注不同年龄段的不同课程内容的横向联系、纵向连续，由具体到抽象、由宏观到微观，但又始终围绕核心概念而展开活动（见表1）。

表1 植物具有汲取与制造养分的结构的学习目标安排

学习内容	学习目标		
	1~2年级	3~4年级	5~6年级
1. 植物具有汲取与制造养分的结构	说出植物需要水和阳光以维持生存和生长	1. 描述植物的结构（一般由根、茎、叶、花、果实和种子组成），这些部分具有帮助植物维持自身生存的相应功能	知道植物可以吸收阳光、空气和水分，并在绿色叶片中制造其生存所需的养分
2. 植物的一生会经历不同的发展阶段。其外部形态结构也会发生相应的变化		2. 说出植物通常会经历由种子萌发成幼苗，再到开花、结出果实和种子的过程	

从表1中可以看出，1~2年级的学习目标是说出植物需要水和阳光以维持生存和生长，是宏观层面的，能够结合实际生活体验而理解的简单知识；3~4年级的学习目标是描述植物的结构，并说出这些部分具有帮助植物维持自身生存的相应功能，目标更为细化；5~6年级的学习目标是知道植物可以吸收阳光、空气和水分，并在绿色叶片中制造其生存所需的养分。

（三）混合式课程统整模式

混合式课程统整模式就是对于主题式和螺旋式两种课程统整方式的综合运用，根据学科知识的特性有选择性地进行不同的课程组织安排。如学生对于磁铁的认识比较简单，也有一定的经验基础，就可以创设情境，采用主题式统整方式进行单元课程的编排，通过科学小实验等方式让学生自由探索，发现磁铁的特性；能量转换这一类相对来说抽象、不易理解的知识就可以运用螺旋式课程统整方式进行课程组织，有助于学生对知识的掌握和深入理解。

五、结论

课程是科学教育的落实。环顾世界，在当今课程发展趋势中，大多数国家都在推进课程改革。日本早在 21 世纪初，为培养下一代科技创新人才，文部科学省就通过创设"超级科学高中（SSH，Super Science High Schools）"指导实施先进的数理教育，并采取一系列措施培养学生的"国际性"，制定提高学生创造性的指导方法和教材。我国虽然没有类似日本的超级科学高中，但在课程统整已然成为课程改革新追求的趋向中，还是可以在国家对青少年科学教育的总体指导下大有作为。总之，课程统整要基于核心素养，既要面向全体学生，提高整个青少年群体的科学素养，又要善于发现天赋极高的学生，努力突破科学教育的平庸，走向创新人才培养的卓越。

参 考 文 献

[1] 蔡清田. 国民核心素养之课程统整设计 [J]. 上海教育科研，2016（2）：5-9.

[2] 高慧珠. 小学教育本科专业课程统整研究 [D]. 西南大学，2010.

[3] 皇甫倩. 基于学习进阶的教师 PCK 测评工具的开发研究 [J]. 外国教育研究，2015（4）：98-107.

[4] 潘紫千，张晓春. 从课程标准看生物学概念的重要性 [J]. 教育实践与研究，2014（11）：25.

[5] 徐啟慧. 小学语文课程整合的问题及其突破 [D]. 聊城大学，2017.

[6] [美] 约翰·斯塔韦尔，秦晓文，张铁道. 怎样教科学 [J]. 教育研究，2011（6）：75-80.

大学主导型科普融入小学科学教育的模式创新

——以《彩色蜗牛是真的吗》为例 *

胡永红　方绿珍　张　晨　金靖雯　吕凤仪　陈　曦 **

摘要： 小学科学教育对创新型人才培养具有基础性作用，科学教育的核心在生成与创造，小学科学教育求创新需要活性剂。大学是科普品质整体提升的核心力，大学主导型科普融入小学科学教育，助力小学科学教育生成新观念、新行为、新发现。依托大学教师对教育本质、科普本质的把控，把握课堂随时可能的动态生成，将确定、有限、有形的科学教育导向变化、无限、无形的生成性的科学探索，生成性是其根本特点。大学与小学联合推动的小学科学教育模式创新是提升小学科学教育品质的有益尝试。

关键词： 大学主导型；科普；生成性；科学教育；模式

---

* 本文为厦门市教育科学"十四五"规划课题"大学科普助力小学生科学核心素养提升的路径探析"（课题编号：23003）、全国教育科学规划课题"预防乡村校园欺凌——基于生命关怀主题的小学生命科学教育实践研究"（课题编号：DEA220487）、厦门华厦学院育苗项目"绿色校园文化育人的内涵与践行"（课题编号：202227）。

** 作者：胡永红，厦门华厦学院人文学院教授、教育学博士；方绿珍，漳州实验小学科学教研室主任，一级教师；张晨，厦门华厦学院环境与公共健康学院智能仪器与检测技术研究所讲师；金靖雯，厦门华厦学院环境与公共健康学院智能仪器与检测技术研究所助理教授；吕凤仪，厦门华厦学院人文学院学生；陈曦，厦门大学化学化工学院教授、博导。

一、大学主导型科普融入小学科学教育的必要性

（一）大学科普的国内外研究综述

大学是高深知识与研究的富集地，大学向公众与中小学普及科学知识是大学服务社会职能的体现，也是大学教师的职责所在。美国、英国、日本等发达国家强调大学是科普事业的主要实施者和推动者，科学家有以自身优势提供科普服务回报社会的责任与义务，同时要求大学获资助的科研项目必须面向公众实施科普服务。英国的《1988 年教育改革法》将科学列为核心课程，让学生掌握更多的科学精神、科学思想和科学技术成为学校教学的一个主要目标。大学建立了提高科学家参与科普活动能力的常设项目和长效机制，研究人员到中小学校开展科普活动已成为许多国家加强科技教育的首选方式。美欧等国家和地区的著名科学家，包括诺贝尔奖获得者，经常被邀请到中小学校与学生见面，与学生一起畅谈科学问题。一般性的科技人员通常被有组织地安排到中小学指导学生进行各种科技活动。参观学习、科学调查、互动体验、与科学家对话、网络资源开发等是高校参与中小学科技教育的主要方式。主动构建系统的科技教育体系是高校参与中小学科技教育的新视野。发达国家的科技进步与科普深入社会的程度呈正相关，大学对科学家科普职责的规定、国家相关法规的制定都确保了科普长效服务机制的形成与发展。

我国关于大学科普的相关研究既有理论层面的探讨，如科普形式、大学功能拓展、系统思维下的科普等，也有基于科普实践的实证分析。翟杰全等从大学功能扩展角度探讨了大学科普的动力因素、优势、途径和价值等相关问题，提出大学可以通过多种途径和方式参与社会的科普工作，在科普领域扮演重要角色，发挥重要作用。谢周梁实地调研了北京大学生科普志愿者服务活动，提出需要通过培训大学生科普志愿者，提高科普服务

理念与能力。北京大学、厦门大学、南开大学、重庆大学等都建立了校内科普教育基地，上海科技大学组建了"青年科普讲师团"，辐射周边中小学讲述电、动物进化、DNA、光等故事。厦门大学专设"70.8 海洋科普实验室"，融合视频、音频、文字、图片等多介质，打造立体化科普传播图景，为中小学生举办海洋主题的科普讲座，形成全媒体矩阵的科学融合传播。

但是，中国大学科普的发展状况整体而言还很不理想，推进大学科普需要系统思考和模式设计。我国的科技资源科普化实践仍是散点传播、偶发传播为主，既缺乏对科技资源的系统化整合，也缺乏科技资源与受众需求的体系化衔接，导致缺乏整体性、高层次、高质量的集体输出。

（二）小学科学教育的现状与挑战

深入小学科学课堂听课并与科学教师研讨、座谈，发现当下小学科学教育依托新课改的外力，让科学理念深入师生心灵，科学教师的课程意识有所增强，科学教育形式也从理论讲述向多维度转变。但是，依然存在课程内容选择随意性强、游离于教学目标；课程组织策略选择肤浅僵化；缺乏必要的课程评价，反思空间窄；课程附庸性强，被占用的可能性高；偏重理论或动手，较少让学生进行假设—演绎思考、控制变量和理论推理等。造成实践偏差的根本原因在于小学科学教育师资队伍的专业化水平不高、数量不足，科学教育的时空受应试教育挤兑，缺乏外部资源的刺激与支持等。

2022 年 5 月，教育部办公厅下发《关于加强小学科学教师培养的通知》，这是专门针对小学科学教师培养的文件。大学富有科技资源，科研力量、实验室、科学家、科研制度、市场资源等要素构成了一个科技知识生产体系。《中国科学传播报告（2014—2015）》提出，公众认为科学家有责任，也有义务在完成自身科研业务的同时，向公众解释科学，帮助公众去理解科学。《中华人民共和国科学技术普及法》也提出，各类学校及其他教育机构应当把科普作为素质教育的重要内容，组织学生开展多种形式的科普活动；教育部希望利用科普助力"双减"政策的落地。本研究以大学主导型科普融入小学科学教育的模式创新为研究对象，探讨大学科普入校园不仅是大学策应国家政策以科普服务社会功能的拓展，也是大学实现科研成果科普化，为小学科学教育注入活力，提升小学生科学师资水平的有益途径，凸显了大学与小学协同提升小学科学教育品质的价值。

二、大学主导型科普融入小学科学教育的模式创新

思维模式改变行动模式，在知识与信息高度增量的时代，培养创新型人才种子要符合自然规律，即身心发展的自然规律、科学发展的自然规律，这是小学科学教育模式创新的基本认知。在小学科学教育的理论框架下，以大学与小学双主体的互动实践为合作基石，构建大学科普融入小学科学教育的机制：确立第一课堂、第二课堂与科普工作室三者之间的内在关联，形成连贯一致、有序互补的科普序列，以弥合依赖个体激情参与科普的偶发性、个别性的不足，凸显大学与小学深度合作的长效机制优势。从课堂到课外、从学校到家庭、从线下到线上，立体的科学教育体系符合小学生身心发展特点，契合国家"双减"政策导向，凸显科学教育的启蒙性特征。立足漳州市实验小学的校本科学教育，大学主导型科普课程与活动总体设计如表 1 所示。

表 1　大学主导型科普设计

年级	科普课程	科普活动	数字化科普（视频拍摄）
1	一花一世界	观察分析花瓣与花心	探访一朵花的秘密
2	彩色蜗牛是真的吗	三棱镜折射实验	解析蜗牛变身彩色的过程
2	蜂巢为何是六边形	探究动物巢穴的神妙	探访动物巢穴，探究建筑科学

续表

年级	科普课程	科普活动	数字化科普（视频拍摄）
3	光从哪里来	探索自然光与人造光	趣谈发光材料史
3	氧气可视化吗	氧气可视化的实验	氧气可视化的实验
4	厕所里的科学艺术	调查分析厕所现状	观察厕所现实，分析社会问题
4	倒流香是真的吗	矿泉水瓶制作倒流香器	废旧物品自制倒流香器
5	荷叶亲疏的故事	探索自然中的亲疏现象	亲疏水动植物知多少
6	厨余垃圾制备碳量子点	关于量子科学的探索	趣谈量子科学发展史

资料来源：作者根据相关资料整理，以下同。

以下聚焦《彩色蜗牛是真的吗》这一设计与实践，以科普课程、科普活动与科普工作室"三位一体"联合方式，阐析大学与小学的创新实践。

（一）大学主导型科普课程：《彩色蜗牛是真的吗》

1. 提出问题，激活思维

（1）问题抢答：有研究显示，学生课堂的主动参与度与学习有效性呈正相关，为提升学生的课堂参与度，教师以抢答方式提出"蜗牛有几对触角？""蜗牛有眼睛吗？""蜗牛的壳有几层？""蜗牛有牙齿吗？"等问题，瞬间激活了学生们的思维，这也是教师对学生先验知识基础的考量。

（2）直观推测：教师展示自拍的一张彩色蜗牛照片（见图1），提出第一个问题："彩色蜗牛是真的吗？"学生们观察后各抒己见，充分表达观点，其中有人认为："这不是一只真的彩色蜗牛，是太阳光照射的，你看旁边菜叶上就有七彩光。"于是，教师马上发问："你们同意他的观点吗？"一个问题激活了学生们的思考力，一个观点激发了学生们的表现力，在接二连三的观点表达中，"彩色蜗牛是真是假"的答案浮出水面。

2. 科学联想，结构思维

（1）现实联想：紧接第一个问题，教师抛出第二个问题——"七彩光从哪里来？"学生们纷纷举手抢答，"太阳光"是基本共通的答案。教

图1　彩色蜗牛

师趁机提出新问题——"太阳光是什么颜色？""黄色""乳白色""无色""白色"等答案相继出现。教师接着问："如果太阳光是白色的，为什么你们现在看到菜叶上的光是七彩光？""老师，我知道彩虹也是七彩色的。"学生回答。"很好，那你能告诉大家，为什么彩虹是七彩色的？"教师继续提问。"那是因为下雨了。"学生回答。"对，下雨了，太阳光被小水滴折射了。"教师回答。"老师，我知道应该有三棱镜，太阳光被折射了。"还没等教师做出反应，学生们就七嘴八舌地开始讨论。在前一位同学"折射"的启示下，另一位同学道出了太阳光被三棱镜折射的秘密，学生们相互启发，最终让答案水落石出。

（2）脉络思维：科学推理需要实验的严谨验证。教师展示讲述三棱镜折射太阳光的科学短视频，深入历史带出了牛顿的光谱实验，动态演示一束白光穿透三棱镜时的光粒轨迹，直观呈现光的粒子属性。教师要求学生边看边及时记录关键词，观看视频结束，学生们分别到黑板上写出自己记录下的关键词。教师引导学生们聚焦关键词，以思维导图的方式进行结构化讲述，形成思维脉络（见图2）。

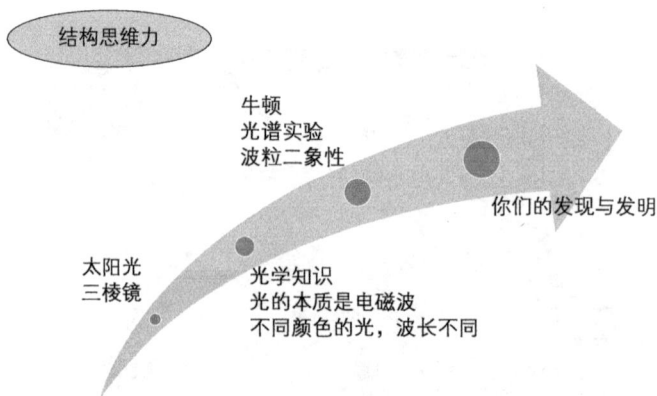

图 2　学生结构化思考的进阶模式

（3）比较辨析：针对科学短视频聚焦学习后，教师再次抛出问题："你们现在知道太阳光是什么颜色了吗？""白色的。"学生们异口同声回答。"那么，白色的太阳光为何变成七彩色的了？"教师提问。"老师，太阳光的波长不同。""红色的波长最长。"学生回答。"那波长最短的是哪种颜色的光呢？"教师提问。"紫色光最短。""老师，除了折射，还有反射吗？"学生提问。"你提出了一个很有趣的问题，折射和反射有什么区别呢？"教师引导学生思考。"反射就是光全部返回来了。"学生回答。"对，折射时光会进入另一种介质，但是，反射时光不会进入另一种介质。"教师讲解道。"所以，老师，太阳光进入三棱镜就产生了折射。"学生们由一生二、由二生三，在丰富的想象与敏捷的思维中建立复杂关系，这是科学研究必备的多维度、多层次、多角度的深层思考力。

（4）思维导图：在学生们被激活的思考与敏捷的回答中，老师变成聆听者、引导者，同学们成为相互启发的小伙伴。结合学生们的思考与表达，教师补充解释了波长的单位"纳米"，并与学生们共同梳理出"太阳光现形记"的故事流程（见图3）。

3. 科学严谨，浪漫想象

（1）科学严谨：科学实验需要亲身体验，教师备好三棱镜、手电筒、

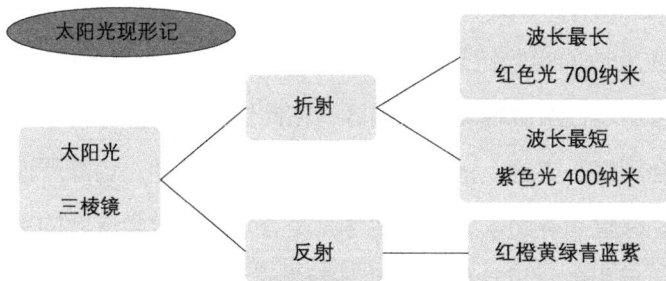

图 3　思维导图思维模式

白板，陆续有学生上台进行实验操作，虽然出现了微弱的七彩光，但始终没能出现清晰的七彩光。"为什么呢？"在学生们的困惑中，教师引导其到走廊，调整三棱镜的方向，对照地上出现的七彩光。在教室内与教室外的环境中，有学生提出："老师，教室里的灯太亮了，影响了七彩光。"教师趁机提出：科学实验不仅与道具相关，也与周边环境息息相关，只有科学实验的内外部条件都满足时，才可能出现最佳效果。

（2）科学想象：第一个实验结束后，教师又引导学生们做关于折射的实验。一杯水、一支笔，全体学生观察笔在水中的现象，陆续有学生笑着说："笔折断了。""哈哈哈，所以，是折射。"学生们用丰富的想象力与细致的观察力解释自己看到的现象，用自己的语言记住了一个晦涩的科学故事。

4. 科学延展，人文艺术

（1）科学人文：教师借用甲骨文的"光"字提出问题"光是什么？"，由此引出《说文解字》"一个人头顶一团火"的解析，进一步引申出光的哲学意蕴，每个人需要用心灵孕育光，温暖自己也温暖世界。

（2）科学艺术：展示蜗牛的精美照片，融入传唱已久的歌曲《蜗牛与黄鹂鸟》，将彩色蜗牛折射出的科学、人文、艺术与哲学因素融会贯通，提出科学不单纯指科学，而是融合了人文艺术的大科学，科普也是融合了科学、人文、艺术的大科普。

5. 科学记录，规范严谨

在预先发放的实验记录单上，孩子们写下了一些自己总结的关键词，并开始结合所学、所做填写各项内容，在此过程中，倡导孩子们合作交流学习。体会观察、实验、记录数据的重要性与严谨性，培养严谨、细致的科学态度。课堂有备而来的即时性考测是有效评价教学成效的手段，通过及时反馈，反思教学设计的确定性与教学过程中的不确定性之间的张力，继续优化教学内容与形式，达到以评促教的目的。

（二）大小联手的科普活动：三棱镜折射实验

课堂受时间空间限制，只有部分学生能够真正参与动手实践，为此，结合课外活动时间，设置了专门的三棱镜折射实验活动。学生们自备、自购、自制三棱镜，在科学工作室与室外分别进行实验，在不同的科学器具与不同的场地环境中感受科学实验的严谨性与规范性。同时理解科学是艰辛的，不可能一蹴而就，任何科学发现都可能经历无数次失败，科学需要坚韧的意志与严谨的态度。

（三）大小联合的科普工作室：亲子拍摄蜗牛变身彩色的视频

科学即日常生活，为了引导学生们打通宏观科学世界与微观生活世界，建立科学在日常的观念，结合彩色蜗牛故事，建议学生与家长一起养殖小蜗牛，观察蜗牛的身体结构，探索蜗牛吃菜叶、生宝宝等有趣的现象，与家长一起查阅资料，形成基本认知。设计一个三棱镜折射太阳光的实际情境，将蜗牛的成长融入蜗牛变身彩色的故事，亲子拍摄视频，学生在课堂讲述与分享，选出优秀视频作品在科普工作室的公众号平台展播，让亲子科学以可视化的方式广泛传播，丰富亲子关系的相处模式。大学科普协会的大学生作为志愿者参与科普融入小学科学教育的活动，大学生围绕科普活动主题，依托大学信息技术与跨学科人才聚集优势，为科普工作室输出高品质的科学短视频，也为工作室数字化科普能力的提升提供智力支持。

三、大学主导型科普融入小学科学教育的"生成性"教育文化特质

大学教育具有相对性，这是对小学教育绝对性的补充。大学主导型的科普课程设计具有较强张力与弹性，教师基于主题贯通全程，在动态中生成新内容、新发现，突破课堂的单一，激活师生思维，让思考与表达活跃全场，同时通过第二课堂的实践深化第一课堂的理论，通过科普工作室的贯通，搭建学校与家庭、师生与家长沟通的桥梁，共同助力科学教育品质的提升（见图4）。

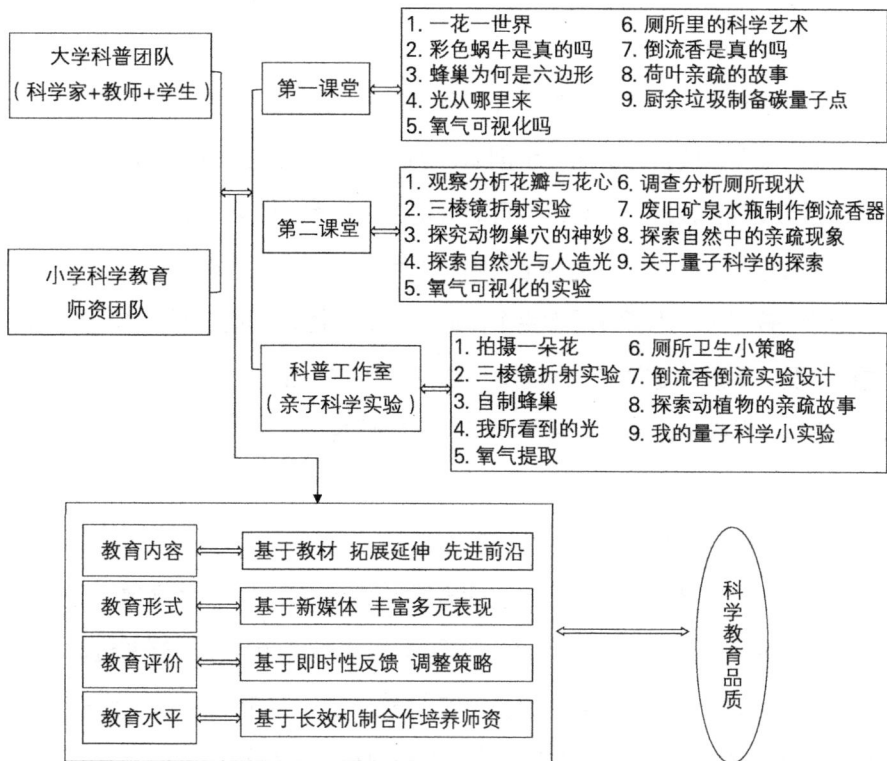

图 4　第一课堂、第二课堂与科普工作室"三位一体"的科学教育模式创新

图 4 构建了大学与小学携手依托科学课程扩大科普影响深度与广度的合作模式，大学主动对接小学科学课程，以科学性、趣味性、动手性为特点，优化科学课程的内容与形式，建立起内容、形式与评价机制可持续改进，第一课堂与第二课堂、课内与课外、学校与家庭之间相互融通，"三位一体"推动科学教育的育人机制，借助大学教师的知识储备、跨学科优势与教育智慧构建生成性的科学教育课堂。生成性是一种生长与建构，改变了科学教育的日常存在方式，从教育主体、教育手段、教育对象、教育情境与教育研究 5 个维度孕育了生成性的教育文化特质。

（一）科学教育主体独立性的生成

小学科学教师是点石成金的关键人物，科学教师打破陈规走出传统，对接最新科技前沿，融通大科学领域，需要外部的刺激与引导。这是对小学科学教师生成性的要求，要求教师自身学在前、研在前，持续自我更新、创造发展。科学最核心的价值在于创造，创造力的发掘是教师的天职，科学教师要突破大纲、教科书、应试教育的规定性，需要内外合力，成为具有主动发展意识的人。从为了传递确定科学知识转向为了内在创新意识与创造性的提升而教书育人，为了激活学生个体的好奇的天性、创造创新的本能而关注过程启发，不以约定俗成的科学教育内容和形式销蚀人的创造性与创造力，而这正是大学教师团队可能带给小学科学教师的冲击。

（二）科学教育手段多元性的生成

大学主导型科普团队成员包括教师与大学生，具有教育学、分析化学、海洋生物学、信息学、艺术学等跨学科背景，团队以层层递进的方式构建主题活动，融入思维导图法、实验教学法、探究教学法、比较教学法，利用新媒体技术，自主拍摄科学实验视频，以直观可视的方式演绎科学知识，丰富科学教育手段。多元手段弥补了课堂管理的局限，尊重学生个体的能动性，以智慧疏导和动静结合的知识、实验、书写、思考、表达、辩论等多样化方式，让学生感受科学教育课堂的魅力。

（三）科学教育对象能动性的生成

小学生身心发展的最大特点是好奇心旺盛、勇于表达、善于想象。为顺应小学生身心发展的需求，大学科普设计从课程到活动，再到工作室的视频拍摄，从激发学生个体生命能量的角度逐层培养学生的自主探索意识，关注科学知识对心灵丰富性、未来发展性的价值，以促进个体生命的发展为目的，以充盈创造创新的生成式教育养其正、成其人，助其主动规划与发展自我，成为自身发展的主人。

（四）科学教育情境丰富性的生成

科学教育突破学校原有的设计，融合大学科普课程，大学教师将丰富的科研成果转化为通俗易懂的科普内容，将鲜活的个体生命与日常世界联系在一起，深入浅出地揭示深邃知识背后的科学规律。大学主导型的课堂是时刻变化的，在复杂情境中的教学才是真实有效地检测教师教育水平的平台，变化意味着调整、重构，教师不仅需要具备科学知识，更需要具备科学教育的先进理念与智慧。大学教师的融入有助于共同设计富有张力的科学课程，为教学过程的动态生成创造条件，对教师而言，反思复杂情境中的教学实践也是科学教育价值创造的过程。

（五）科学教育研究合成性的生成

大学和小学携手观摩、学习，专家与教师们一起研讨课程，以更丰富、复杂、多元的方式创新科学教育的内容与形式。大学教师具有立足科技前沿、将先进科学知识转化为通俗易懂的学习资源的能力，立足世界看待科技发展，形成对科技发展的世界性认知。这是大学教师实现科研成果

"从书架向货架"的转化。对于大学教师而言，这也是促进其主动成长的契机。小学科学教师也因为大学科研的渗透而形成反思性教学习惯，逐渐向富有研究意识的小学科学教师转变。

参 考 文 献

[1] 李天民，潘雪婷，路欢欢.国外科普工作概况及对我国的启示[J].科技传播，2021，13（13）：17-20.

[2] 任福君，翟杰全.大学科普的推进模式——基于中国目前国情特点的模式分析[J].科技导报，2015（3）：114-119.

[3] 上海科技大学.上科大青年科普讲师团：点亮多彩少年梦，奋进科普新征程，2023-3-30.

[4] 邵发仙.小学生科学课程核心素养：结构、测评与发展[D].陕西师范大学，2020.

[5] 宋娴，朱雯.创新链视角下科技资源科普化的现实逻辑与实现路径[J].中国科学院院刊，2022，37（10）：1471-1481.

[6] 谢周梁.北京大学生志愿者开展科普服务的问题及对策研究[D].北京工业大学，2014.

[7] 杨英.借鉴国外科技教育经验发展青少年科普事业[J].科技通报，2009（7）：534-540.

[8] 翟杰全，任福君.大学科普的动力、优势、途径和价值——对大学科普相关问题的一个经验分析[J].科技导报，2014，32（32）：78-84.

耕耘科教土壤　播撒科普种子

——"双减"下小学生科学素质提升途径微探

焦江丽*

论文摘要：科学素质是国民素质的重要组成部分，是社会文明进步的基础。国家高度重视小学生科学素质提升，多次出台文件指导学校科学教育工作。本文以襄阳市人民路小学教育集团为例，从"坚定理念　把握关键""多元共育　整体驱动""研发课程　体系构建""行动策略　知行合一""评价凝练　科研提升"等五个方面展开探索，构建"科普＋科创"多元课程与实践体系，力求在"全员化、课程化、常态化、普适化"的科学教育活动中，形成小学生科学素质提升新思路、新方法、新动能、新优势。

关键词："双减"学校科学教育；科学素质

科学素质是国民素质的重要组成部分，是社会文明进步的基础。2023年5月17日教育部等十八部门联合印发《关于加强新时代中小学科学教育工作的意见》指出，要系统部署在教育"双减"中做好科学教育加法，支撑服务一体化推进教育、科技、人才高质量发展。作为育人基础单位的学校，如何在减负的同时做好"加法"，提升学生科学素质？襄阳市人民路小学教育集团作为襄阳市"馆校共建"学校、2022年度全国"科创筑梦　助力双减"试点校，在创新人才培养、校本课程开发、资

---

* 作者：焦江丽，襄阳市人民路小学教育集团副校长。

源整合利用、馆校社多元联动等方面形成了一些独特的做法。下面笔者就以人民路小学教育集团为例，谈谈对学校科学教育工作的一些粗浅思考。

一、坚定理念　把握关键

多年来，学校科学教育工作秉承的指导思想是：为所有学生提供接受科普教育的公平机会，为部分学生搭建更多动手实践的平台，为少数有潜质的学生打通绿色通道。学校坚持把握以下三个关键点。

（一）一个宗旨：实施科普公平教育

学校科学教育，应该是面向全体学生的公平教育。该校目前有 61 个教学班，学生共计 4000 余人，学生群体基数庞大。作为教育者，我们需要围绕学生身心成长的需要，为每一个孩子提供公平地接受科学教育的环境。学校科学教育要致力于不疏漏任何一名学生，努力推动形成讲科学、学科学、用科学、爱科学的良好氛围。

（二）一种理念：科普科创"两翼齐飞"

科普是一项长线任务，易被周期短、成果快、效果明显的科创光芒掩盖。在学校基础教育中，科技创新是一枝独秀，忽视科学普及却很普遍。

习近平总书记指出，科技创新、科学普及是实现创新发展的两翼，要把科学普及放在与科技创新同等重要的位置。[1] 学校教育要精准把握科技创新、科学普及两者之间的平衡，抓好科学普及教育，让所有的学生都能

---

[1] 习近平：《为建设世界科技强国而奋斗——在全国科技创新大会、两院院士大会、中国科协第九次全国代表大会上的讲话》，新华社，2016 年 5 月 31 日。

接触科学，培育广袤肥沃的科学土壤，才能长出参天大树，结出科技创新硕果，达到科学精神与科学思想高度统一。

（三）一个核心：提高学生科学素质

2021 年 6 月，国务院印发的《全民科学素质行动规划纲要（2021—2035 年）》提出要激发青少年好奇心和想象力，提高科学兴趣、创新意识和创新能力，培育一大批具备科学家潜质的青少年群体，为加快建设科技强国夯实人才基础。

结合《关于进一步减轻义务教育阶段学生作业负担和校外培训负担的意见》和《关于加强新时代中小学科学教育工作的意见》，学校要积极推行"科普＋科创"特色活动，通过全员化、课程化、常态化、普适化科学教育活动，让学生到科技中来、向未来而去，筑牢实现中国梦的坚实地基。

二、多元共育　整体驱动

（一）人人参与共提升

树立"人人都是科技教师"的理念，成立科技工作室，鼓励一部分在科技方面感兴趣、有特长的教师加入，专项负责科学教育活动的开展。

制订行之有效的教师培养计划，多方位、多角度开展教师培训活动。与科协、科技馆长期联系，邀请科学教育专家为学校科技教师进行讲座、授课，学习专家先进经验；组织科技教师广泛参与相关提升活动，与专家同行解决疑难问题，提升自身业务水平；校内每月坚持科普培训、研讨、集智备课等，建立科技教师交流群，线上线下学习相结合。多管齐下，让每一位科技教师都能快速成长，独当一面。

（二）多元共育齐推动

发挥教师的中枢作用，构建学生科学素质提升的"家—校—社""馆—校—生"联动机制。

1. 家庭亲子科技活动

对接学校科技基础课程，科学设计并着力推进家庭亲子科技活动项目，鼓励亲子参与做手工、做实验、拍摄科学视频等活动，评选"科普小达人"，激发亲子参与热情。

2. 学校社区科技联动

"走出去"：推动学校与社区共建"社区科技教育服务队"，开展师生志愿服务活动，带领科技社团学生轮流深入社区，开展科技讲座、科学知识交流、科学现象揭秘、学生当"小老师"等活动。

"引进来"：面向社区开放学校科技设施，利用节假日吸引社区公众参与科学教育活动，促使社区更加理解和支持学生科学素质提升工作；开展"科技达人进校园"活动，邀请科技优秀工作者进校展示，并通过社团予以推广、传承。

3. 科协馆舍资源共享

借助"馆校共建"单位的契机，依托科学技术协会、科技馆资源，积极建立与校外科学教育资源有效衔接机制，实现校外科学教育实践基地的研学活动价值。学生走出校门也可以"处处皆为科技课堂"。

三、研发课程　体系构建

秉持课内外一体、校内外融合的大课程观，学校进行一体化、长链条、多层次科学课程系统设计，开发 P.P.B（普及 Popularize，实践 Practice，筑梦 Build）校本课程，为小学生科学素质螺旋上升提供更多的课程学习引领，为学生个性化发展提供更广阔的平台。

（一）"基础性"普及课程

学校在国家科学、信息技术课程的基础上，针对不同年级自主开发信息技术普及课程：一、二年级开展乐高积木搭建；三年级开展创意编程教学，设计制作互动视频；四年级开设人工智能（掌控板）课程；五年级开设 Python 代码基础编程课程；六年级开设 Python 代码物联网相关课程。每学期课程安排不少于 12 课时。

（二）"探究性"实践课程

学校因地制宜、因师制宜、因生制宜，推出菜单式、精品化、小型化科技社团"课程超市"和课后服务课程，包括美术方面的科幻画、剪纸；科普方面的七巧科技、电子百拼、电子焊接、垃圾分类、科学小实验、小制作、太空种子种植；创客方面的 3D 打印、定格动画、电脑绘画、电脑板报、编程设计等，鼓励学生自愿报名、自由选学。

周六、周日开展智能创客与机器人编程特训营，开设"3D 智造""编程机器人""编程无人机""乐高积木""Scratch 编程教育"等课程，开拓多样化学习。

以上实践课程鼓励学生学习并运用科学技术知识去尝试解决身边的问题，促进了学生个性化、特色化发展。

（三）"创新性"筑梦课程

对于特别有科技潜质的学生，学校要为他们搭建更高更广的舞台。围绕每年的国家、省、市、区各项科技竞赛，学校可以开发相关的"创新性"筑梦课程，如科技创新比赛、科技节比赛、NOC 大赛湖北省选拔赛等，在赛前开展专项集训，让选手能够尽展所长。

四、行动策略　知行合一

在"双减"中，学校要积极探究科学教育"落地"的载体和实施途径，努力形成"常态化""沉浸式""体验式"实践新样态。

（一）多形式普及学习

通过班级、年级或全校组织的形式，开展科技知识的普及学习，达到基本课时与特色课时的有机融合。科学、信息技术或学科融合课程在基本课时完成；此外，学校开发的"基础性"普及课程，以学者、专家、教师或学生主讲的交流会、讲座（如"科普报告湖北校园巡讲""硕博助推青少年科学探梦系列活动""天宫课堂""科普周"）和学生综合实践活动（如外出参观科技馆、博物馆、科普教学基地）利用特色课时学习。

普及学习可以让 P.P.B 课程资源的利用率达到最大化，也能更好地实现 P.P.B 课程的普及，促进全体学生的共同发展。

（二）多选择自主实践

开设丰富多彩的兴趣类科学教育精品课程，为每名学生每月提供可以自主选择的菜单式项目内容，在周一、周二、周三、周四通过走班上课的方式完成 1~2 项，探索出供学生自主选择的"自助型""走班制"实践途径，为学生张扬个性、发展特长提供多元化选择。

（三）多途径探究学习

开展科学教育活动，开辟场景式、体验式、探究式、沉浸式科教融合新途径。

1. 校园科技节

学校设定每年 11 月开展为期一个月的专属科技节。竞赛主要分两类：一类是常规的科幻画、科技手工小制作、科技发明创意等 3 项非现场类竞赛，优秀作品会在校园内展出，供师生借鉴学习。另一类包括七巧板个人赛和团体赛、机器人超级轨迹赛、垃圾分类计时赛、无人机编程赛等现场类竞赛。

随着信息技术高速发展，校园科技项目也不断改革创新。科学小魔术、科普小剧场、科学影像视频展播让学生沉浸在其中；在科学实验站，大学教授为孩子们演示趣味科学小实验，让学生了解身边的科学小知识，学生亲身参与气球火箭、空气炮、纸杯飞机等互动理化生小实验，让学生燃起探究的"小火种"。"玩"与"学"紧密联系，不仅让全体师生参与众多科普活动，也让他们能够充分感受科技的魅力。

2. 科普大篷车

20 余项科学装置涵盖了物理、地理、语文等学科知识，"变声筒""陪伴猫"等沉浸式体验和实践，使学生学习科学的同时获得医疗急救、灾害自救、民族文化等方面知识，既促进了学生爱科学，又开阔了学生视野。

3. "6·5" 环保日

"6·5" 环保日除了常规的"变废为宝"废旧物品制作之外，最新颖的就是"垃圾分类"四色垃圾桶创意设计。以原有四色为基础，不限制材料和大小，进行外形特点、功能、使用方式上的改造。作品取材以无毒无害的废旧物品，如饮料瓶、易拉罐、泡沫、旧报纸、酸奶瓶等，培养学生动手能力的同时激发创新能力。

4. 编程邀请赛

人民路小学是襄阳市第一所自主举行创客比赛的学校，受到了襄阳市各学校的关注，多所学校名师和信息技术老师到学校观摩学习。

2023 年 6 月，第三届人民路小学教育集团智能创客大赛落下帷幕。项目主要涉及 "wedo 乐高""Scratch 编程""机器人编程" 和 "编程无人机" 四个领域。

5. 假期实践

适当安排学生参与假期科技实践，如通过参观科技馆，看科普读物或者利用其他的媒介来认识最新科技动态，学习科技知识；观察生活，发现生活所需的科技发明创意金点子征集、科学 DV 制作等。2022 年暑假 "科普小达人" 暑假科学特色 DV，部分优秀作品在《湖北日报》子栏目、云上襄阳展播，一等奖 9 件作品全部推荐参加湖北省科学影像节展评活动，4 名学生的影像作品获奖，学校被授予 "优秀组织单位"（全省仅有两所学校）。

6. 竞技能力提升

学校大力支持学生投身竞赛活动，积极参与襄阳市、湖北省乃至全国的各项科技创新比赛活动。

学校 48 名学生在 2022 年襄阳市科技节竞赛中获奖；3 名学生获2022 年度襄阳市青少年科技创新实践奖、发明奖；1 名学生荣获湖北省第37 届青少年科技创新大赛二等奖。学校被授予 2022 年度襄阳市青少年科技创新组织奖、青少年科技节优秀组织单位。

在湖北省学生信息素养提升实践活动中，学校学生共收获 8 个一等奖、5 个二等奖和 3 个三等奖的优异成绩，并有 2 名学生代表湖北省参与全国学生信息素养提升实践活动并获表彰，2 名学生在全国中小学信息技术大赛与实践大赛获三等奖，同时学校荣获此项活动省级优秀组织学校的称号。

五、评价凝练 科研提升

（一）多元评价

一是 "竞赛激励"，鼓励学生参与各级各类竞赛活动，增强学生竞争意识、创新意识、合作意识，发挥竞赛激励机制的评价作用；二是"荣誉鼓励"，设置多类荣誉证书，对学生的优秀表现进行表彰；三是"段位提升"，在无人机、机器人项目上，建立段位提升制度，实现激励性评价、过程性评价；四是"作品展览"，通过学生创新设计作品展示、学生竞赛项目展示等方式，让学生充分展示个性特长和研究成果。通过激励性、过程性和多元性评价，构建小学生科学素质提升、赓续创新的英才培养体系。

（二）总结提炼

学校组织精心编写科学教育校本课程教材，《Scratch 趣味编程》（三年级上、下册）目前已经编写完成，《Scratch 趣味编程》（四年级上、下册）、《七巧科技》、《电子制作》、《电子百拼》、《垃圾分类》等正在编写之中，让科普教育课程固定下来，供学校学生免费使用。

（三）课题研究

完成一项市级"小学生科普教育实施策略研究"项目结题，结题成果被评为市级优秀课题；一项市级课题"小学科普校本课程的开发实践研究"正在进行研究；一项省级课题"'双减'背景下小学生科学素质提升的实践研究"正在申报。力求以研究促完善，以反思促发展，推动学校科学教育的探索与实践。

学校的科学教育，以"科学普及与科技创新两翼齐飞"为基础，驱动"人人都是科技老师"，落实"处处皆为科技课堂"，致力于长期的科学素质提升。

参 考 文 献

［1］全面提升中小学生科学素质——教育部等十八部门联合印发《关于加强新时代中

小学科学教育工作的意见》，中国政府网，2023-5-29.

[2] 熊亚中. 提升青少年学生科学素质的途径及方法 [J]. 科协论坛，2018（7）：26-28.

[3] 张超，任磊，何薇. 制定公民科学素质发展目标　快速提升我国公民科学素质水平 [J]. 科学与社会，2016，6（1）：35-42.

青少年科技创新实践活动的价值引领研究

刘杨琪　孙　莹*

摘要： 随着社会的不断发展，科技创新已经成为推动社会进步的重要力量。青少年正处于一个关键的成长阶段，他们对于新鲜事物的接受能力、创造力和创新意识都非常强烈，因此青少年科技创新实践活动正逐渐成为一种非常有价值的教育模式。本文探讨青少年科技创新实践活动中的价值引领，并提出相应的建议。

关键词： 青少年；科技创新实践活动；价值引领

一、价值引领：价值多元和冲突背景下的必然要求

马克思提出，价值是指客观事物能够满足人们某种需要的属性，其实质是人和客观事物之间的利益关系。关于价值的本质，也存在多种说法，"实体说"认为价值就是有价值的事物本身，或者说价值就是价值客体中的某种东西，与人、与主体无关；"关系说"认为价值是一种关系范畴，表示客体与主体之间的相互联系，文德尔班把价值当作一种联系和关系，并认为是诸事物之间的联系和关系。"引领"一词与"灌输"相对，"引领"更加强调主体的主动性，它不是简单地将某种价值直接传授给受教育者，而是旁敲侧击地让受教育者感受到正确的价值，主动更

---

* 作者：刘杨琪，女，中国科协青少年科技中心助理研究员。孙莹，女，中国光学工程学会科学传播研究馆馆员。

新、提高自己原有的价值，进而树立一种与党和国家发展相一致的新价值观。

目前，我们正处在后疫情时代，它既是生产重建与生活恢复的重要时期，也是塑造青少年价值观的关键时期。新冠疫情暴发后，各种突发事件频发，各种观念的激烈碰撞变得更加复杂。多样化的观念随着疫情的演变，通过互联网、社交媒体、学校和家庭等渠道不断影响着年轻人。年轻人的价值观形成和引领工作也面临前所未有的挑战和冲击。青年的价值取向决定了未来整个社会的价值取向，而青年又处在价值观形成和确立的时期，抓好这一时期的价值观养成十分重要。如何培育青少年正确的价值观念，引导青少年面对危机时做出正确的价值行为，已成为全社会必须思考和解决的紧迫问题。

在社会发展变迁的过程中，不同的价值观念与价值评价的激烈碰撞造成了青少年价值观的紊乱，并且产生了一系列的价值冲突。近些年越来越频繁的东西方文化的交流碰撞影响了人们的价值选择，尤其影响了青少年价值观的形成。青少年是处在生命重要发展阶段的群体，他们在生理和心理方面的发展呈现成熟化的倾向，但并未能完全成熟、自主。因此，他们在思想、行为习惯以及价值取向方面具有鲜明的特点。首先，在思想方面，他们喜欢独立思考，具有较强的自我意识；其次，在行为习惯方面，他们激情四射，充满活力，对身边的一切事物抱有极强的好奇心，喜爱追求刺激的感觉；最后，在价值取向方面，他们的价值观正处于形成时期，由于缺少人生经验以及受到西方自由主义及个体主义的干扰，他们极易形成盲目自信、自私自利的心理以及不劳而获的观念。在当前世界格局下，单单从学校教育中帮助青少年树立正确的价值观念已显乏力，我们需要进一步加强对青少年的校外科技教育，大力开展各级各类青少年科技创新实践活动并发挥其价值引领作用。

二、青少年科技创新实践活动

（一）青少年科技创新实践活动定义

青少年科技创新实践活动是指，以青少年为受众，围绕科学技术创新，鼓励和引导青少年尝试新想法和方法，激发和培养青少年创新创造的兴趣和精神，开展的一系列实践活动。通过这些科技创新实践活动，将不断提高青少年的科技创新意识和实践能力，促进青少年的综合素质全面发展。青少年科技创新实践活动通常包括科技创新竞赛、科技实验、科技论文和发明申报等形式，以及科技创新实践课程、科技创新工作坊等教育培训形式。这些活动可以提高青少年对科学技术的兴趣和探索，培养他们的创新思维和实践能力，提高他们的自信心和综合素质，同时也为社会的科技创新进步注入新的血液。青少年科技创新实践活动已经成为学校和社会组织开展的一项重要活动，越来越受到广大青少年和家长的关注和支持。

（二）青少年科技创新实践活动价值

随着新一轮科技革命与产业变革深入发展，国民科学素质全面提升已经成为经济社会发展的先决条件，高质量创新型人才培养也已成为世界各国提升综合国力的战略共识。习近平总书记一贯重视青少年科技教育和人才培养。2020年9月11日在科学家座谈会上，习近平总书记指出，好奇心是人的天性，对科学兴趣的引导和培养要从娃娃抓起，使他们更多了解科学知识，掌握科学方法，形成一大批具备科学家潜质的青少年群体。[1]这段讲话明确了以青少年为重要关注对象，引导和培养科技创新人才的

---

[1] 习近平：《在科学家座谈会上的讲话》，《光明日报》2020年9月12日，第2版。

重要战略意义，并指明了基础教育阶段科学教育的战略目标与发展方向。2021 年 9 月，在中央人才工作会议上，习近平总书记强调，实现我们的奋斗目标，高水平科技自立自强是关键。综合国力竞争说到底是人才竞争，人才是衡量一个国家综合国力的重要指标。[①] 2021 年 6 月，国务院印发的《全民科学素质行动规划纲要（2021—2035 年）》（以下简称《纲要》）强调，提升全民科学素质水平，才能为全面建成社会主义现代化强国提供基础支撑；并明确指出，青少年为实施《纲要》第一重点人群，大力培养科技创新后备人才是夯实科技强国基石、推动未来发展的重要举措。2023 年 2 月在中共中央政治局第三次集体学习时，习近平总书记提出，加强国家急需高层次人才培养，源源不断地造就规模宏大的基础研究后备力量。[②] 开展青少年科技创新实践活动，是贯彻落实党中央、国务院及习近平总书记各项重要指示精神，做好新时代青少年科技创新后备人才储备工作的有效途径。

国内外研究表明，参与科技创新实践活动对青少年科学素养的发展存在积极影响，在科学知识学习、科学能力发展和科学态度提升方面均有显著促进作用。参与科技活动的学生通常能够获得更好的科学成就，对科学相关事务持有更高的自我效能感，体味更多的科学学习乐趣。除了提升基本科学素养，参与科技活动对激发青少年的科学热情、提高其对科学技术的认知与理解、培养其创新精神和实践能力等都有促进作用。研究发现，青少年的科技创造力和课外科技活动呈现显著正相关关系。科技活动参与度更高的学生也具有更高的 STEM 职业期望和专业选择

[①]《习近平在中央人才工作会议上强调 深入实施新时代人才强国战略 加快建设世界重要人才中心和创新高地 李克强主持 栗战书汪洋赵乐际韩正出席 王沪宁讲话》，《人民日报》2021 年 9 月 29 日，第 1 版。

[②]《习近平在中共中央政治局第三次集体学习时强调 切实加强基础研究 夯实科技自立自强根基》，新华社，2023 年 2 月 22 日。

倾向。李梅丛和俞世泰还认为，开展科技活动不仅能够促进学生科学素养的提升，还可用以进行生动的思想、品德、心理、情感等多方面素质的综合教育，全方位、多层面地达成育人价值。综合以上，总结青少年科技创新实践活动价值存在于以下四个方面。

1. 激发创新意识

青少年科技创新实践活动可以为年轻人提供实践的机会。青少年通过对实践过程的思考，明确了解创新的本质，产生创新意识和创造力。

2. 提升综合素质

科技创新实践活动不仅可以培养青少年的动手能力、思考能力和创新能力，还可以帮助他们提升自身的综合素质，包括团队合作、沟通交流、领导力等方面。

3. 提高科学素养

科技创新实践活动可以帮助青少年掌握一些科学知识和科学技能，加深对科学的理解和认识，提高科学素养，从而更好地应对未来社会的挑战。

4. 储备科技人才

青少年是祖国的未来，也是未来科技创新的基础。开展青少年科技创新实践活动，鼓励更多的青少年参与科技创新事业，保持对科学的兴趣和热爱，成为助力国家科技创新战略建设的后备人才。

（三）青少年科技创新实践活动案例及比较分析

在我国，青少年科技创新实践活动最早在 20 世纪 50 年代就提出并开始实施。2006 年，《全民科学素质行动计划纲要（2006—2010—2020 年）》印发实施，强调进行课外科技活动，引导未成年人增强创新意识和实践能力的必要性与重要性。近年来，在各级相关部门的支持下，全民科学素质行动取得了显著成果，青少年科技创新实践活动也蓬勃展开。包括国家级、省级、校级等各级青少年科技活动，各类综合竞赛、科学研学等青少年科技创新实践活动也在向着形式多样化、受众扩大化的方向不断发展。仅中国科协青少年科技中心，开展过或正在开展的青少年科技创新实践活动就有4大类16种，分为"基础人才学科培养""科技创新活动""青少年科普活动""国际科技人文交流"4类，具体有全国中学生五项学科竞赛、英才计划、全国青少年科技创新大赛、"明天小小科学家"奖励活动、中国青少年机器人竞赛、全国青少年高校科学营、青少年科学调查体验活动、大手拉小手科普报告会、全国青少年科学影像节、全国青少年人工智能科普活动、全国青少年航天科普系列活动、农村青少年校外教育、港澳台大学生暑期实习计划、青少年科学工作室、"一带一路"青少年创客营与教师研讨活动等，选取了几个代表活动分析梳理如下。

1. 全国青少年科技创新大赛

中国科学技术协会、国家自然科学基金委、共青团中央、中华全国妇女联合会共同举办的全国青少年科技创新大赛，是一项具有全国影响力的青少年科技竞赛活动。每年约有1000万名青少年积极参与，他们从基层学校起步，逐步晋级至全国大赛的不同层次的活动。最终，将有500多名的青少年科技爱好者、200多名科技辅导员，经过层层选拔，共同参与全国大赛。

全国青少年科技创新大赛的宗旨为激发广大青少年的科学兴趣和想象力，培养其科学思维、创新精神和实践能力；弘扬科学精神，培养青少年求真务实、勇于创新的思想品格，树立科技报国的远大理想；促进各地青少年科技创新活动的广泛开展和科技教育水平的不断提升；发现和培养一批具有科研潜质、创新精神和爱国情怀的青少年科技创新后备人才。

2. 全国青少年高校科学营

全国青少年高校科学营是由中国科学技术协会和教育部共同主办，为了促进科技和文化的交流，安排青少年们探访国家重要实验室、聆听知名专家的精彩演讲以及参与实践等活动。自2012年开始，每年的暑期都会组织一周的科技和文化交流活动，邀请来自海峡两岸及港澳地区对科学探索充满浓厚兴趣的优秀高中生参与。学生们将有机会踏入重要的高等学府、企业和科研机构，参与为期一周的科技和文化交流活动。旨在充分利用开放的科研单位和企业的科技教育资源，让更多的青少年了解科研单位和企业在国家经济发展和国防建设中的重要作用，希望青少年充分感受到科技的魅力和科学家的精神，从而培养他们对科学研究的兴趣。

3. 英才计划

英才计划旨在选拔一批学业优秀、有余力的中学生进入大学，在自然科学基础学科领域的知名科学家的指导下参与科学研究、学术研讨和科研实践。通过这一计划，中学生可以感受杰出教师的魅力，亲身体验科研过程，激发对科学的兴趣，提高创新能力，树立科学志向。同时，这一计划还可以发现一批具有学科特长和创新潜力的优秀中学生，为"基础学科拔尖学生培养计划"提供后备力量。通过这种方式，中学教育和大学教育可以更好地衔接起来，建立起高校和中学联合发现和培养青少年科技创新人才的有效模式。这样的模式可以为青少年科技创新人才的不断涌现和成长，创造良好的社会氛围。自2013年开始组织实施以来，已有共计58所高校在22个省区市陆续展开。

4. 青少年科学调查体验活动

青少年科学调查体验活动是一项注重普及性和参与性的青少年科学类综合实践活动。活动以一项简单的科学调查、科学探究为载体，帮助小学高年级及初中阶段学生体验科学研究的方法，鼓励他们关注身边的科学问题。每年全国31个省、自治区、直辖市以及新疆生产建设兵团4000多所中小学100万余名学生参与活动。其活动目标为激发青少年科学兴趣，提高青少年实践能力，培养青少年低碳和节约的生活习惯，推动校内外科学教育结合，促进青少年全面健康发展（见表1）。

表1　国内部分青少年科技创新实践活动案例

活动名称	对象与性质	价值引领目标
全国青少年科技创新大赛	对象：小学、初中、高中各学段学生； 性质：全国性的青少年科技竞赛活动	激发广大青少年的科学兴趣和想象力，培养其科学思维、创新精神和实践能力； 弘扬科学精神，培养青少年求真务实、勇于创新的思想品格，树立科技报国的远大理想 ……
全国青少年高校科学营	对象：高中生； 性质：青少年科技与文化交流活动	感受科技魅力、科学家精神，激发学生对科学研究的兴趣
英才计划	对象：高中生； 性质：基础学科后备人才选拔培养计划	感受名师魅力，体验科研过程；激发科学兴趣，提高创新能力，树立科学志向
青少年科学调查体验活动	对象：小学高年级及初中阶段学生； 性质：青少年科学类综合实践活动	激发青少年科学兴趣，提高青少年实践能力，培养青少年低碳和节约生活习惯，推动校内外科学教育结合，促进青少年全面健康发展

资料来源：作者根据相关资料整理。

三、科技创新实践活动对青少年进行价值引领的路径分析

中国科协青少年科技中心一直以全面提升青少年科学素质、培养新时代科技创新后备人才和社会主义建设者、接班人为己任，近年来开展了包括全国青少年科技创新大赛、英才计划、全国青少年高校科学营在内的多项青少年科技创新实践活动，取得了良好的社会效益，选拔和培养出一批有才华的小科学家。将以中国科协青少年科技中心科技创新实践活动为基础，以英才计划为案例列举相关做法，总结工作、提炼规律，分析科技创

新实践活动对青少年进行价值引领的实践路径。

（一）价值观引领，提升学生综合素质

1. 科学精神和科学家精神

习近平总书记在 2021 年两院院士大会和中国科协第十次全国代表大会上强调，要弘扬科学家精神，涵养优良学风。[1]科学家精神作为科技工作者在长期科学实践中积累的宝贵精神财富，我们要善于利用，将其融入课程教学和科技活动实践，以一代代科技工作者身上展现出的追求真理、诚实守信、严谨治学等优良作风为切入点，引导青少年自觉遵守学术诚信的相关行为准则。落实立德树人根本任务，英才计划活动实施过程中，注重充分利用校史馆、博物馆、革命教育基地等，加强对学生开展党史、新中国史、改革开放史、社会主义发展史、中华民族发展史教育，大力弘扬科学精神和科学家精神。

2. 爱国主义

作为中华民族精神的核心，爱国主义是社会主义精神文明建设的重要组成部分，在构建社会结构中扮演着重要角色。进行爱国主义教育的目标是引导青少年树立正确的人生观和价值观，培养他们的人文素养，提升整个中华民族的人文修养。这是一项规模浩大的基础性教育事业。在爱国主义教育中，我们将个人、民族和国家联系在一起，形成一个命运共同体，共同为中华民族的伟大复兴而努力奋斗。引导学生树立家国情怀，坚定理想信念，培养德才兼备的科技创新后备人才。英才计划相关实施高校注重提升学生爱国主义精神，组织培养学生家国情怀的交流实践活动，如先后在江西省井冈山市、陕西省延安市和山东省临沂市等革命传统教育基地开展多次理想信念教育活动，培养学生的爱国主义精神和社会责任感，使学

---

[1]《两院院士大会中国科协第十次全国代表大会在京召开 习近平发表重要讲话》，新华网，2021 年 5 月 28 日。

生能够传承红色基因，赓续红色血脉，努力成长为我国社会主义事业的建设者和接班人。

3. 创新精神

在青少年科技创新实践活动中，我们应该注重引导青少年形成创新精神和创新思维。推动青少年创新思维的培养和发展是非常重要的，可以通过提出一些具有挑战性的问题，让他们自主探究解决方案，从而培养其独立思考和解决问题的能力，激发创新精神。我国未来的发展需要能力出众的青少年，而创新精神则是他们丰富理论知识和提高科学技能的重要基石。因此，学校、社会和家庭都应该高度重视培养青少年的创新精神。我们应该立足于实际情况，通过开展科技活动来培养他们的创新意识和科技创造能力。在当前教育创新和课程改革的大环境下，我们应该充分发挥校外科技教育的资源优势和桥梁作用，从多个角度提升学生的创新素养。

（二）兴趣导向引领，对学生开展个性化培养

英才计划项目实行导师制，让学生"在科学家身边成长"，针对学生兴趣和特点开展具有学科特色的个性化培养。北京大学使学生在入选计划之初就充分了解相关领域发展和研究情况，方便学生选定自己感兴趣的问题，根据每个学科的不同特点进行特色培养。清华大学从学生学科兴趣出发，与学生充分沟通，依据兴趣确定研究题目。北京师范大学、兰州大学、厦门大学根据学生的能力和兴趣制订不同的个性化培养方案，根据各学科培养特点形成了各自独特的培养方式和流程。武汉大学尊重学生个性发展，创新开展英才培养活动，学科采取"一教、二带、三汇报"的培养模式对英才学员进行个性化指导。中山大学实施个性化培养方案，为英才学员提供丰富的选择和教育机会，借助学校"拔尖计划"成熟的交叉学科人才培养模式，让英才学员能接触到多学科的知识，拓展学生的开放性思维，培养创新型人才。

（三）综合实践引领，拓宽学生视野

青少年科技创新实践活动最重要的还是实践，我们应该注重引导青少年在实践中学习、探索和创新。可以通过提供各种实践机会，如科技创新实验室、竞赛等，让青少年亲身参与到科技创新实践中来，从而提升他们的动手能力和实践能力。除了导师培养和利用中学资源培养外，英才计划还为学生提供丰富的学科实践活动、综合实践活动以及国际交流活动。学科实践活动是由五个学科工作委员会组织的，包括学术会议、培训班、大师报告、夏（冬）令营、学科论坛、交流会等多种学科交流活动。这些活动旨在给优秀学生提供参与的机会，以促进他们在学科领域的交流和学习；联合中国科学院、清华大学、云南大学等单位组织学科交叉的综合实践活动，组织学生到北京、内蒙古、山东、甘肃、吉林、云南等地的野外考察基地和大型野外科学考察综合台站等开展野外考察活动，提高学生的动手实验能力、观察创新能力和野外生存能力，引导学生学以致用，学用结合；国际交流活动，每年组织推荐优秀中学生参加国际竞赛和交流活动，如世界顶尖科学家论坛、国际科学与工程大奖赛、欧盟青少年科学家竞赛、伦敦国际青少年科学论坛、中日青少年科技交流计划（"樱花科技计划"）、以色列世界科学家大会、俄罗斯青年科学家论坛等，让学生与顶尖科学家交流对话，参观国外先进的科研设施，与国外优秀同龄人深入交流，开拓学生的国际科学视野，坚定学生的科学志向。

四、结论建议

青少年科技创新实践活动是一种非常有价值的教育模式，可以为年轻人提供实践机会，提升综合素质和科学素养，同时也可以培养创新思维和

正确的价值观。为了更好地实现青少年科技创新实践活动的价值引领，我们应该从政策支持、人员支持和社会支持三个方面加以推进。

（一）政策支持

从国际经验来看，政策应强调开展青少年科技创新实践活动的重要性，为科技创新实践活动指明方向，提出具体要求，同时落实工作机制、经费等方面的保障。但总体而言，我国目前针对科技创新实践活动的体制机制尚不健全，政策与法律体系尚不成熟，国家要从更加宏观的法律、政策层面，保障科学教育和科技类活动的地位，为推动科学教育优先发展与科技创新实践活动的开展提供法律和政策保障。

（二）人员支持

培养优秀青少年科技活动工作者是开展好的科技创新实践活动的前提。一是加强科学教师及科技辅导员的培养和培训，校内青少年科技创新实践活动以科学教师或科技辅导员为主体开展，大多数毕业于师范院校，要允许和鼓励其他高校，特别是动员高水平大学设立科学教育专业，要求高水平师范院校招收科学教育专业的学生，逐步提高科学教师及科技辅导员的专业化水平。同时，强化科学教育的顶层设计，确定培养培训目标、重点和政策措施，建立科学教育专业标准，确保培养、培训的质量和水平。二是青少年科技活动工作者应当有针对性地根据学生的特征，开展具有特色的青少年科技创新实践活动，可通过资格认证导向、经验提升导向等多种培养路径，扩充科技创新活动组织者或工作者队伍。三是面向科技创新后备人才的培养目标，建立合作型双师制，共同促进中小学校内外的科学教育，统筹组织中小学科学教师、校外辅导员及高校和科研机构的专家，开展高质量青少年科技创新实践活动，形成高水平科技创新后备人才培养创新模式。

（三）社会支持

为了促进青少年科技创新实践活动的开展，我们应该充分整合社会资源，加强学校与政府教育部门、社区、科技场馆、高校和相关企业之间的合作与沟通，来扩大青少年参与科技活动的途径。同时，利用当地场馆资源，加强场馆与学校的合作，开展跨学科的青少年科技活动，并与高校共同建设科学教育共同体，为中小学生提供科普讲座、科学研学等机会。通过校内外资源的协同共建，为学生提供多样化的科技活动选择，创造良好的活动环境，提升活动效果和体验。

参 考 文 献

［1］习近平.青年要自觉践行社会主义核心价值观——在北京大学师生座谈会上的讲话［N］.人民日报，2014-5-5.

［2］郭舒晨，李秀菊，赵芳芳，等.我国青少年科技活动参与现状、特征与对策分析——基于全国22座城市的大规模调查结果［J］.中国电化教育，2021（12）：17-25+54.

［3］郭俞宏，薛海平，王飞.国外青少年科技竞赛研究综述［J］.上海教育科研，2010（9）：32-36.

［4］黄瑄，李秀菊.我国青少年科学态度现状、差异分析及对策建议——基于全国青少年科学素质调查的实证研究［J］.中国电化教育，2020（12）：69-77.

［5］黄兆声.探讨基于科技活动的青少年科技创新精神发展策略［J］.中国校外教育，2020（22）：3+5.

［6］李寒梅.后疫情时代的青少年价值观教育研究［J］.青少年学刊，2020（4）：3-8+15.

［7］陆莎，李廷洲.培育青少年科学家精神的时代使命与实践路径［J］.人民教育，2022（19）：15-17.

［8］孟丹华.小学科技活动类型与科学素养关系的调查研究［D］.重庆大学，2017.

［9］桑标，宋正国，曹凤莲.中学生科技创造力和课外科技活动关系的测查研究［J］.

心理科学，1996（6）：331-335.

［10］沈潘艳，辛勇，高靖，等.中国青少年价值观的变迁（1987—2015）［J］.青年研究，2017（4）：1-10+94.

［11］王玉樑.关于价值本质的几个问题［J］.学术研究，2008（8）：43-51.

［12］魏艳平.劳动教育对青少年的价值引领研究［J］.劳动哲学研究，2021（2）：223-231.

［13］叶晕.浅析新时代爱国主义教育如何融入高中政治课堂［J］.考试周刊，2023（7）：143-146.

［14］Baran E，Bilici S C，Mesutoglu C，et al.The impact of an out of school STEM education program on students' attitudes toward STEM and STEM careers［J］.School science and mathematics，2019，119（4）：1-13.

［15］Chan H Y，Choi H，et al.Participation in structured STEM-focused out-of-school time programs in secondary school：Linkage to postsecondary STEM aspiration and major［J］.Journal of Research in Science Teaching，2020，57（8）：1250-1280.

［16］Miller K，Sonnert G，Sadler P.The influence of students' participation in STEM competitions on their interest in STEM careers［J］.International Journal of Science Education，Part B，2018，8（2）：95-114.

［17］Phillips M，Finkelstein D，Wever-Frerichs S.School site to museum floor：How informal science institutions work with schools［J］.International Journal of Science Education，2007，29（12）：1489-1507.

家校社协同推进科学教育的现状、问题与建议

——基于重庆市中小学师生及家长的调查[*]

杨 梨 齐从鹏 肖紫瑶[**]

摘要： 科学教育的高质量发展是时代所需，是实现科技自立自强所急，是服务科教兴国和人才强国的基础性工程。本研究对重庆市6区县10所中小学的科学教育状况进行了问卷调查，发现目前重庆市科学教育工作取得了一定成效，但仍然面临学校科学教育不够完善、家庭科学教育较为薄弱、社会科学教育供给不足和科学教育多方协同不足等问题。在此基础上，提出针对性的对策建议，包括完善学校科学教育，加强家庭科学教育，推动社会科学教育，提升多元主体协同育人，为构建家庭、学校和社会协同育人的科学教育体系，共创科学教育新格局提供参考。

关键词： 科学教育；学校家庭社会协同育人；问题；对策

一、研究背景与研究问题

党的二十大报告提出，教育、科技、人才是全面建设社会主义现代

---

* 本文为重庆科技馆资助课题"青少年健康成长的社会环境优化对策专项调研"、重庆科技学院大学生创新训练项目"重庆市中学科学教育现状及优化对策研究"的阶段性研究成果。

** 作者：杨梨，重庆科技学院法政与经贸学院讲师、博士；齐从鹏（通讯作者），山东青年政治学院政治与公共管理学院讲师、博士；肖紫瑶，重庆科技学院法政与经贸学院学生。

化国家的基础性、战略性支撑。科学教育既是教育、科技、人才工作各自领域的重要内容，又是三者联结的重要部分。习近平总书记强调，要在教育"双减"中做好科学教育加法，激发青少年好奇心、想象力、探求欲。① 2023 年 5 月，教育部等十八部门印发《关于加强新时代中小学科学教育工作的意见》，明确要求以促进学生健康成长、全面发展和推进社会主义现代化教育强国建设为目标，推动新时代背景下青少年科学教育的高质量发展。青少年是我国建设科技强国的重要力量，《全民科学素质行动规划纲要（2021—2035 年）》将青少年作为行动计划的首个重要人群。提高青少年的科学素质成为家庭、学校和社会各界共同关注的重要议题。科学教育是一项复杂的系统工程，既涉及科学课程建设、教学活动实施等学校教育改革事项，也涉及科学教育环境条件创设、场馆资源对接等社会力量整合，单一的教育主体难以推动科学教育的高质量发展，这就需要学校、家庭、社会之间建立有效的协同育人机制，各方面努力推进，发挥健全协同教育育人机制的最大作用。2023 年 1 月，教育部等十三部门发布《关于健全学校家庭社会协同育人机制的意见》，对构建协同育人机制作出部署和要求。科学教育肩负培养青少年科学兴趣、提升科学素质、树立科学志向的重要使命，需要学校、家庭和社会协同推进其高质量发展。

近年来，我国科学教育取得了一定成效，青少年的科学素质也有所提升。然而，有关我国中小学科学教育的实证研究相对较少，且已有研究主要关注学校开展的科学教育，缺乏对家庭、社会等其他主体开展科学教育状况的相关研究，尚未呈现我国科学教育的全貌。目前，中小学科学教育以学校教育为核心、家庭教育和社会教育参与不足。从家校社协同的视

_____

① 《习近平在中共中央政治局第三次集体学习时强调 切实加强基础研究 夯实科技自立自强根基》，新华社，2023 年 2 月 22 日。

角来看，家校社协同推进科学教育是全面推进科学教育高质量发展的关键所在。

为了更好地促进青少年科学素质提升，本研究聚焦家庭学校社会协同推进青少年科学教育这一议题，希望通过实证调研，解答以下问题：重庆市青少年的科学教育现状如何？重庆市家庭、学校和社会如何开展青少年科学教育？家校社共同参与下，目前重庆市青少年科学教育开展的效果如何？还面临哪些问题？课题组将基于实证调研数据分析，从家庭学校社会协同育人机制、"五老"参与路径等方面提出进一步加强青少年科学教育的对策建议，为政府部门、学校、科普场馆等促进青少年科学素质提升、家校社协同开展科学教育提供参考。

二、研究对象与研究方法

为了全面了解目前我国科学教育现状和面临的困境，课题组在重庆市6个区（县）的10所中小学校开展了问卷调查，整班选取调查校小学生（4~6年级）[1]及其家长、中学生（初中和高中）及其家长和部分教师为调查对象。最终，共收到有效问卷1653份（其中，小学生及其家长分别填答357份，中学生及其家长分别填答382份，教师填答175份）。调查对象的基本情况如表1~表5所示。

表1　小学生样本基本情况表 *

指标	类别	人数	百分比（%）
年龄	8岁	6	1.7
	9岁	31	8.7

---

[1] 由于小学低年级学生掌握知识有限，测量难度大，同时，基于前期的文献收集整理，现有测评工具业主要针对10岁以上的青少年群体，因此本次小学生调查对象确定为小学4~6年级。

指标	类别	人数	百分比（%）
年龄	10 岁	162	45.4
	11 岁	86	24.1
	12 岁	60	16.8
	13 岁	12	3.4
性别	男	178	50.0
	女	179	50.0
年级分布	4 年级	214	59.9
	5 年级	82	23.0
	6 年级	61	17.1

* 由于部分数据保留小数点后一位，四舍五入后百分比加总为 99.99% 或 100.1%，特此说明，以下同。

表 2　小学生家长样本基本信息

指标	类别	人数	百分比（%）
与学生关系	母亲	290	81.2
	父亲	62	17.4
	其他监护人	5	1.4
	合计	357	100.0
年龄	20~29 岁	7	2.0
	30~39 岁	210	58.8
	40~49 岁	122	34.2
	50~59 岁	17	4.8
	60~69 岁	1	0.3
	总计	357	100.1
母亲受教育程度	高中及以下	195	54.6
	大学专科	77	21.6
	大学本科	67	18.8
	硕士研究生及以上	7	2.0
	不知道	11	3.1
	总计	357	100.1

续表

指标	类别	人数	百分比（%）
父亲受教育程度	高中及以下	183	51.3
	大学专科	68	19.0
	大学本科	77	21.6
	硕士研究生及以上	21	5.9
	不知道	8	2.2
	总计	357	100

表3　中学生样本基本情况

指标	类别	频数	百分比（%）
性别	男	211	55.2
	女	171	44.8
学段	初中	169	44.2
	高中	213	55.8
学业水平	前5%	25	6.5
	6%~10%	69	18.1
	11%~30%	132	34.6
	31%~50%	91	23.8
	51%~80%	55	14.4
	后20%	10	2.6

表4　中学生家长样本基本情况

指标	类别	频数	百分比（%）
身份	母亲	272	71.2
	父亲	108	28.3
	其他监护人	2	0.5
年龄	20~29岁	2	0.5
	30~39岁	75	19.6
	40~49岁	245	64.1
	50~59岁	51	13.4
	60~69岁	9	2.4

续表

指标	类别	频数	百分比（%）
母亲受教育程度	高中及以下	170	44.5
	大学专科	99	25.9
	大学本科	96	25.1
	硕士及以上	17	4.5
父亲受教育程度	高中及以下	144	37.7
	大学专科	103	27.0
	大学本科	107	28.0
	硕士研究生及以上	28	7.3

表5　教师样本基本情况

指标	类别	频数	百分比（%）
年龄	35 岁及以下	81	46.3
	36~45 岁	54	30.9
	46 岁及以上	40	22.9
性别	男	42	24.0
	女	133	76.0
任教学段	小学	122	69.7
	初中	24	13.7
	高中	29	16.6
学历	高中及以下	1	0.6
	大学专科	19	10.9
	大学本科	139	79.4
	硕士研究生及以上	16	9.1
职称	未定级	16	9.1
	中小学三级	3	1.7
	中小学二级	62	35.4
	中小学一级	66	37.7
	高级教师	28	16.0
任教地区	主城区	63	36.0
	区县	112	64.0

为了保障问卷的可靠性和有效性，本研究对问卷所使用的量表进行了信度和效度检验。通过 SPSS 软件进行问卷信度和效度分析发现，问卷所使用量表的 Crobachs alpha 系数、KMO 值均大于 0.7，说明该问卷所用量表的整体信度和效度较好。我们将问卷数据录入 SPSS 软件，筛除无效问卷，利用 SPSS 软件对有效问卷数据进行统计分析。

三、重庆市中小学科学教育的主要成效

（一）学校加强科学教育

1. 科学资源配套到位

调查显示，大多数教师获得了学校提供的科学课程方案（81.5%）、课程资源（77.8%）和科学课程实验室/实验设备（85.2%）等相关支持。

2. 科学教师基础较好

问卷表明，大学本科及以上学历的科学教师占比为 92.6%，其中硕士研究生及以上学历占 18.5%（见图 1）；88.9% 的科学教师为专任教师，85.2% 的科学教师受教育专业背景与科学教育相关。

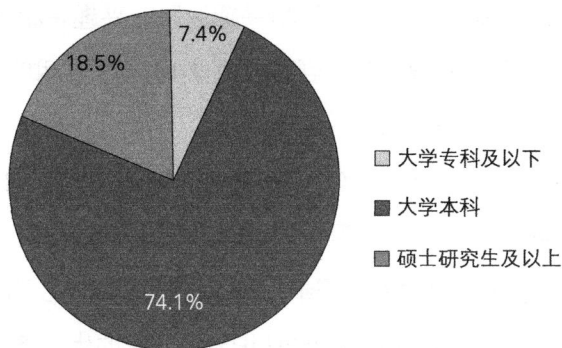

图 1　科学教师学历分布情况

3. 教师投身科学教育的意愿高

调查显示，92% 的教师认为科学教育很重要，87.4% 的教师对科学教

育或科学普及工作感兴趣。这说明大多数教师重视科学教育，有兴趣开展科学教育或科学普及工作。

（二）家庭认同科学教育

1. 家长的科学教育认同度高

数据显示，接近90%的中小学生家长高度认同科学对人类和社会发展的价值，超过80%的小学生家长（80.7%）和中学生家长（84%）希望孩子将来从事与科学相关的职业。

2. 家长参与科学教育意愿高

测算发现，重庆市中小学家长参与科学教育意愿平均得分高达4.13分（五分制），九成左右的家长（小学生家长占比89.9%，中学生家长占比91.1%）表示乐意参加各类科学教育活动。

（三）科学教育初显成效

1. 学生科学兴趣浓厚

测算发现，小学生和中学生的科学兴趣平均值分别为4.11分和4.16分（五分制），说明重庆市中小学生科学兴趣浓厚。兴趣是激发青少年学习的重要动力，目前科学教育初步达到了激发青少年好奇心和兴趣的目标。

2. 学生对科学家的认识较准确

调查显示，小学生对科学家的认识得分3.96分（五分制），中学生对科学家的认识得分3.93分，说明中小学生对科学家的认识比较准确。其中，小学生和中学生对科学家爱国奉献精神和专注勤奋品质的认识得分在4.3~4.4分之间，说明多数中小学生能认识到科学家的优秀精神品质。

3. 学生从事科学相关职业意愿高

调查显示，长大后愿意从事科学相关工作的小学生和中学生占比分别为58.3%和63.0%，而不愿意的小学生和中学生占比分别仅为7.8%和

5.0%（见图2）。研究表明，学生对科学家形象的认识越正面，他们对科学思维和科学精神的认识也就越积极，他们从事科学相关职业的意愿也越高。

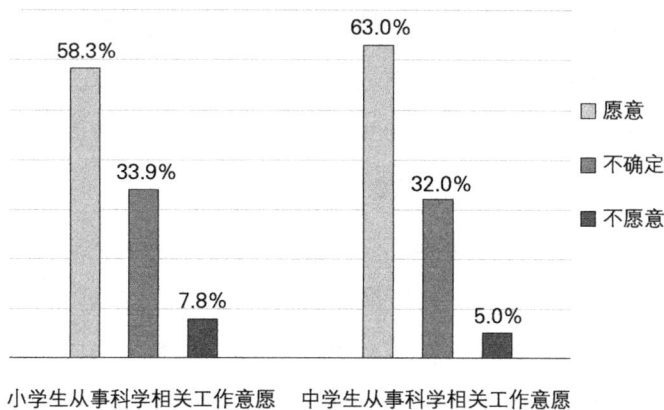

图2　学生从事科学相关工作意愿

四、重庆市科学教育面临的主要问题

（一）学校科学教育存在短板

数据分析发现，重庆市小学和中学学校开展科学教育频率的得分均值分别为2.79分和2.67分（五分制），说明重庆市学校开展科学教育状况并不理想。

1. 科学课程时常被占用

问卷调查发现，科学课程被占用时有发生，其中中学科学课程被占用的比例（22.3%）高于小学（18.8%）。小学生（71.7%）和中学生（64.9%）均表示"花时间在实验室进行实验操作"的机会较少。中国青少年科技教育工作者协会副理事长、北京师范大学科学教育研究院院长郑永和教授指出目前科学教育中实践教育相对薄弱。

2. 科技活动覆盖面窄

问卷调查发现，过去一年，约60%的中小学生从来没有或仅偶尔参与学校组织的科技活动，其中不少小学生（约58%）和中学生（约62%）均表示没有参加过"学校引进社会单位开展的科技活动"或"学校组织前往科学教育场所"。这说明学校较少开展科技活动，更少通过"请进来"和"走出去"协同社会单位开展科技活动。我国青少年目前在各类科技活动中的参与率均不高且不均衡，各类科技活动仅有少部分青少年参与，科技活动在青少年中的覆盖度有待提升。

3. 教师科学教育培训不足

问卷调查发现，教师参与度最高的培训是一般教学培训，选择较多、经常参加此类培训的教师达到了69.2%；教师参加科学和技术培训、科学课程教学方法与技巧培训、科学课程教学内容培训的占比分别仅为34.3%、42.3%、41.2%，反映出教师参加科学教育相关培训不足。

（二）家庭科学教育较为薄弱

数据分析发现，重庆市小学生家庭和中学生家庭开展科学教育频率得分均值分别为2.82分和2.68分（五分制），说明重庆市家庭科学教育开展状况不佳。

1. 家庭科学教育频率较低

问卷调查发现，超过半数的小学生（56.3%）和中学生（59.2%）均表示"家人从来没有或仅偶尔与他们谈论科学相关话题"。数据分析表明，家人与孩子谈论科学话题的频率越高，孩子的科学素质越高，说明家庭在学生科学教育中具有至关重要的作用。

2. 家长较少参与学校科学教育

问卷调查发现，约七成小学生（66.4%）和中学生（70.8%）均表示"家人从来没有或仅偶尔参与学校的科学相关活动"。

3. 家庭较少利用科学教育资源

多数小学生家长（68.6%）和中学生家长（78.3%）表示"从来没有或

仅偶尔带孩子到科技馆、博物馆、企业或高校等科学相关场所参观学习"。同时，许多家长即便带孩子参观科技场馆，也更多是游览景点，而非开展科学教育。家庭教育中对科技馆等场馆资源的利用尚处于初级阶段。

（三）社会科学教育供给不足

重庆市社会单位面向小学生和中学生开展科学教育频率得分均值分别为 2.40 分和 2.08 分（五分制），说明重庆市社会单位提供的科学教育服务相对不足。

1. "五老"参与不足

问卷调查发现，"五老"[①]参与科学教育均值仅为 2.21 分（五分制）；过去一年，多数小学生（62.4%）和中学生（63.0%）没有或仅偶尔参与"五老"进校园的相关科学教育活动。这说明了重庆市"五老"参与科学教育还有很大提升空间。

2. 社会单位参与不足

问卷调查发现，绝大多数学生表示，他们几乎没有参与过高校 / 科研院所（81.9%）、科普场馆（73.5%）、企业单位（80.9%）组织的科普或科学教育相关活动。我国多个部门均强调鼓励和支持社会单位参与科学教育，但目前社会单位参与科学教育持久性动力不足、融入渠道缺乏，实质参与较少，政策的落实推行仍存在一定困难。

3. 教育水平不高

重庆市小学生和中学生对社会科学教育的评价均值分别为 1.64 分和 1.61 分（五分制），得分较低，说明目前重庆市社会科学教育难以令人满意。

[①] 全国关心下一代工作委员会要求团结动员广大老干部、老战士、老专家、老教师、老模范（简称"五老"）等离退休老同志参加关心下一代工作，发挥广大"五老"在教育、引导、关爱、保护青少年方面的独特优势和重要作用，促进青少年成长成才。

（四）科学教育多方协同不足

重庆市小学生和中学生对家校社协同开展科学教育的评价打分均值分别为 1.64 分和 1.04 分（五分制），说明重庆市多方协同开展科学教育的状况不佳。

1. 家长协同参与不足

数据分析发现，小学生和中学生家长的家校社协同教育行动均值分别为 2.43 分和 2.34 分（五分制），说明家长的家校社协同科学教育参与度低。

2. 协同育人有待落实

调查显示，超过半数的教师没有或极少参与学校联合校外资源开展的科学教育活动，近六成的教师没有或很少参与家校合作的科学教育。约九成的小学生（90.0%）和中学生（89.8%）希望学校与外界合作提供更丰富的科学实践活动。已有研究表明，尽管全社会协同参与科学教育的格局已经初步形成，但各方协调配合有待提升，资源优势尚未充分发挥，还难以形成开放、灵活的科学教育共同体。

3. 协同教育支持不足

问卷调查表明，接近 90% 的教师和超过 80% 的家长表示为了更好地开展家校社协同科学教育，需要政策与资金支持、人力资源支持、资源链接支持。目前，许多地区尚未形成常态化的校外科学教育资源融入机制，中小学利用校外科学资源的渠道不够畅通，亟待形成广泛参与的高效组织网络和良性社会生态。

五、家校社协同推进中小学科学教育的对策建议

（一）完善学校科学教育

第一，夯实科学教育课程。建议相关部门组织专家，遵循《义务教

育科学课程标准（2022 年版）》对科学课程设置的要求，立足学段区别、学生特点和培养目标，打造科学课程体系，健全课程教材资源，研制教学评价标准，监测科学课程开设情况，确保学校开齐、开足、开好科学课程。

第二，丰富科学实践活动。相关部门继续大力支持"院士专家校园行""馆校合作科学课"，引导学校重视科学实践教育，评选和表彰市级示范性科学实践课程，强化动手实操的科学教育。持续推进落实"双减"政策，让青少年有更多时间与精力参与科学实践活动当中。

第三，建好科学教师队伍。强化科学专职教师的配备，实施科学教师队伍培训工程，要求学校选派科学教师参加"全国科学教育暑期学校"等培训活动，增强教师从基础理论学习、见习教学、入职培训到职后继续教育的连贯学习体验，借鉴国际上科学教师专业标准的成熟经验，明确科学教师职业素养规范，建设科学名师工作室，建强建好科学教师队伍。

第四，推动贯通式科学教育。相关部门牵头制定大中小学校贯通培育科学英才方案，学习首都师范大学与首都师范大学第二附属中学协同推进科学教育实践经验，鼓励重庆市高校与中小学探索科技创新后备人才跟踪式、贯通式培养机制。

（二）加强家庭科学教育

第一，挖掘家庭科学教育潜能。小学生和中学生的家人从事与科学相关职业的比例分别为 8.7% 和 15.6%。鼓励学校梳理从事科学相关工作的家长名单，邀请上述家长发挥职业优势，开设科学教育家长课堂。

第二，增强家长科学教育能力。相关部门培养家庭科学教育指导教师队伍，联合打造"家长科学教育能力提升云课程"资源平台，支持和提高家长科学教育能力。

第三，营造家庭科学教育氛围。参考国外"家庭数学与科学日"

（Family Math & Science Day）的相关做法，设立"重庆市家庭科学日"，引导家长重视科学教育，形成家庭科学教育良好氛围。

（三）推动全社会科学教育

第一，制定细化方案。借鉴江苏、浙江等地经验，结合重庆实际，相关部门联合制定《推动社会资源服务科学教育专项行动实施方案》，落实重庆市利用科普资源助推"双减"工作十条举措，打造科学教育高质量公共服务体系。

第二，盘活科教资源。相关部门联合梳理科教文博、高校科研院所、科技企业等科学教育资源，形成"科教资源清单"，通过建基地、签协议、结对子，打造"就近科学教育圈"，形成科学教育"校外教师群"，实现资源共享。

第三，促进社会参与。鼓励社会资本以捐赠或建立基金等方式多渠道投入科学教育，激励社会机构开发科学教育公共资源，完善科技人员、"五老"等参与科学教育的激励与表彰机制。政府部门可通过税收减免、专项资金支持等多种手段，激发科研院所、科技企业、科技场馆等社会主体参与科学教育的活力。

第四，建设评价体系。鼓励专家学者、学校和社会单位合作，加强调查研究，立足客观实际、有效评估重庆市社会参与科学教育成效，加强质量建设，将评估结果作为优化调整社会参与科学教育的出发点，根据评估结果对参与科学教育的各方面进行完善，与时俱进，提高精准服务水平。

（四）提升多元主体协同水平

第一，健全工作协调机制。在全市范围内推广重庆高新技术产业开发区的做法，各区（县）成立中小学科创教育工作领导小组，制订中小学科技创新教育三年行动计划，指导中小学成立校级科创教育工作领导小组，系统谋划、整体推进科学教育重点工作。

第二，搭建协同育人平台。借鉴上海等地的做法，成立重庆市中小学科学教育创新联盟，建设高水平科学教师资源库、高品质教学资源库，为科学教育提供体系化的平台支撑。

第三，探索协同育人机制。选取重庆育才中学、重庆市人和街小学等"全国十佳科技教育创新学校"开展家校社协同科学教育改革试点，教育行政部门和教研机构加强指导、调研和评估，总结试点经验，形成《科学教育协同育人典型案例集》，并逐步在全市推广。

第四，营造创新文化生态。支持有关部门创作弘扬科学家精神的精品电影、话剧等，充分发挥科普基地、广播电视和网络平台等作用，加大宣传科学教育政策、资源平台、创新实践的力度，形成弘扬科学家精神、敬重科技工作者的社会风尚。

第五，发挥信息技术优势。重庆市教委数字教育建设小组与学校、社会单位合作，贯彻国家教育数字化战略行动和数字重庆建设部署要求，共同推进互联网、人工智能等技术融入科学教育，采用科学学习全过程数据分析、虚拟现实实验教学、线上漫游科技馆等形式，利用其突破时空界限、实时协同通信、支持大规模社会化交互和支持资源共建共享优势，连接不同的科学教育服务供给主体，实现线上线下虚实融合的科学教育服务的供给形态。

参 考 文 献

［1］曹培杰.新时代科学教育的价值意蕴与实践路径［J］.现代教育技术，2023，33（8）：5-11.

［2］崔明明，郝富军.教育、科技、人才工作一体化背景下我国科学教育政策演进逻辑与调适路径研究［J］.国家教育行政学院学报，2023（6）：88-95.

［3］郭舒晨，李秀菊，赵芳芳，等.我国青少年科技活动参与现状、特征与对策分

析——基于全国 22 座城市的大规模调查结果 [J]. 中国电化教育，2021（12）：17-25+54.

[4] 李秀菊，李萌，苏虹，等. 我国教师科学素质的现状、差异分析及对策——基于第十二次中国公民科学素质抽样调查的实证研究 [J]. 科普研究，2023，18（3）：15-22.

[5] 裴新宁. 重新思考科学教育的若干概念与实施途径 [J]. 中国教育学刊，2022（10）：19-24.

[6] 全面提升中小学生科学素质——教育部等十八部门联合印发《关于加强新时代中小学科学教育工作的意见》[J]. 科普研究，2023，18（3）：2.

[7] 王阿习. 技术赋能科学教育服务供给路径与实施建议 [J]. 现代教育技术，2023，33（8）：12-18.

[8] 王素，张永军，方勇，等. 科学教育：大国博弈的前沿阵地——国际科学教育战略与发展路径研究 [J]. 中国教育学刊，2022（10）：25-31.

[9] 王晓生. 小学科学教师队伍建设：价值使命、现实羁绊与实践路径 [J]. 中国教育学刊，2023（6）：91-95.

[10] 杨晓梦. 新课标视域下中小学科学教育的发展方向与推进路径 [J]. 中小学管理，2023（6）：30-33.

[11] 姚建欣，刘奕轩，孟丹宁. PISA 2025 科学素养测评愿景展望与启示 [J]. 上海教育科研，2023（7）：35-40.

[12] 张红霞，郁波. 从"探究"到"实践"：科学教育的国际转向与本土应对 [J]. 教育研究，2023，44（7）：66-80.

[13] 张军，朱旭东. 重构科学教师教育体系 [J]. 教育研究，2023，44（6）：27-35.

[14] 郑永和，杨宣洋，王晶莹，等. 我国小学科学教师队伍现状、影响与建议：基于 31 个省份的大规模调研 [J]. 华东师范大学学报（教育科学版），2023，41（4）：1-21.

[15] 郑永和，张登博，王莹莹，等. 基础教育阶段的科学教育改革：需求、问题与对策 [J]. 自然辩证法研究，2023，39（10）：11-17.

[16] 郑永和，周丹华，王晶莹. 科学教育服务强国建设论纲 [J]. 教育研究，2023，44（6）：17-26.

科技教育活动提升青少年科学素质的策略研究

赵　茜*

摘要： 科技教育活动是教育行政主管部门主办的，围绕某一特定主题开展的具有教育目标和科学传播意义的课外校外科技教育实践活动，是提升青少年科学素质的重要举措。本文通过文献资料法，访谈调查法，数据分析法等对北京市近十六年（2008—2023年）市级科技教育活动的开展情况进行分析，总结出通过开展科技教育活动激发青少年好奇心、想象力和探求欲，提升科学素质的策略和有效路径。

关键词： 科学素质；科技教育活动；青少年；提升策略；路径研究

习近平总书记指出要在教育"双减"中做好科学教育加法，播撒科学种子，激发青少年好奇心、想象力、探求欲，培育具备科学家潜质、愿意献身科学研究事业的青少年群体。[1]科技自立自强，科技创新人才必须走自主培养之路，除了深入实施"英才计划""强基计划"等人才培养计划外，科技教育活动也举足轻重，在科学素质提升方面占据重要地位。北京市充分发挥教育、科技优势，协同推进科技创新人才培养工作，经过不懈的努力，探索出一条利用科技教育活动提升青少年科学素质的有效路径。

---

* 作者：赵茜，北京市少年宫教师。

① 《习近平在中共中央政治局第三次集体学习时强调 切实加强基础研究 夯实科技自立自强》，新华社，2023年2月22日。

一、科技教育活动与科学素质

（一）核心概念

科技教育是面向全体学生，通过传授科学知识、科学方法，培养青少年形成科学观念、科学态度、科学精神和科学探究能力，培养科技创新人才的组织形式和教育活动的统称。联合国教科文组织将"科技活动"定义为自然科学、工程技术、医学、农业科学、人文社会科学等科学技术领域中与科技知识的产生、发展、传递和应用密切相关的系统活动。科技活动是培养青少年科学思维、探索未知兴趣和创新意识的有效方式。科技教育活动是青少年以一定组织形式在课外校外科技实践中围绕某一主题开展的具有一定教育目标和科学传播意义的综合性科技活动；它具有科学性、教育性、实践性、开放性、自主性、创新性等特点。科技教育活动可以分为普及性科技教育活动、提高性科技教育活动和创新性科技教育活动等类型。科技教育活动以丰富多样的活动内容和喜闻乐见的活动形式，在激发青少年崇尚科学、探索未知的兴趣，促进青少年科学素质的提高等方面有重要作用，为青少年建设科技强国打下坚实基础。

（二）青少年科学素质

科学素质（Scientific Literacy），1952 年由科南特提出，又称科学素养。经过发展，米勒将科学素质界定为对科学原理和方法的理解、对关键科学术语和概念的理解、对科技的社会影响的意识和理解等三个方面。美国的"2061 计划"将科学素质定义为：理解科学核心概念和原理；熟悉、认识自然界的多样性和统一性；能按照一定目的运用科学知识和科学思维方法。《全民科学素质行动规划纲要（2021—2035 年）》认为公民具备科学素质应具备崇尚科学精神，树立科学思想，掌握基本科学方法，了解必要科技知识，并应用其分析判断事物和解决实际问题的能力。针对青少年的科学素质提升，则要有弘扬科学精神，提升基础教育阶段科学教育水平，实施科技创新后备人才培育计划，建立校内外科教资源有效衔接等问题的方式和手段。

（三）科技教育活动与科学素质的关系

青少年求知欲强、充满好奇心和探究欲望，青少年时期是科学素质发展的关键时期。要充分认识到提升青少年科学素质对提高国家自主创新能力，建设创新型国家的战略意义。科技教育活动是拓展和开展科学素质提升计划的重要载体。本文中的科技教育活动特指由教育行政主管部门主办的具有教育意义的科技活动，选取北京市近十六年开展的市级科技教育活动作为研究对象，进行深入调研和分析。总结科技教育活动在激发青少年好奇心和想象力，增强科学兴趣、创新意识和创新能力的经验，为培育一大批具备科学家潜质的青少年群体，加快建设科技强国贡献北京力量。

二、北京市科技教育活动开展现状研究

（一）研究目的

对北京市科技教育活动的开展情况、历史沿革、创新发展等方面进行分析，归纳总结科技教育活动在培育青少年科学素质和创新能力方面的经验，梳理科技教育活动提升青少年科学素质的策略和育人路径。

（二）研究对象

选取近十六年由北京市教育委员会主办或联合主办的，在北京学生科技节期间开展的数十项市级科技教育活动为研究对象。

（三）研究方法

1. 文献分析法：通过文献检索，查阅国内外相关文献，系统整理科技教育活动和科学素质的相关研究，并进行分析。

2. 访谈调查法：对市级科技教育活动的组织者和参与者，如教师、学生等进行深度访谈，充分了解活动参与者的实际收获和活动感受；通过对策划、实施活动的负责人进行访谈，了解他们在设计立意、目标设定、实施过程等组织管理层面的经验和感想。

3. 数据分析法：通过北京市教育委员会官方网站及各市级科技教育活动组织方提供的数据进行统计学分析，了解科技教育活动在提升青少年科学素质方面的具体情况和育人效果。

三、结果

北京市立足首都教育发展实际，紧密围绕教育改革及《全民科学素质行动规划纲要（2021—2035年）》的要求，自主研发设计、组织开展数十项市级学生科技教育活动。每年的北京学生科技节由北京市教育委员会牵头，联合北京市科学技术委员会和北京市科学技术协会等单位主办，至2023年已成功举办四十一届。其间，全市各区、校结合热点科技主题、地域特色和自身优势，开展丰富多彩的科技教育活动，内容涉及地球与环境、电子与信息、机器人、模型、生命科学、天文等多个领域。本着普及与提高并重，科技与艺术相融合，课内外相辅相成的原则，按照不同知识层次和年龄阶段，将科学知识普及、科学探究体验、创新研究实践等项目融入活动，使各学段青少年都能参与到科技教育活动中来，通过活动培养学生科学兴趣、科学精神、科学能力，探索提升青少年科学素质的新策略，创设科技创新人才培养新路径。下面列举2008—2023年北京市中小学科技教育活动开展情况（见表1），并对部分活动进行介绍。

表1 近十六年（2008—2023年）北京市中小学科技教育活动开展情况列表

单位：次

序号	名称	2008年	2009年	2010年	2011年	2012年	2013年	2014年	2015年	2016年	2017年	2018年	2019年	2020年	2021年	2022年	2023年
1	北京市青少年科技创新大赛	1	1	1	1	1	1	1	1	1	1	1	1	1	1	1	1
2	北京市中小学生金鹏科技论坛	2	2	2	2	2	2	2	2	2	2	2	2	2	2	2	2
3	北京市青少年"未来工程师"设计与技能竞赛（2023年更名为：北京市青少年未来工程师博览与竞赛活动）	3	3	3	3	3	3	3	3	3	3	3	3	3	3	3	3
4	北京市中小学生天文观测竞赛	4	4	4	4	4	4	4	4	4	4	4	4	4	4	4	4
5	北京市中小学生电子技术竞赛	5	5	5	5	5	5	5	5	5	5	5	5	5	5	5	5
6	北京市中小学生无线电测向比赛	6	6	6	6	6	6	6									
7	北京市中小学生航空、航天模型比赛（后拆分为：北京市中小学生航空模型比赛、北京市中小学生航天模型比赛）	7	7	7	7	7	7	7	7	7							
8	北京市中小学生航海模型比赛	8	8	8	8	8	8	8	8	8							
9	北京市中小学生车辆模型比赛	9	9	9	9	9	9	9	9	9							
10	北京市中小学生科技英语创意大赛	10	10	10	10	10	10	10									
11	北京市中小学生业余电台比赛	11	11	11	11	11	11	11									
12	北京市中小学生单片机（智能控制）竞赛	12	12	12	12	12	12	12									

续表

序号	名称	2008年	2009年	2010年	2011年	2012年	2013年	2014年	2015年	2016年	2017年	2018年	2019年	2020年	2021年	2022年	2023年
13	北京市中小学生自然科学知识竞赛	13		13	13	13											
14	走进开放实验室实践科学奥秘活动	14		14													
15	北京市青少年机器人竞赛	15				15											
16	北京市中小学生"动手做"科技竞赛	16															
17	植物与环境科普周	17															
18	北京市中小学生科学建议奖评选活动		18	18	18	18	18	18	18	18	18	18	18	18	18	18	18
19	北京市高中生技术设计创意大赛（后更名为：北京市中小学生技术设计创意大赛）			19	19	19	19	19	19	19	19	19	19	19	19	19	19
20	北京市中小学生环保器创意大赛			20	20	20											
21	北京市青少年科普"动漫嘉年华"主题活动			21	21	21	21										
22	索尼"爱心助学——科普下乡"大型互动科学实验活动		22	22	22	22	22										
23	北京市中小学生"波音"航空科普教育系列活动		23	23	23	23	23				23	23					

续表

序号	名称	2008年	2009年	2010年	2011年	2012年	2013年	2014年	2015年	2016年	2017年	2018年	2019年	2020年	2021年	2022年	2023年
24	"气候酷派"绿色校园行动系列科普活动		24	24	24												
25	北京市中小学生低碳环保知识竞赛（后更名为：北京市中小学生低碳环保系列教育活动）				25	25	25	25	25								
26	北京市学生机器人智能大赛					26	26	26	26	26	26	26	26		26	26	26
27	北京市青少年DI创新思维竞赛					27	27	27	27	27	27	27	27	27	27	27	27
28	北京市中小学生风筝比赛					28	28	28	28	28	28	28					
29	北京市中小学生观鸟比赛					29	29	29	29	29	29	29	29	29	29	29	29
30	北京市中小学生航天科技体验与创意设计大赛						30	30	30	30	30	30	30	30	30	30	30
31	北京市学生科技文化节						31	31	31	31	31	31					
32	FIRST科技挑战赛						32	32									
33	北京市中小学生纸飞机模型比赛								33	33	33	33					
34	北京市中小学生创客秀								34	34	34	34	34	34	34	34	34
35	北京市中小学生应急通讯演练挑战赛								35								

续表

序号	名称	2008年	2009年	2010年	2011年	2012年	2013年	2014年	2015年	2016年	2017年	2018年	2019年	2020年	2021年	2022年	2023年
36	京津冀科普进校园活动（项目22延续）									36							
37	北京市中小学生环境教育系列活动										37	37	37	37	37	37	37
38	北京市中小学生科学表演创意大赛										38	38	38				
39	北京市中小学生航天科普进校园活动										39						
40	京港中学生地铁列车模型创意科技大赛											40	40				
41	四直辖市中学生科技挑战营											41					
42	北京青少年创客国际交流展示活动											42	42	42	42	42	42
43	北京市中小学生农业体验实践活动											43	43	43	43	43	43
44	北京市学生科技挑战营												44				
45	北京市中小学生科学传播大赛												45	45	45	45	45
46	北京市中小学生科学在身边活动														46	46	46
47	北京市中小学生人工智能竞赛														47	47	47
48	院士专家科普进校园活动															48	48
49	北京市中小学生植物栽培大赛																49

资料来源：北京市教育委员会官方网站。

（一）北京青少年科技创新大赛

第42届科技创新大赛由北京市科学技术协会，北京市教育委员会等多家单位共同主办。聚焦"发现·创新·责任"主题，活动汇集了1954项青少年和科技辅导员科技创新成果项目及科技实践活动、科技创意和科学幻想绘画项目等作品。以激发科学兴趣，培养青少年的创新精神和实践能力，提高科技素质为活动目标。

（二）北京市中小学生金鹏科技论坛

北京市中小学生金鹏科技论坛以"参与科技实践，求真知，促成长"为活动主题。2022年有来自全市的22000人参与活动，涵盖全学段，分为自然科学类、社会科学类和发明创造类。活动强调学生自主学习的能力，注重学生真实体验，重视学生兴趣和科研方法的培养，发展学生创新思维和创造能力，促进学生科学素质的全面发展。

（三）北京市青少年未来工程师博览与竞赛活动

这是一项综合运用科学、技术、工程、数学与艺术的科技教育活动。20年来以培养和提高青少年运用所学知识，综合解决实际问题的实践创新能力，提升青少年工程与技术素养为宗旨。2022年活动覆盖全市，158所学校321支队伍的1003名学生和500名辅导教师参与活动。现有项目：创意微拍1+1、爱创造、创意花窗、木梁承重、投石车、过山车、无人机、水火箭、智能创意F1方程式。

（四）北京市中小学生航天科技体验与创意设计大赛

1999年起开展的航天科普教育活动，由知识竞赛、水火箭、太空种子种植小能手、航天器摄影竞赛、卫星通信竞赛等项目组成。每年设置不同主题，形式涉及知识问答、模型制作、科普剧表演、实验演示、演讲、种植、通信和绘画等。活动普及航天知识，弘扬爱国主义精神，引导青少年从小关注航天，立志航天。

（五）北京市中小学生电子与信息创意实践活动

北京市中小学生电子与信息创意实践活动现有 13 个项目，涵盖电子知识与制作、面包板电路实验与测量、Arduino 电路媒体互动、AI 智能球、太空运矿、智能车接力、在线智能控制知识挑战、人工智能挑战赛等。以电子作品应用解决生活中的不便，培养青少年深度学习和自主探究能力。

（六）北京市中小学生植物栽培大赛

北京市中小学生植物栽培大赛。将热爱自然和生态文明理念扎根于青少年的思想深处，采用半年植物种植的形式，将劳动、科学、生命、种植、观察、实证集合于一身，设有公开课、栽培笔记、生态营建送课下校等。采用问题解决式学习，鼓励学生创造性表达。

（七）北京市中小学生科学建议奖活动

北京市中小学生科学建议奖活动，将社会主义核心价值观的培育融入科技教育活动中，引导青少年关注北京的发展和民生福祉，提升青少年的社会责任感与使命担当。

（八）北京市中小学生天文观测竞赛

自 2004 年起组织实施，设置有四大类六小项竞赛。活动搭建了天文科普学习交流和实训平台，形成了 14 条 8 大类天文观测实践线路，构建了星云（社团）—星团（天文市级竞赛）—星系（星空联盟）的模式。

（九）北京市中小学生技术设计创意大赛

2010 年举办首届，贯通小中高全学段，以技术保障有力、赛事水准高、社会影响力大著称，实现了技术教育素质化提升。

（十）北京市学生机器人智能大赛

北京市学生机器人智能大赛是一项集物理、电子、信息技术和设计于一身的科技教育活动。突显创造创新，强化团队合作，以培养科学素质为宗旨，激发广大青少年探索应用信息技术，培养创新实践能力。引进"FTC 机器人工程挑战赛""VEX 机器人工程挑战赛"的同时，自主研发了"人形机器人对抗赛""机器人工程挑战赛"等项目。每年市级竞赛活动现场参与人数在 3000 人左右。

（十一）北京市青少年创新思维竞赛

以培养学生创造能力为目标，强调学生自我认知的能力，通过时间控制和成本控制，培养团队合作意识、交际能力和创造力。

（十二）北京市中小学生观鸟比赛

活动将北京鸟类图谱中 508 种鸟类收录其中，活动形式有鸟类知识问答、实地观鸟、鸟类生态作品征集等。

（十三）北京市中小学生科学传播大赛

北京市中小学生科学传播大赛是考查青少年演、说、写、画等能力的原创科学传播平台。活动设有科学表演、讲科学故事、科幻作文征集、科学海报设计等项目。

（十四）北京市中小学生环境教育系列活动

活动形式有征文、设计、摄影和调查等，以微视频＋科普图文＋试题的形式开发活动资源，邀请环境科学、材料学等方向的专家教授开展专家讲座。

（十五）北京市中小学生农业体验实践活动

北京市中小学生农业体验实践活动本着普及性高、专业性强、贴近生活、依托课程的原则，从农业文化、农作物种植与生长、农作物病虫害防治、农作物营养等方面融入活动，以摄影、绘画、征文、标本展览的形式呈现活动成果。

（十六）北京市中小学生科技创客活动

2015 年设立活动，以"实践、创新、智造"为主题，研发了"24 小时创客挑战马拉松""机动电能车科技挑战赛"，通过亲身体验、动手制作、创新交流，提升技术素养和创新能力。

（十七）北京市中小学生科学在身边活动

2021 年"双减"后推出的科普教育活动，主题为"发现身边的科学""探寻体育中的科技"。鼓励青少年观察日常生活，发现身边的科学现象，提出科学问题，通过分析、研究，解决实际问题，体悟科学思想方法，树立科学观念和态度，培育科学精神和创新意识。

（十八）北京市中小学生人工智能竞赛

以"乐学、勤思、创新"为宗旨，将人工智能、开源硬件、编程和机器人相结合。2023 年 15 个区报名参赛，提交人工智能创意作品 133 项，智能定位挑战赛任务赛 122 支队伍，智能定位挑战赛创意赛 12 对，Python 趣味编程合计 1535 人。

（十九）院士专家科普进校园活动

2022 年开始举办，采用线上线下相结合的方式，利用院士专家资源，感受科技前沿，普及科学知识，培养科学精神。

北京市学生科技教育活动的开展，推动了科技教育和创新人才培养的多样化发展，提升了学生科技素质，同时也成为北京市中小学校科技教育成果展示和交流的舞台。

四、分析讨论

（一）经验总结

北京市级科技教育活动，以落实立德树人根本任务，以学生科技节为载体，以培育科学精神、树立科学思维、掌握科学方法、增强创新实践能力为教育活动目标，以"科技筑梦未来，创新赋能成长"为主题。坚持面向全体中小学生，助力教育"双减"做好科学教育加法。活动 10 余年来策划组织实施了近 50 项内容丰富、形式多样的科技教育活动。结合重大科学事件和社会发展中的热点问题，充分利用科技馆、博物馆、科普教育基地等资源，通过科技赋能，深度挖掘利用新技术、发挥智慧化、数字化优势，线上线下多渠道融合开展科技教育活动，激发青少年好奇心、想象力、探求欲，全面提升中小学生科学素质，加强创新人才培养机制和平台建设，让学有所长的科技爱好者脱颖而出，努力培育具备科学家潜质、愿意献身科学研究事业的青少年。

（二）存在的问题及对策

科技教育活动的范围和项目有待进一步丰富，亟待加入新鲜血液。随着科学技术的创新和发展，有些传统科技教育活动已无法满足新教育理念和学生兴趣特长发展的需要，应适时地融入新理念、新技术，为教育活动注入新的活力，赋予新的教育价值。比如模型类活动，由于近年来发展趋同于竞技体育活动风格，忽视了学生对使用基本工具、识图制作加工、基本原理的学习。同时，也没能将电脑设计、数控机床加工等技术融入模型制作过程中。在教育活动过程中，学生学些什么，成长方向在哪里，值得思索和探讨。同时，由于发展不均衡，各教育活动的开展情况不均衡，有的竞赛活动多受众广，有的则很少。本着"继承、规范、创新"的原则，将优化同质性、重合性的项目，探索尝试开发一些现有活动没有涉及的教育活动项目，对参与者较少的活动适当加以扶持。提高活动执行效率，让更多的青少年能找到自己感兴趣的活动并参与其中，培养青少年创新创造能力，达到活动育人的目的，提升青少年科学素质。

明确科技教育活动权责利，优化改进活动评价。为了活动效益最大化，将教育性和科学性相结合，引领科技教育活动发展方向，明确科技创新人才培养和成才路径，就需要明确科技教育活动中的权责利，通过设置科学合理的评价体系和评价标准，来规范活动的设计组织实施过程，进而影响科技教育活动的目标设置。增强活动中学生的实际获得感和成长体验，增加科技活动中指导教师的专业发展维度测评，增强活动评价的可操作性，化繁为简，紧抓活动监管的脱节处，鼓励更多的中小学能够利用科技教育活动作为提升学生科学素质、科学探究和科技创新能力的手段，课内外、校内外联动，服务于青少年的成长。

（三）未来展望

首先，要兼收并蓄。立足科技教育实际，坚持地域特色，吸收借鉴国内外成功经验，不断创新科技教育活动内容和形式，鼓励青少年参与、体验、实践，着力培养学生勇于探索的科学精神和创造性解决问题的能力。其次，要以人为本。以学生为主体，开展侧重激发青少年科学兴趣、鼓励青少年创新创造的科技教育竞赛和交流活动。最后，要化零为整。由外向内，将单项活动串联成整体，将科学知识、科学研究方法、科学精神、科学态度、创新能力，潜移默化地贯穿于科技教育始终。

五、结语

科技教育活动通过激发青少年对科学的探究欲望和好奇心，引导他们科学地认识世界和探索世界，普及科学知识、倡导科学方法、传播科学思想、培养科学精神、锻炼科学探究能力，提升青少年科学素质和科学品质，使青少年具备科学家潜质、愿意献身科学研究事业。希望科技教育活动能够成为一盏明灯，点亮每个有科技兴趣的青少年眼中的光，让他们乐于创新、胸怀大志、学有所长。

参 考 文 献

［1］龚丽晨.科技活动对中小学生科学素质的影响［D］.南京师范大学，2021.

［2］钱程，栗可文，董操，等.立足国情　坚持特色　兼收并蓄　不断创新——对我国青少年科技竞赛和交流活动国际化发展的建议［J］.中国科技教育，2020（5）：21.

［3］王颖，盛清，唐文俊，等.国内外青少年生物与环境科技竞赛活动规程的比较［J］.生物学教学，2011，36（9）：54–57.

［4］张奇.国内外青少年科技竞赛活动的观察与思考［J］.中国科技教育，2019（8）：

6-7.

［5］郁丹．科技活动对高中生科学素质的影响［D］．南京师范大学，2022.

［6］Rundgren C J，Rundgren S，Tseng Y H，et al.Are you Slim? Developing an instrument for civic scientific literacy measurement（Slim）based on media coverage［J］.Public Understanding of Science，2012，21（6）：759-773.